智能建筑
消防系统识图

主　编　龚　威
副主编　王　瀛
参　编　胡晓东　李　盟　刘　阳

中国电力出版社
CHINA ELECTRIC POWER PRESS

内 容 提 要

本书介绍了消防系统的组成原理及要求，火灾探测报警技术和自动灭火技术，典型消防系统各子系统的设计方法，并以各类典型建筑物实际工程的消防系统电气设计为实例，介绍其设计思想及设计步骤，如何快速掌握识读消防系统设计系统图和平面图的方法和识图技巧。

本书实用性强、内容新颖、通俗易懂、技术先进、资料丰富，贴近工程实际。书中引用了大量具有代表性的工程实例，层次清晰，逻辑性强，便于读者理解、掌握和应用。

本书可作为本科生、研究生智能建筑消防系统课程的教科书及参考书，也可作为从事建筑电气行业工程技术人员的工具书及自学书籍。

图书在版编目（CIP）数据

智能建筑消防系统识图/龚威主编. —北京：中国电力出版社，2016.5（2023.1重印）

ISBN 978-7-5123-8912-0

Ⅰ. ①智… Ⅱ. ①龚… Ⅲ. ①智能建筑—消防设备—图集 Ⅳ. ①TU892-64

中国版本图书馆CIP数据核字（2016）第026721号

中国电力出版社出版、发行

（北京市东城区北京站西街19号 100005 http：//www.cepp.sgcc.com.cn）

三河市百盛印装有限公司印刷

各地新华书店经售

*

2016年5月第一版 2023年1月北京第四次印刷

787毫米×1092毫米 16开本 14.5印张 345千字

印数4001—5000册 定价**42.00**元

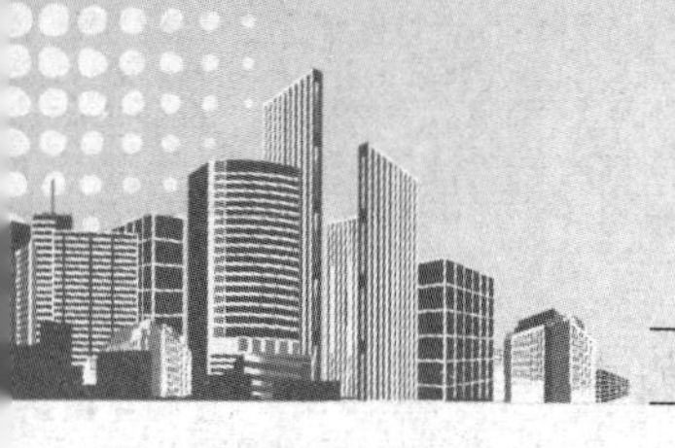

前　言

《智能建筑消防系统识图》一书是智能建筑系统识图系列丛书之一。该书全面介绍了智能建筑消防自动化技术，智能建筑消防自动化系统的概念、组成及主要内容；火灾探测报警自动化、火灾信息传输、消防联动控制、火灾通信指挥及网络化管理、火灾报警系统集成等方面的技术，以及火灾自动报警、自动灭火、消防联动控制等子系统。重点讲解了智能建筑消防自动化系统的工程设计，以及如何识读消防系统的工程图。书中精选了极具代表性的各类典型工程实例进行识图解读，应用最新的产品设备及先进技术，具有实用性和先进性。

本书最具特色的是与时俱进，以《火灾自动报警系统设计规范》（GB 50116—2013）、《建筑设计防火规范》（GB 50016—2014）等智能建筑工程设计、质量验收方面，以及消防系统设计方面的最新标准为依据，所有的工程实例都是以新规范为标准进行设计，读者可在第一时间按照智能建筑消防系统现行设计规范的原则和设计方法，以及识图的技巧，更好更快地阅读工程图纸。

本书共分 9 章。第 1 章介绍了智能建筑消防系统的设计原理及构成，以及对消防系统的要求；第 2～4 章分别介绍了火灾自动报警系统、火灾自动报警控制的通用设备及系统、灭火自动控制系统，并对典型的系统原理、用途和通用设备进行了讲述；第 5 章介绍了消防联动系统；第 6 章介绍了智能建筑消防系统方案设计的过程及解读，是根据前几章所讲述的内容，以一个综合实例的形式对设计过程进行了解读；第 7～9 章分别对典型的民用建筑和公共建筑消防系统工程实例的设计进行了解读，引导读者掌握识图的方法和技巧。

本书通俗易懂、图文并茂，不失其技术性和先行性，满足了读者对新技术的渴求；反映了现代智能建筑电气技术的现状和发展，实例具有较强的时代感；内容取材新颖，实用性强，较紧密地结合工程实践。

本书适用于智能建筑消防自动化系统工程的设计、施工、测试验收、运行管理等技术人员，以及智能建筑相关行业的工程技术人员阅读；可作为高等学校电气工程及其自动化、智能建筑类研究生、本科生的专业教材和参考书；还可作为智能建筑、消防自动化方面人员的技术培训教材和自学书籍。

本书由天津城建大学龚威任主编、王瀛任副主编，参加本书编写工作的还有天津华汇设计院胡晓东，天津城建大学李盟、刘阳，王瀛对全书进行了修改和统稿。其中李盟、刘阳编写1～5章，龚威、胡晓东编写6～9章。

书中参考国内外许多同行的论文及著作，在此谨致谢意。

由于编者水平有限，时间仓促，书中难免有不妥和错误之处，恳请广大读者批评指正。

编　者

2015年8月

目 录

第1章 消防系统概述

随着我国经济建设及现代科学技术的迅速发展，建筑智能化已经成为社会发展的需要。现代化智能建筑的设计风格，趋于多元化、复杂化、高层化、密集化；建筑物的装修用料和方式也趋于多样化，使得人们不仅对建筑本身的造型、功能特性、结构坚固、抗震、防雷等要求外，对消防系统设计的要求也越趋严格。因此，对智能建筑的消防自动化系统，即火灾自动报警系统、自动灭火系统及消防联动控制方面的设计提出了更高、更严格的要求。为确保人们生命及财产的安全，智能建筑消防自动化系统的设计已成为智能建筑设计中最重要的内容之一。

现代化智能建筑物中电气设备的种类及数量的大大增加，而内部设施与装修材料又大多是易燃的，这无疑是造成火灾发生频率增加的一个重要因素。其次，现代化的高层建筑物一旦起火，火势猛，蔓延快，建筑物内部的管道竖井，楼梯和电梯等如同一座座烟囱，拔火力很强，使火势迅速扩散，以致处于高层的人员及物资在火灾时疏散成为难题。除此之外，高层建筑物发生火灾时，其内部通道往往被切断，高层建筑物从外部扑火远不如低层建筑物外部扑火那么有效。而当火灾发生时，首先是依靠建筑物内部的消防设备来灭火。由此可见，高层建筑的火灾自动报警和自动灭火系统是至关重要的。

1.1 智能建筑对消防自动化系统的要求

智能建筑消防自动化系统的设计与现行消防规范密切相关，在建筑物消防系统的设计中，需要根据现行国家有关标准及规范，结合建筑物的特点和功能，应用国内外先进的消防技术和产品，以达到保护人们生命和财产的安全。

1.1.1 民用及公共建筑的防火分类

根据我国政府相关部门的有关规定，建筑物根据其性质、火灾危险程度、疏散和救火难度等因素，将建筑物的防火分为两大类，见表1－1。

表1－1 民用建筑的分类

名称	高层建筑		单、多层民用建筑
	一类	二类	
住宅建筑	建筑高度大于54m的住宅建筑（包括设置商业服务网点的住宅建筑）	建筑高度大于27m，但不大于54m的住宅建筑（包括设置商业服务网点住宅建筑）	建筑高度大于27m的住宅建筑（包括设置商业服务网点住宅建筑）

续表

名称	高层建筑		单、多层民用建筑
	一类	二类	
公共建筑	（1）建筑高度大于50m的公共建筑。 （2）建筑高度大于24m，且任一楼层建筑面积大于1000m^{2}的商店、展览、电信、邮政、财贸金融建筑和其他多种功能组合的建筑。 （3）医疗建筑、重要公共建筑。 （4）省级及以上的广播电视和防灾指挥调度建筑、网局级和省级电力调度。 （5）藏书超过100万册的图书馆、书库	除住宅建筑和一类高层公共建筑外的其他高层民用建筑	（1）建筑高度大于24m的单层公共建筑。 （2）建筑高度不大于24m的其他民用建筑

注 本表摘自《建筑设计防火规范》(GB 50016—2014)。

1.1.2 民用建筑的耐火等级

民用建筑的耐火等级可分为一、二、三、四级，不同的耐火等级建筑相应构件的燃烧性能和耐火极限不应低于表1-2的规定。

表1-2　不同耐火等级建筑相应构件的燃烧性能和耐火极限　h

构件名称		耐火等级			
		一级	二级	三级	四级
墙	防火墙	不燃性 3.00	不燃性 3.00	不燃性 3.00	不燃性 3.00
	承重墙	不燃性 3.00	不燃性 2.50	不燃性 2.00	难燃性 0.50
	非承重墙	不燃性 1.00	不燃性 1.00	不燃性 0.50	可燃性
	楼梯间、前室的墙，电梯井的墙，住宅建筑单元之间的墙和分户墙	不燃性 2.00	不燃性 2.00	不燃性 1.50	难燃性 0.50
	疏散走道两侧的隔墙	不燃性 1.00	不燃性 1.00	不燃性 0.50	难燃性 0.25
	房间隔墙	不燃性 0.75	不燃性 0.50	不燃性 0.50	难燃性 0.25
柱		不燃性 3.00	不燃性 2.50	不燃性 2.00	难燃性 0.50
梁		不燃性 2.00	不燃性 1.50	不燃性 1.00	难燃性 0.50
楼板		不燃性 1.50	不燃性 1.00	不燃性 0.50	可燃性
屋顶承重构件		不燃性 1.50	不燃性 1.00	不燃性 0.50	可燃性
疏散楼梯		不燃性 1.50	不燃性 1.00	不燃性 0.50	可燃性

续表

构件名称	耐火等级			
	一级	二级	三级	四级
吊顶（包括吊顶搁栅）	不燃性 0.25	不燃性 0.25	不燃性 0.15	可燃性

注 1. 以木柱承重且墙体采用不燃材料的建筑，其耐火等级应按四级确定。

2. 住宅建筑构件的耐火极限和燃烧性能可按《住宅建筑规范》（GB 50368）的规定执行。

民用建筑的耐火极限等级应根据其建筑高度、使用功能、重要性和火灾扑救难度等确定，并符合现行国家标准的规定。建筑高度大于100m的民用建筑，其楼板的耐火极限不应低于2.00h。一、二级耐火等级建筑的上人平屋顶，其屋面板的耐火极限分别不低于1.50h和1.00h，读者可阅读《建筑设计防火规范》(GB 50016—2014)，这里就不再详述。

1.1.3 公共建筑防火要求的特殊性

对于公共建筑的防火要求，除了规范对建筑物的一般要求外，还强调了高层建筑内的观众厅、会议厅、多功能厅等人员密集场所，宜布置在首层、二层或三层。必须布置在其他楼层时，除规范另有规定外，尚应符合下列规定：

(1) 一个门厅、室的疏散门不应少于2个，且建筑面积不宜大于400m²。

(2) 应设置火灾自动报警系统和自动喷水灭火系统等系统。

此外，《建筑设计防火规范》(GB 50016—2014) 规定，高层建筑内的观众厅、会议厅、多功能厅等人员密集场所，当布置在其他楼层时应设置自动喷水灭火系统。因为这些场所人员密集，容易发生火灾及群伤群亡事故，应采取有效措施。

《建筑设计防火规范》(GB 50016—2014) 强调了公共建筑的安全疏散和避难：公共建筑内每个防火分区的每个楼层，其相邻2个安全出口最近边缘之间距离不应小于5m；公共建筑内每个防火分区的每个楼层，其安全出口的数量应经计算确定，且不应少于2个，符合下列条件之一的公共建筑，可设置一个安全出口或一部疏散楼梯。

公共建筑的安全疏散距离应符合规范中的规定，对直通疏散走道的房间疏散门至最近安全门出口的距离，对不同建筑有不同要求。建筑高度大于100m的公共建筑，应设置避难层（间）。避难层（间）应符合规范的条文规定。读者可阅读《建筑设计防火规范》(GB 50016—2014) 各项条文规定，解读对公共建筑防火设计规范的修改及补充要求。

1.1.4 智能建筑对消防自动化系统提出的要求

由于建筑物的多样性，防火对象的复杂性，火灾形成的不同场合及特点，自然而然地要求设置多种消防系统和报警装置。

建筑设备（楼宇）自动化系统（BAS）的主要任务是采用计算机对整个大楼内多而散的建筑设备实行测量、监视和自动控制，各子系统之间可以互通信息，也可独立工作，实现最优化的管理。从消防角度来看，消防自动化系统（FAS）应贯彻以防为主、防消结合的方针，及时发现并报告火情，控制火灾的发展，尽早扑灭火灾，确保人身安全和减少社会财富的损失。为此，急需提高对火灾的自动监测、自动报警和自动灭火控制技术，以及消防系统的自动化水平。

随着科技进步和生产的发展，微电子技术、检测技术、自动控制技术和计算机技术等的快速发展，并广泛应用到消防控制技术领域，使火灾探测与自动报警技术、消防设备联动控制技术、消防通信调度指挥系统、火灾监控系统和消防控制中心等也不断地更新和进步，逐步形成了以火灾探测与自动报警为基本内容，计算机协调控制和管理各类消防灭火、防火设备，具有一定自动化和智能化水平的火灾监控系统，也可称为智能消防自动化系统。

在智能建筑消防自动化系统中，火灾报警监控技术是探测火灾发生，并进行监控的一项综合性消防技术，是现代电子工程和计算机技术在消防控制中应用的产物，也是现代消防技术的重要组成部分和新兴技术学科。智能火灾报警监控技术研究的主要内容是火灾参数的检测技术、火灾信息处理与自动报警技术、消防设备联动与协调控制技术、消防系统的计算机管理技术，以及火灾监控系统的设计、构成、管理和使用等。

1.2 消防自动化系统的组成及工作原理

1.2.1 消防自动化系统的组成

1.2.1.1 智能建筑自动化系统的组成

消防自动化系统（FAS）是智能建筑系统平台中的一个分支，一个智能建筑自动化系统所包括的子系统的范畴及分支如图 1－1 所示。

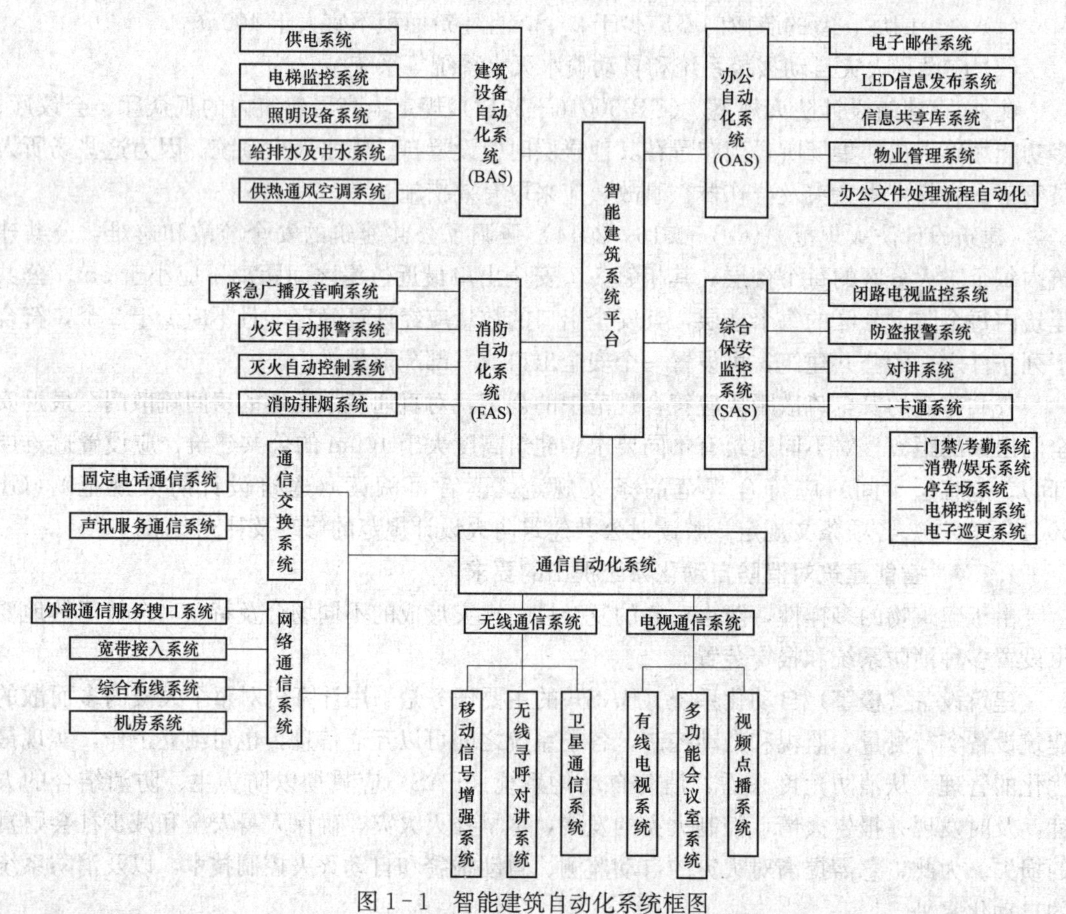

图 1－1 智能建筑自动化系统框图

智能建筑的基本组成，主要由三大部分构成，即楼宇自动化也称建筑设备自动化

(BA)、通信自动化（CA）和办公自动化（OA），这三个自动化通常称为“3A”，它们是智能建筑中最基本的，而且必须具备的基本功能。目前，有些地方的房地产开发公司为了突出建筑某项功能，以提高建筑等级和工程造价，又提出消防自动化（FA）和信息管理自动化(MA)，形成“5A”智能建筑，甚至有的文件又提出保安自动化（SA），出现“6A”智能建筑，甚至还有提出“8A”“9A”的。但从国际惯例来看，FA和SA等均放在BA中，MA已包含在CA内，通常只采用“3A”的提法。

1.2.1.2 消防自动化系统的组成及功能

消防自动化系统（简称消防系统）主要由三大部分组成，即火灾自动报警系统，也称为感应机构；灭火自动控制系统，也称执行机构；还有避难诱导系统，而后两部分可称为消防联动控制系统。另外，还有辅助系统，如紧急广播及音响系统等。基本火灾自动报警控制系统原理方框图如图1-2所示，消防自动化系统基本组成如图1-3所示，智能建筑火灾自动报警系统与消防联动系统原理如图1-4所示。

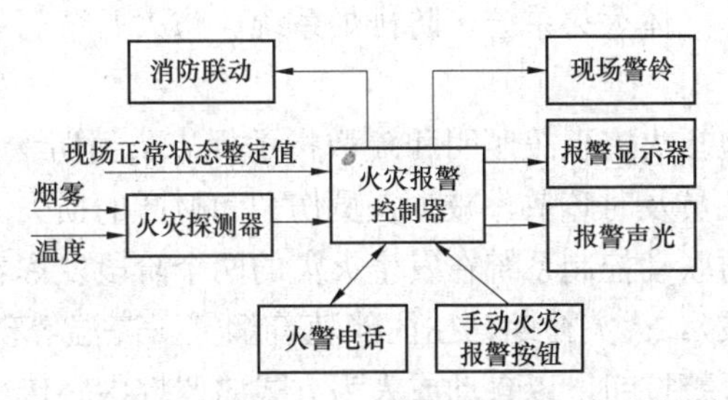

图1-2 基本火灾自动报警控制系统原理方框图

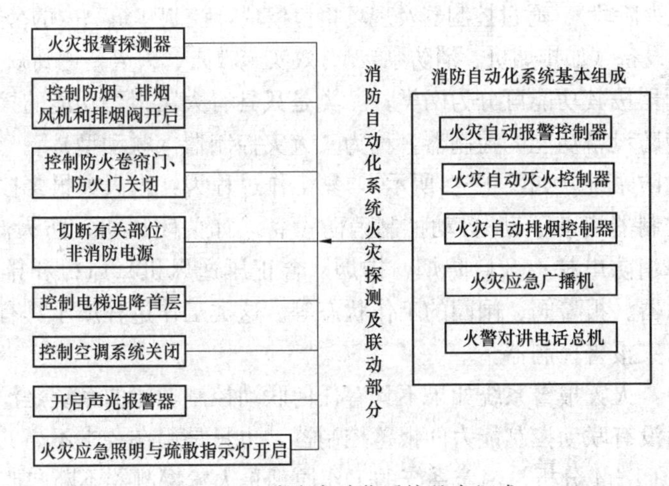

图1-3 消防自动化系统基本组成

(1) 火灾自动报警系统。火灾自动报警系统是由火灾探测器、手动火灾报警按钮、火灾报警控制器及其他辅助功能的装置组成，用以完成检测火情，并及时报警的任务。

(2) 灭火自动控制系统。灭火方式分为液体灭火和气体灭火两种，常用的为液体灭火方式，如消火栓灭火系统和自动喷火灭火系统，其作用是当接到报警信号后，采取灭火措施。

(3) 消防联动控制系统。消防联动控制系统是火灾自动报警系统与消防联动系统的执行环节，消防控制中心接到火警报警后，能够自动或手动启动相应的联动设备。如消火栓系

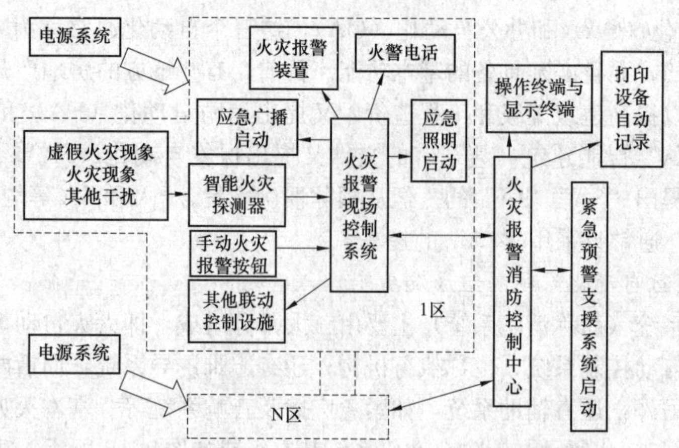

图1-4　智能建筑火灾自动报警系统与消防联动系统原理

统、自动喷水灭火系统、气体灭火系统、防排烟系统、防火卷帘门系统、消防通信系统、指挥疏散系统等。

消防联动控制系统包括火灾事故照明和疏散指示标志、消防专用通信及防排烟设施等，其作用是保证火灾时，人员及时疏散，减少人员伤亡和财产的损失。

火灾自动报警及消防联动控制系统在发生火灾的两个阶段发挥着重要作用：

第一阶段（报警阶段）：火灾初期，往往伴随着烟雾、高温等现象，通过安装在现场的火灾探测器、手动火灾报警按钮，以自动或人为方式向监控中心传递火警信息，达到及早发现火情、通报火灾的目的。

第二阶段（灭火阶段）：通过控制器及现场接口模块，控制建筑物内的公共设备（如广播、电梯）和专用灭火设备（如排烟机、消防泵），有效实施救人、灭火，达到减少损失的目的。

火灾报警控制器按其功能可分为两类，一类是只具有火灾报警功能的控制器；另一类是具有报警和联动消防设备功能的控制器，称为“火灾控制器（联动型）”。

对于简单的消防系统（如图1-2所示），其工作过程为：当火灾报警控制器发出报警信号时，火灾报警控制器启动手动/自动控制消防设备，如关闭风机、防火阀、非消防电源、防火卷帘门，迫降消防电梯；开启防烟、排烟（含正压送风机）风机和排烟阀；打开消防泵，显示水流指示器、报警阀、闸阀的工作状态等。这类工作过程属于具有火灾报警和联动消防设备功能的火灾报警控制器。

在实际应用中，火灾报警系统如果不具有任何联动控制功能的系统是没有太大实际意义的，利用纯报警而没有联动控制能力的报警控制器，也只是用在要求不高的地方。

由图1-3和图1-4分析，消防系统的工作原理是火灾探测器不断向监视现场发生检测信号，监视烟雾浓度、温度、火焰等火灾信号，并将探测到的信号送至火灾报警控制器。火灾报警控制器将表示烟雾浓度、温度数值及火焰状况的电信号，与报警控制器内存储的现场正常整定值进行比较，判断确定火情的程度。当确认发生火灾时，火灾报警控制器将发出声光报警，显示火灾发生的区域和地址编码，并打印出报警时间、地址等信息；同时向火灾现场发出声光报警信号。消防控制器发生消防应急广播系统的联动控制信号，确认火灾后向全楼进行广播，并告之火灾发生层及相邻两层人员疏散，各出入口将应急疏散指示灯自动打开，指示疏散路线。为防止探测器或火警线路发生故障，现场人员发现火灾时，也可启动手动火灾报警按钮，或通过火警对讲电话，直接向消防控制中心报警。

图1－3是对单一对象的消防自动化系统示意图，而图1－4更详细地表明了对于多个建筑物火灾报警自动化系统与消防联动系统的关系，通过系统各部分的连接关系可分析消防系统的工作原理。对于一个完整的消防自动化控制系统大致有：火灾探测与火灾报警系统、通报与疏散系统、消防灭火自动控制系统、消防排烟控制系统、消防应急广播系统、消防应急电话、应急照明、消防控制中心等单元。与前面控制系统所不同的是，消防自动化系统的控制由火灾报警现场控制和火灾报警消防中心共同控制，火灾报警装置发出警情信号，首先送至火灾报警现场控制系统，现场控制器会发出一系列信号，相应的设备动作，同时将信号传递至消防控制中心。

火灾自动报警系统形式的选择如下：

(1) 仅需要报警，不需要联动自动消防设备的保护对象，宜采用区域报警系统。

(2) 不仅需要报警，同时需要联动自动消防设备，且只设置一台具有集中控制功能的火灾报警控制器的保护对象，应采用集中报警系统，并设置一个消防控制室。

(3) 设置两个及以上消防控制室的保护对象，或已设置两个及以上集中报警系统的保护对象，应采用控制中心报警系统。

例如，某智能建筑采用集中控制，该建筑的消防自动化系统方框图如图1－5所示。该系统每个分区设置报警控制器，各分区报警控制器连接到集中报警控制器，中心监控系统（也称控制中心）接受集中报警控制器的信息，然后发出信号，联动控制所有的灭火、排烟等设施，启动应急广播及疏散等事宜。

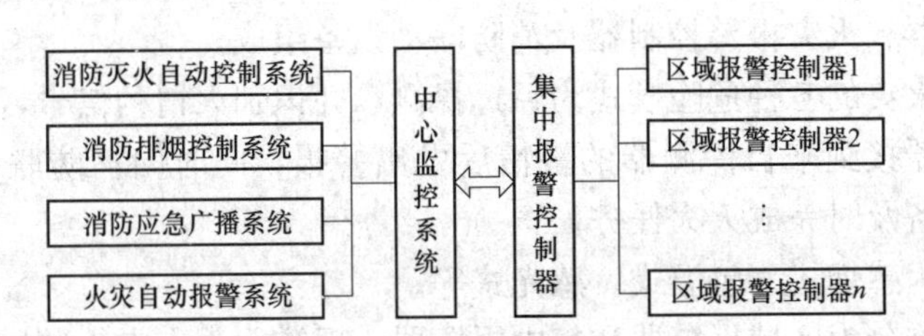

图1－5　集中控制的消防自动化系统方框图

1.2.2　消防系统各主要部分的基本功能

如图1－5所示，其中各部分的功能如下：

(1) 火灾自动报警系统。根据现行国家标准规定，火灾自动报警状态的基本形式有三种，即区域报警系统、集中报警系统和控制中心报警系统。

火灾自动报警系统，一般是由火灾探测器、区域报警器、集中报警器，以及手动报警模块、警铃、报警控制器等组成。它的功能用于探测火警地点，以便联动报警系统、消防自动灭火控制系统、消防排烟控制系统，以及告知管理人员及时处理火情。

(2) 消防应急广播系统。消防应急广播系统是由消防广播模块、定压功放、广播扬声器等组成。它的功能是可以在紧急情况下，及时地通知和指导人群疏散。

(3) 消防自动灭火控制系统。消防自动灭火控制系统是由消火栓泵、喷淋泵、消火栓、喷淋头、干粉灭火器、二氧化碳灭火等部分设备组成。它的功能是用于控制和扑灭火情。

(4) 消防排烟控制系统。消防排烟控制系统是由排烟风机、送风机组成，其功能是排去烟雾，输送新空气到各楼层的火灾发生地，确保人员的安全。

火灾自动报警系统

2.1 火灾自动报警系统概述

火灾自动报警系统的功能是探测火灾早期特征，发出火灾报警信号，为人员疏散、防止火灾蔓延和启动自动灭火设备提供控制与指示的消防系统。

《火灾自动报警系统设计规范》(GB 50116—2013) 明确了火灾自动报警系统具有联动控制功能。

2.1.1 火灾自动报警系统的组成

火灾自动报警系统是整个消防系统的核心组成部分，也是消防系统中至关重要的环节。该系统由火灾探测器、火灾报警控制器及消防联动设备组成。

火灾探测器以火灾的各种危险模式为目标探测，并识别火情的信号，随即将火情信号传送至控制器，控制器接到来自探测器的警情后发出警报，同时向消防联动设备发出消防指令，由消防联动设备及时完成灭火任务。

火灾探测器分为感烟式、感温式、感光式等。

火灾报警控制器分为区域报警器和集中报警器，现统称为火灾报警控制器。

2.1.1.1 火灾自动报警系统框图

火灾自动报警系统框图如图 2-1 所示，该框图是火灾自动报警系统的现行架构。

2.1.1.2 火灾自动报警系统目标框图

图 2-2 为火灾自动报警系统目标框图，它给出了火灾自动报警系统的发展目标，图中消防联动控制系统中各子系统自成系统，消防联动控制器不再直接控制末端设备，而是通过各种消防电气控制装置进行控制。系统中选用的各种消防电气控制装置，将逐步成为定型产品，并均应通过消防认证。

2.1.2 火灾自动报警系统的原理

火灾自动报警系统的原理，是通过火灾探测器探测到火灾的信息，该信息经过处理后传送到主控系统，紧急启动消防联动设备装置进行现场报警和消防控制。同时，将此信息通过网络送到消防中心，经相关人员研究分析，作出准确的消防控制决策，实行有效地消防控制方案。而且，通过计算机网络技术，FAS 很方便地实现与智能建筑其他子系统的集成，从而通过多种通信方式实现报警和控制。

火灾自动报警系统的主要工作方式，是当火灾发生的初级阶段，火灾探测器（检测温度、

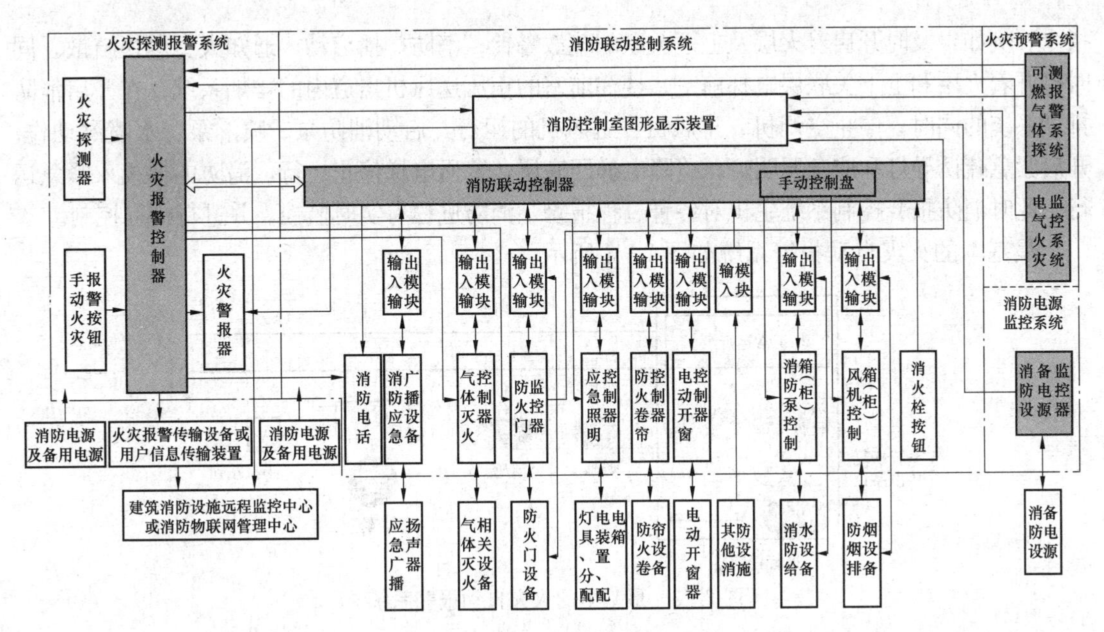

图 2-1 火灾自动报警系统框图

注：1. 本框图给出的是一个集中报警系统的构成示意图，用于说明系统中各部分之间的相互关系，在具体工程中，系统构成应由设计人员根据工程实际情况进行配置。

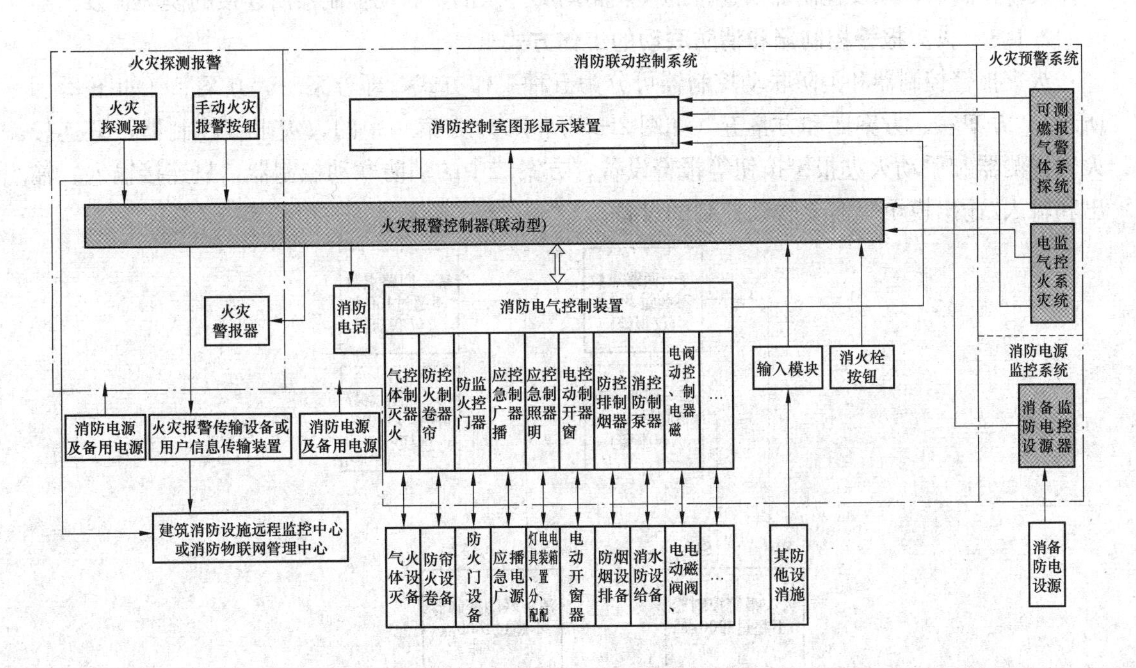

图 2-2 火灾自动报警系统目标框图

烟气、可燃气体等）根据现场探测到的情况，将火灾信号发给所在区域的区域报警控制器或消防系统控制主机（当系统为集中控制系统时，直接发信息至消防系统主机），也可当相关人员发现后，用手动火灾报警器或消防专用电话报警至系统主机。消防系统主机在收到报警信号后，首先迅速进行火情确认，当火情确认后，系统主机将根据火情及时作出一系列预定的动作指令。例如：及时开启着火层及上下关联的疏散警铃；消防广播启动，通知人员尽快疏散，同时打开着火层和上下关联层电梯前室、楼梯前室的正压送风机走道内的排烟系统；在开启消防排烟系统的同时，停止空调机、排风机、送风机的运行，启动消防泵、喷淋泵、水喷淋动作；开启紧急疏诱导灯和应急照明灯；迫降电梯回底层，普通电梯停止运行，消防电梯投入紧急运行。此时消防报警控制系统主机对各种过程报警、消防进程有实时监控，并进行远程控制。

最基本的火灾自动报警系统如图 2-3 所示。

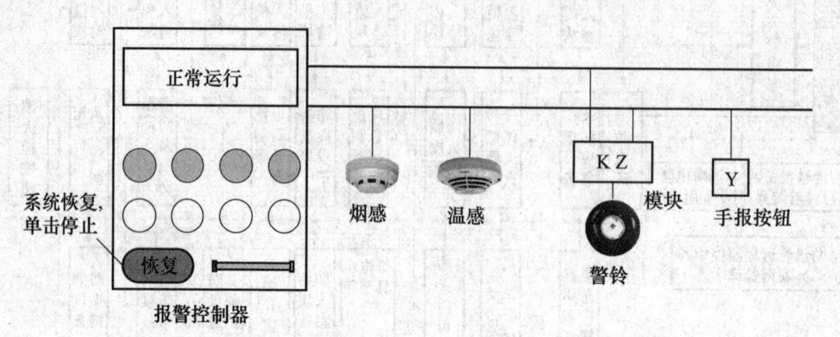

图 2-3　最基本的火灾自动报警系统

在火灾报警系统中，消防联动控制器或火灾报警控制器（联动型）直接连接的模块，都应计入设备或地址总数；各子系统中的广播分区控制器、电气火灾监控器、防火门监控器、可燃气体报警控制器，以及控制器所连接的模块属均不计入消防联动控制器所连接的模块总数。

2.1.3　火灾报警控制器和消防联动的工作方式

火灾报警控制器和消防联动控制器可分为五种工作方式，即方案一、方案二（如图 2-4 所示）、方案三、方案四和方案五（如图 2-5 所示）。方案一中的火灾报警控制器，只连接火灾探测器和手动火灾报警按钮等报警设备；方案二中的消防联动控制器，只连接输入、输出和输入/输出模块等需要联动控制的设备。

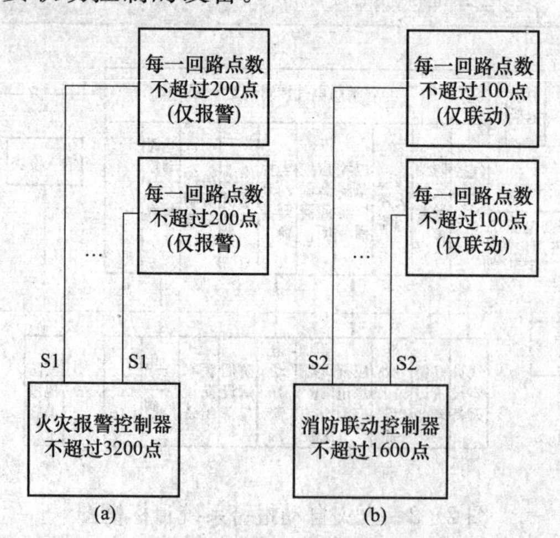

图 2-4　火灾报警控制器和消防联动控制器（一）

(a) 方案一；(b) 方案二

注：1. 方案一中的火灾报警控制器只连接火灾探测器和手动报警按钮等报警设备。

2. 方案二中的消防联动报警控制器只连接输入、输出和输入/输出模块等需要联动控制的设备。

3. 系统组件方式可参考方案五图例。

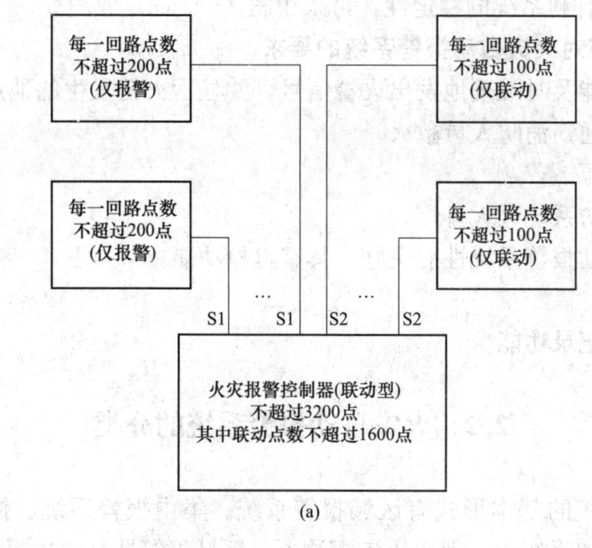

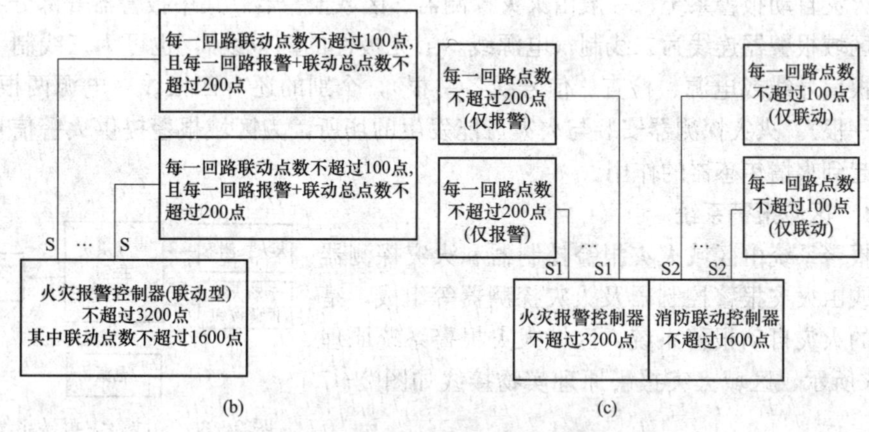

图 2-5 火灾报警控制器和消防联动控制器（二）

（a）方案三；（b）方案四；（c）方案五

注：1. 方案三与方案四既可以连接报警设备，又可以连接联动控制设备。

2. 方案三适用于报警与联动控制分回路设计，读者可参考报警规范图集示例。

3. 方案四适用于报警与联动控制同回路设计的系统，可参考报警规范图集示例。

4. 方案五为报警与联动控制分回路分控制器设计的系统，适用于较大建筑及建筑群的报警系统。

如图 2-5 所示，火灾报警控制器所连接的模块与消防联动控制器或火灾报警控制器（联动型）所连接的模块含义不同。前者模块主要是指火灾探测器所连接的模块，如本身不带地址的火灾探测器配接的地址模块、特殊类型火灾探测器配接的信号转换模块等。虽然这些模块也属于输入模块的范畴，但与常规输入模块相比，增加了探测器复位、火警指示灯等功能；后者模块是指属于联动功能的模块，如水流指示器、信号阀配接的输入模块，防火阀配接输入/输出模块等。图 2-5（a）所示方案属于报警与联动控制不同回路的系统；图 2-5（b）所示方案属于报警与联动控制同回路的系统；图 2-5（c）所示方案属于报警与联动分控制器设计的系统，应用于大型建筑及大型建筑群。而消防联动系统组建的方式一般为方案五。

在系统设计中，设置两台及以上火灾报警控制器（联动型）时，建议报警和联动分别使

用不同的回路，这样有利系统的稳定性，可采用图 2-5（a）或图 2-5（c）所示方案。

2.1.4　智能建筑对火灾自动报警系统的要求

（1）有火情时，能及时准确地发出火警信号，并显示火情发生的地点。

（2）确定火情，通知消防人员救火。

（3）自动切断电源。

（4）立刻启动消防系统灭火排烟。

（5）保持火灾自动报警系统性能完好，具有自检功能。

（6）减少误报。

（7）具有打印、记录功能。

2.2　火灾自动报警系统的分类

火灾自动报警系统的基本形式有区域报警系统、集中报警系统、控制中心报警系统三种。一个火灾自动报警系统，一般由火灾探测器、区域报警器、集中报警器等部分组成，由探测器到区域报警器连线为二线制（电源线，或无极性的两根线），也可为三线制（两根电源线和一根信号线或电源、检查、信号线各一根），个别的还有四根线（电源两根、检查、信号线各一根）。火灾探测器安装与火灾可能发生的场所，为区域报警提供火警信号，监视火情，并起到火情传感器的作用。

2.2.1　区域报警系统

区域报警系统由区域火灾报警控制器和火灾探测器等组成，或由火灾报警控制器及火灾探测器等组成，是功能简单的火灾自动报警系统。区域火灾报警系统原理如图 2-6 所示，区域火灾报警原理实物接线如图 2-7 所示。

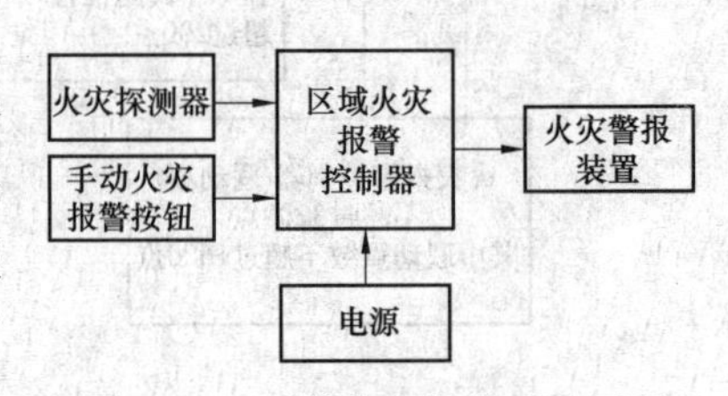

图 2-6　区域火灾报警系统原理

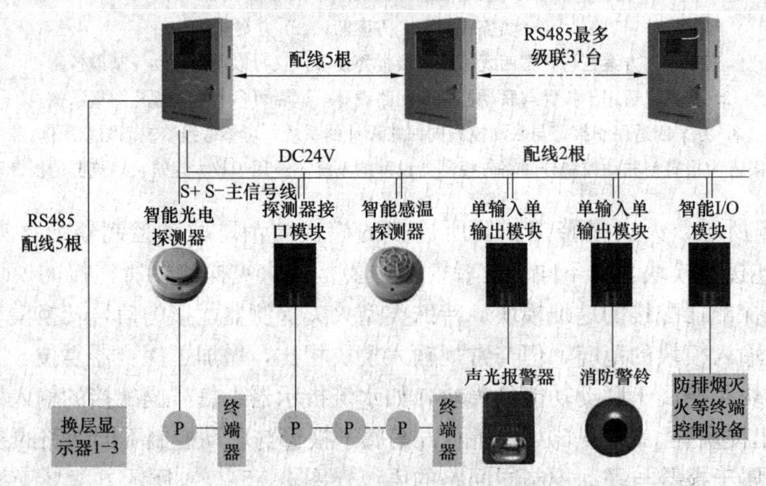

图 2-7　区域火灾报警原理实物接线

2.2.1.1　区域报警系统的设计规定

（1）系统应由火灾探测器、手动火灾报警按钮、火灾声光报警及火灾报警控制器等组

成，系统中可包括消防控制室图形显示装置和指示楼层的区域显示器。

(2) 火灾报警控制器应设置在有人值班的场所。

(3) 系统设置消防控制室图形显示装置时，该装置应具有传输 GB 50116—2013 附录 A 和附录 B 规定的有关信息的功能；系统未设置消防控制室图形显示装置时，应设置火警传输设备。

区域报警系统的最小组成，可以根据需要增加消防控制室图形显示装置或指示楼层的区域显示器，可以根据需要不设消防控制室；若有消防控制室，火灾报警控制器和消防控制室图形显示装置应设在消防控制室；若没有消防控制室，火灾报警控制器和消防控制室图形显示装置则应设在平时有人值班的房间或场所。区域报警系统应具有将相关运行状态信息传输到城市消防远程监控中心的功能。最简单的区域报警系统如图 2-8 所示。

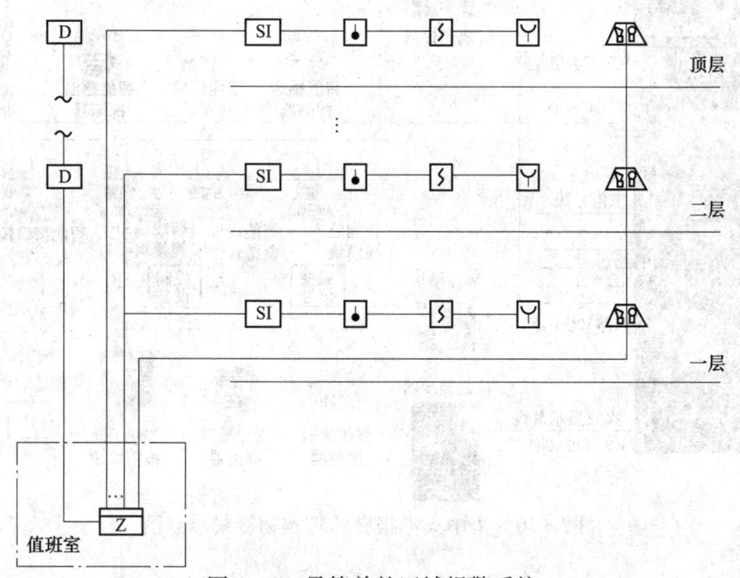

图 2-8 最简单的区域报警系统

注：1. 本图适用于仅需要报警，不需要联动自动消防设备的保护对象。
2. 图形显示装置及区域显示器为可选设备，可根据实际情况决定是否安装。
3. 系统未设置图形显示装置时，应设置火警传输设备。

2.2.1.2 区域报警系统的要求

(1) 确认火灾后，系统中火灾警报器的火警继电器直接启动。

(2) 区域报警系统的设备总数和地址总数，均不宜超过 3200 点。

(3) 区域显示器通常用于酒店、旅游等建筑中。

(4) 消火栓按钮用报警及联动自动消防设备，因此不包括在区域报警系统内。

2.2.2 集中报警系统

2.2.2.1 集中报警系统的基本组成原理

集中报警系统是由集中火灾控制器、区域火灾报警控制器和火灾探测器等组成，或由火灾报警控制器、区域显示器和火灾探测器等组成，是功能较复杂的火灾报警系统，用最为直观的集中火灾报警原理方框（如图 2-9 所示）来表示，如果用实际的设备表示，则可参见图 2-10。

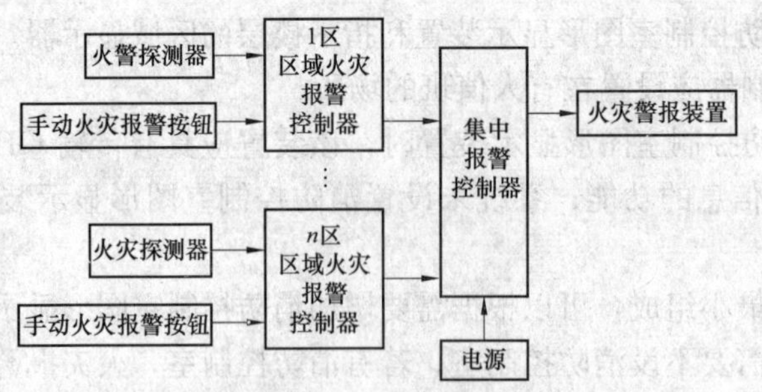

图 2-9　集中火灾报警原理示意图

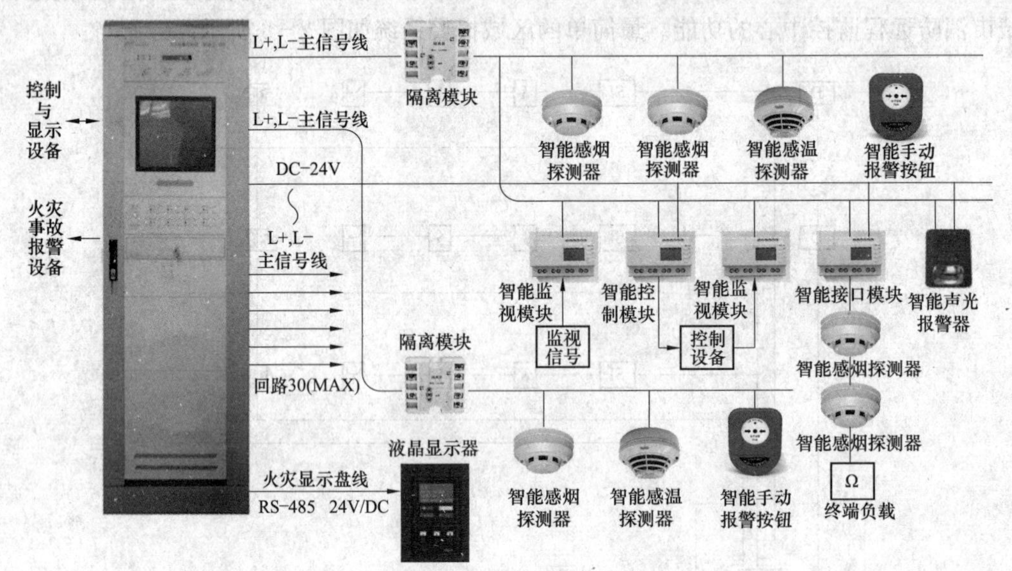

图 2-10　集中火灾报警原理实物接线示意图

火灾自动报警控制器是消防自动控制系统的核心，对早期发现火灾，将火灾予以控制和扑灭，起着关键的作用。以图 2-10 为例，分析其工作原理。火灾初期所产生的烟和少量的热被火灾探测器接受，火灾探测器将火灾信号传输给区域报警控制器，并发出声、光报警信号。区域（或集中）报警控制器的输出外控触点动作，自动向失火层和有关层发出报警及联动控制信号，且按程序对消防联动设备完成启动、关停相关的操作（有些也可由消防人员手动完成）。

2.2.2.2　集中报警系统的实用设计方案

集中报警系统应符合下列规定：

（1）系统应由火灾探测器、手动火灾报警按钮、火灾声光警报器、消防应急广播、消防专用电话、消防控制室图形显示装置、火灾报警控制器、消防联动控制器等组成。

（2）系统中的火灾报警控制器、消防联动控制器和消防控制室图形显示装置、消防应急广播的控制装置、消防专用电话总机等起集中控制作用的消防设备，应设置在消防控制室内。

（3）系统设置的消防控制室图形显示装置，应具有传输 GB 50116—2013 附录 A 和附录 B 规定的有关信息的功能。

图 2-11～图 2-15 表示了集中报警系统的五种设计方案。方案一～方案五采用系统框图形式绘制，并以报警总线和联动总线分回路设置的方式进行图示。

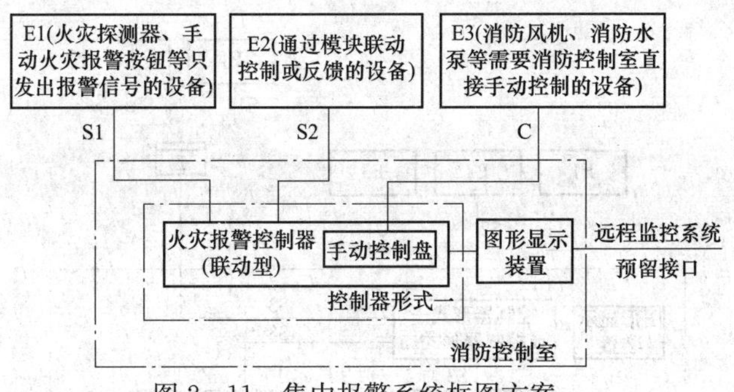

图2-11 集中报警系统框图方案一

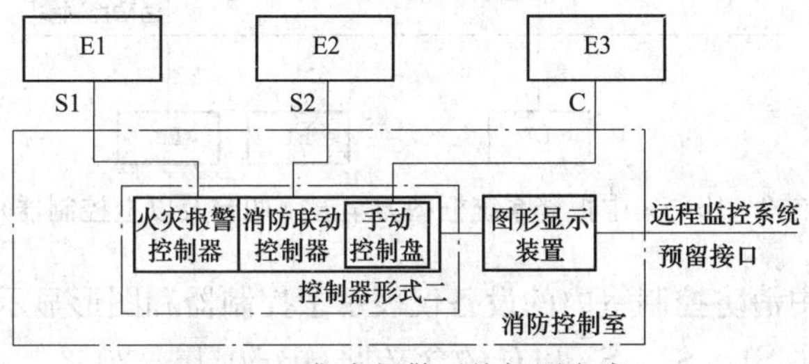

图2-12 集中报警系统框图方案二

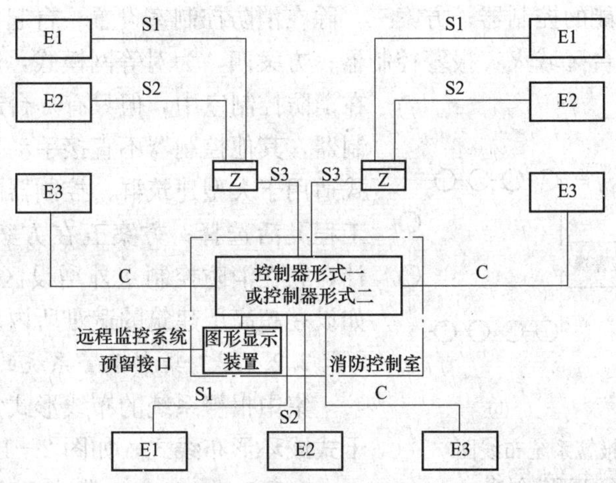

图2-13 集中报警系统框图方案三（两台及以上控制器）

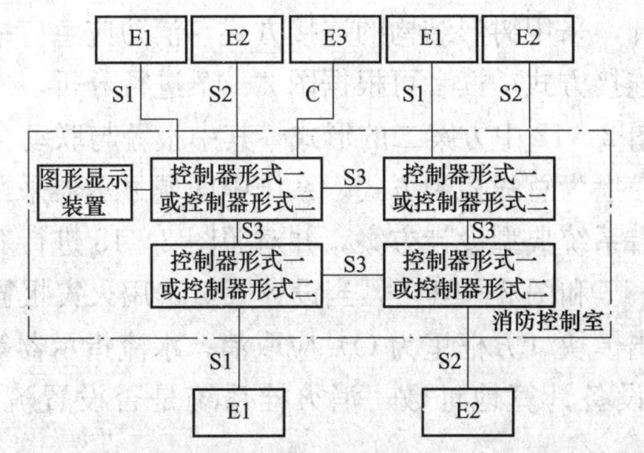

图2-14 集中报警系统框图方案四（两台及以上控制器）

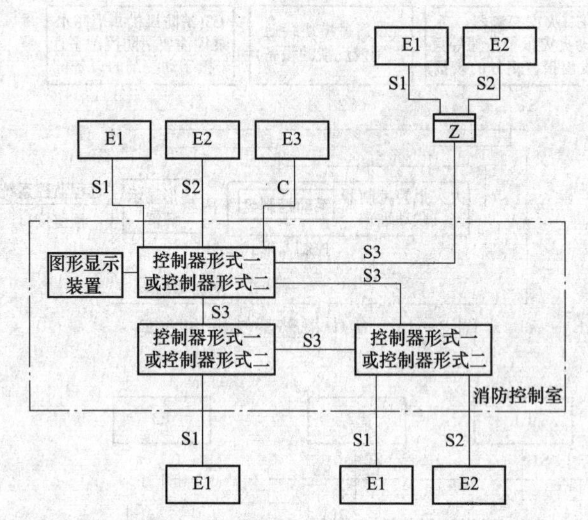

图 2-15　集中报警系统框图方案五（两台及以上控制器）

方案一～方案五中消防控制室内的设备仅表示了控制器和图形显示装置。

方案一～方案五中 S1、S2、S3 和 C 的含义见 GB 50116—2013。

通过对集中报警系统五种设计方案进行分析和比较，方案一、方案二，在消防控制室设置一台起集中控制功能的控制器；方案三，除在消防控制室设置一台起集中控制功能的控制器外，还可设置若干台区域火灾报警控制器；方案四，为对等网模式，所有控制器集中放置在消防控制室中，但只有一台起集中控制功能的控制器，其他控制器不直接手动控制消防设备，该模式适用于大型建筑群，控制器的形式可以根据实际工程灵活选择；方案五在方案四的基础上进行设计，它在消防控制室外增设区域火灾报警控制器，如设在超高层建筑的避难所内。

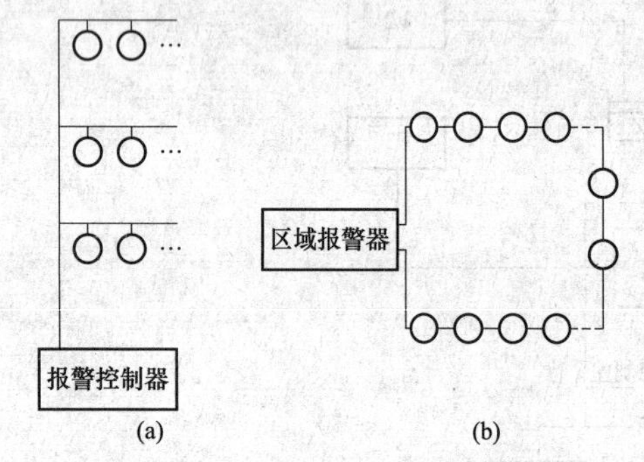

图 2-16　集中报警系统布线图
(a) 树干式；(b) 环形布线式

2.2.2.3　集中报警系统的布线形式

集中报警系统的布线形式常用的有两种，即树干式或环形布线式，如图 2-16 所示。

2.2.2.4　集中报警系统的示例

本节分别介绍两项集中报警系统的示例，图 2-17 采用的是图 2-11 中方案一的形式，其中报警与联动总线分开，采用树形结构的连接方式，消防应急广播为总线控制方式。系统中区域显示器采用总线连接方式，读者可根据图 2-17 进行分析。

图 2-18 采用的是图 2-12 中方案二的形式，其中报警与联动合用总线，采用树形结构的连接方式，消防应急广播为总线控制方式。系统中区域显示器采用总线连接方式，读者可根据前面介绍的集中报警系统典型设计方案，并对照图 2-18 进行对比分析。

需要指出：在图 2-17 和图 2-18 中，当设计人员选用火灾报警去自带输出模块时，图中连接火灾报警器的输出模块（方框里为 O）应取消；水流指示器等发出联动反馈信号的设备配接的模块，按联动设备计算地址数；消火栓系统是否设置流量开关，由给排水专业确定。

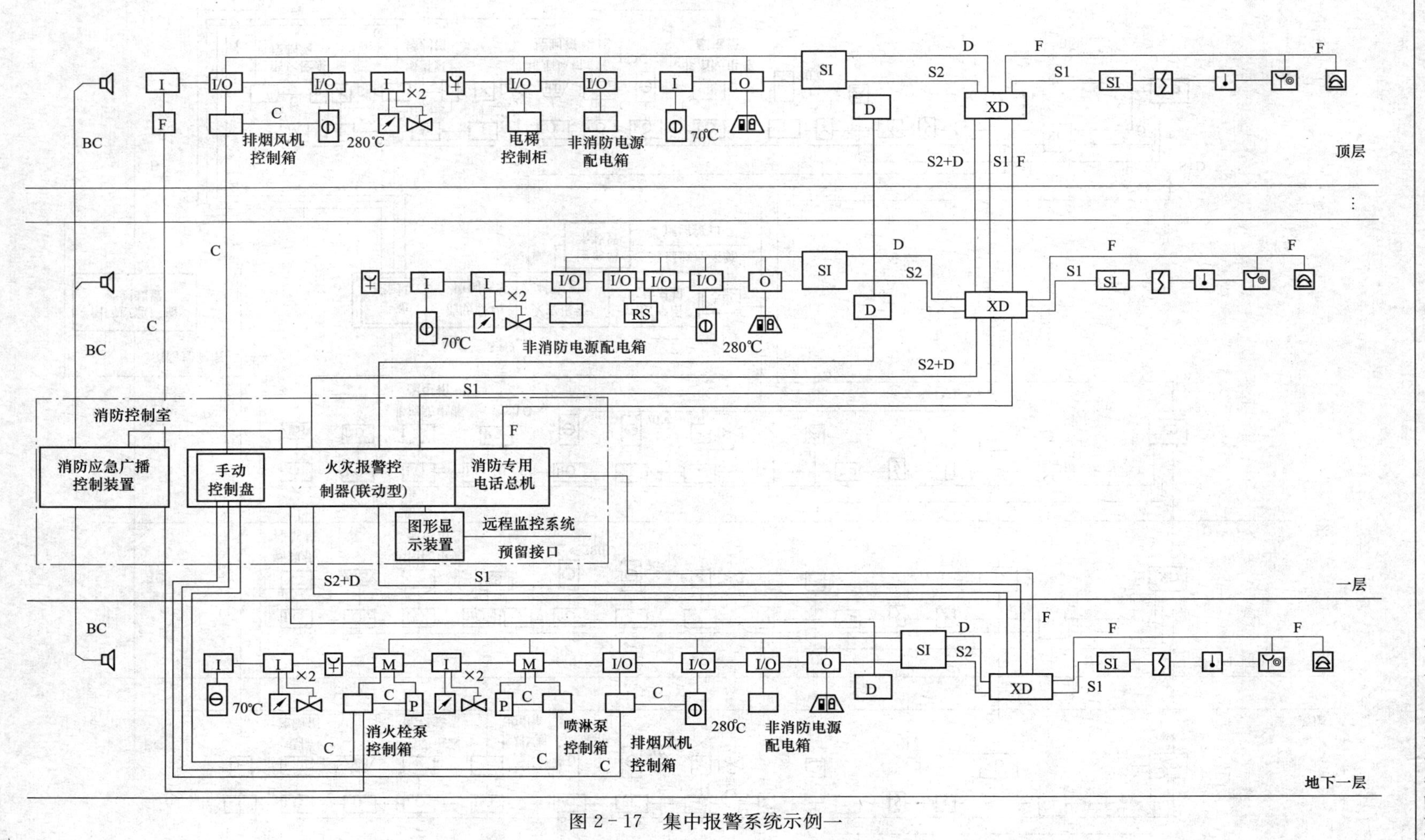

图 2－17 集中报警系统示例一

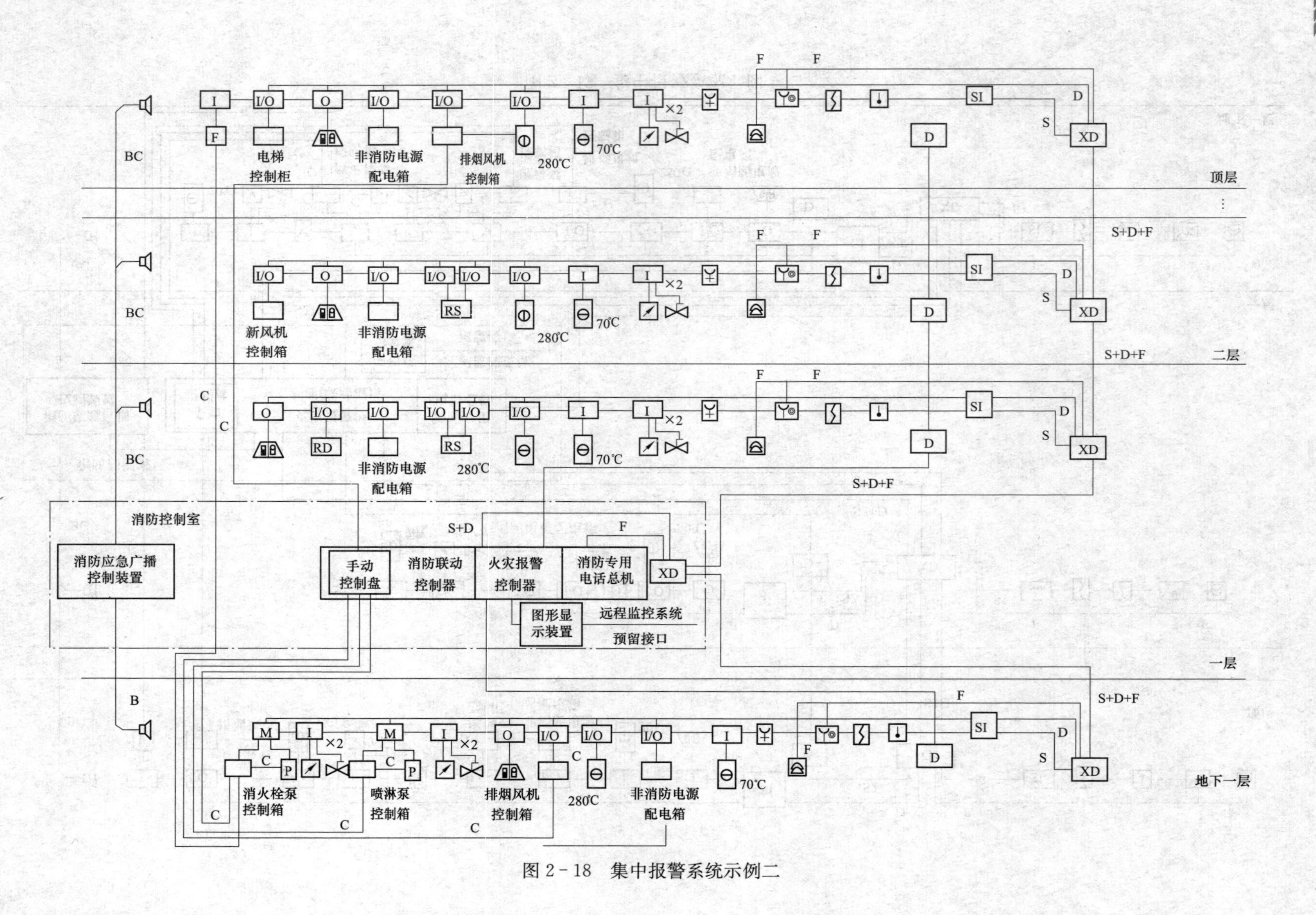

图 2－18　集中报警系统示例二

2.2.3 控制中心报警系统

2.2.3.1 控制中心报警系统的基本组成原理

控制中心报警系统是由消防控制室的消防控制设备、集中火灾报警控制器、区域火灾报警控制器和火灾探测器等组成，或由消防控制室的消防控制设备、火灾报警控制器、区域显示器和火灾探测器等组成，属于功能复杂的火灾自动报警系统。控制中心报警系统原理如图 2－19所示，控制中心集中报警系统原理实物接线如图 2－20 所示。

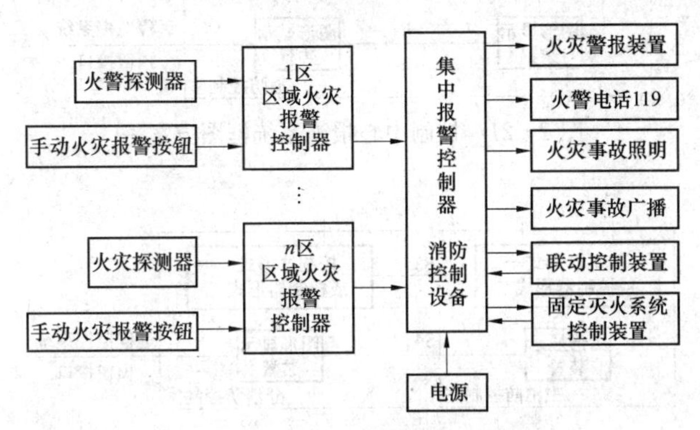

图 2－19 控制中心报警系统原理

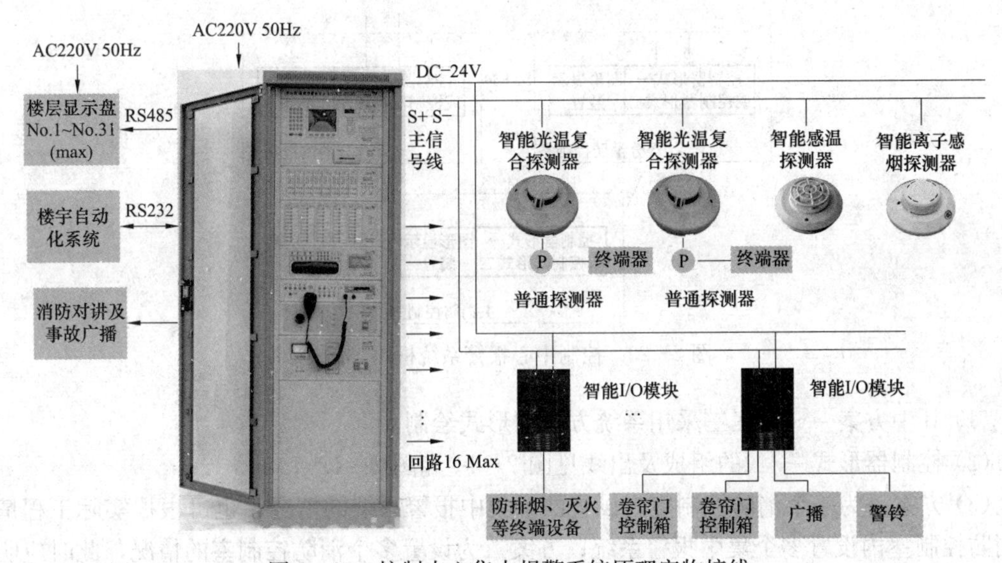

图 2－20 控制中心集中报警系统原理实物接线

2.2.3.2 控制中心集中报警系统的实用设计方案

控制中心集中报警系统应符合下列规定：

(1) 有两个及以上的消防控制室时，应确定一个主消防控制室。

(2) 主消防控制室应显示所有火灾报警信号和联动控制状态信号，并能控制重要的消防设备；各分消防控制室内消防设备之间可互相传输，显示状态信息，但不应相互控制。

(3) 系统设置的消防控制室图形显示装置，应具有 GB 50116—2013 中附录 A 和附录 B 规定的有关信息的功能。

(4) 其他设计应符合集中报警系统的规定要求。

控制中心集中报警系统的实用设计方案有三种，分别如图 2-21～图 2-23 所示，这三种方案的设计有以下特点：

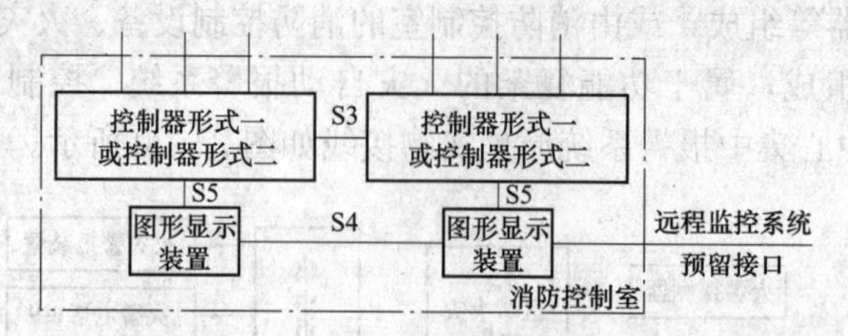

图 2-21 控制中心报警系统框图方案一

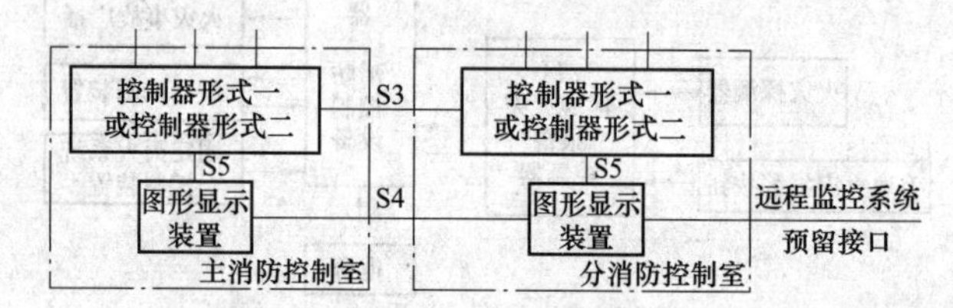

图 2-22 控制中心报警系统框图方案二

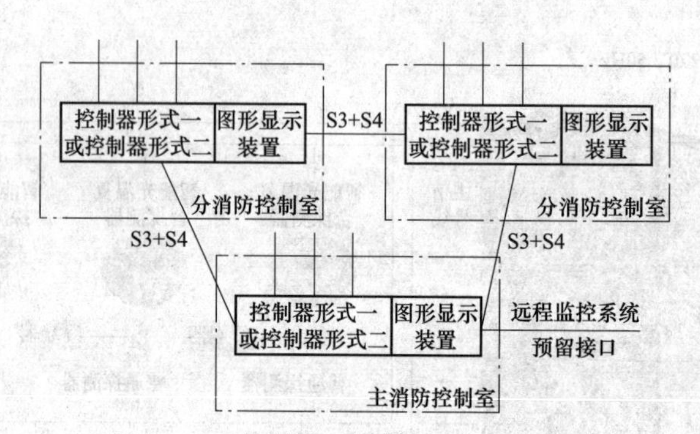

图 2-23 控制中心报警系统框图方案三

(1) 其中方案一～方案三采用系统方框图形式绘制。

(2) 控制器形式一/二的组成及出线见图 2-11 和图 2-12。

(3) 方案一为一个消防控制室内设置两个集中报警系统的情况，也可根据实际工程情况在消防控制室内设置多个集中报警系统；方案二为设置多个消防控制室的情况，此时应明确一个消防控制室为主消防控制室；方案三为设置多个消防控制室的情况，此时主消防控制室与分消防控制室之间可组成环网系统。

(4) 方案一～方案三中 S3、S4、S5 含义见 GB 50116—2013。

2.2.3.3 对消防控制室内的设计要求

(1) 消防控制室内设置的消防设备应包括火灾报警控制器、消防联动控制器、消防控制室图形显示装置、消防专用电话总机、消防应急广播控制装置、消防应急照明和疏散指示系统控制装置、消防电源监控器等设备或具有相应功能的组合设备。

(2) 消防控制室内设置的图形显示装置，应能显示建筑物内设置的全部消防系统相关设

备的动态信息，以及消防安全管理信息，并应为远程监控系统预留接口；同时，要具有向远程监控系统传输有关信息的功能。

(3) 消防控制室应设有用于火灾报警的外线电话。

(4) 消防控制室应有相应的竣工图纸、各分系统控制逻辑关系说明、设备使用说明书、系统操作规程、应急预案、值班制度、维护保养制度及值班记录等文件资料。

(5) 消防控制室送、回风管的穿墙处应设防火阀。

(6) 消防控制室内严禁穿过与消防设施无关的电气线路及管路（此条为消防控制室单独设置时的规定）。

(7) 消防控制室不应设置在电磁场干扰较强及其他影响消防控制室设备工作的设备用房附近。

单列布置的消防控制室如图 2-24 所示，在设计中应注意，火灾报警控制器等电子信息设备应远离防雷引下线。集中控制型的消防应急照明和疏散指示系统的控制装置，需要设置在消防控制室内。外线电话插座的安装位置一般是由弱电专业人员确定，但应靠近消防控制室的工作台。

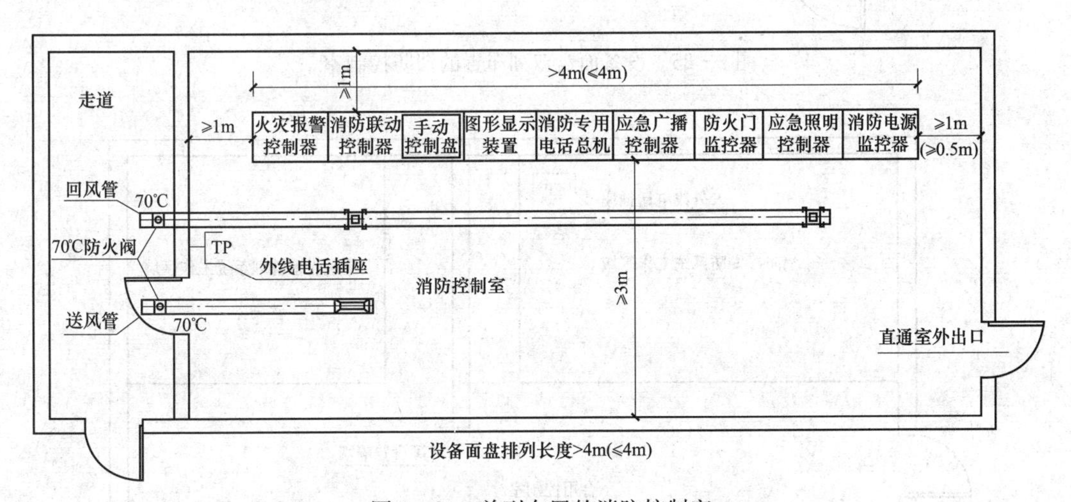

图 2-24 单列布置的消防控制室

消防控制室内的电源设置及要求见 GB 50116—2013。在实际消防控制系统的工程设计中，消防控制室的设备配置应根据工程的实际情况确定，图 2-24 只是为设计人员的参考用图。

2.2.3.4 对消防控制室内设备的布置规定

(1) 设备面盘前的操作距离，单列布置时不应小于 5m；双列布置时不应小于 2m。

(2) 在值班人员经常工作的一面，设备面盘至墙的距离不应小于 3m。

(3) 设备面盘后的维修距离不宜小于 1m。

(4) 设备面盘的排列长度大于 4m 时，其两端应设置宽度不小于 1m 的通道。

(5) 与建筑物其他弱电系统合用的消防控制室内，消防设备应集中设置，并应与其他设备间有明显间隔。

根据消防控制室内设备的布置规定，介绍两种消防控制室内的布置图，如图 2-25 和图 2-26所示，供设计及施工人员参考。

需要指出的是，当消防控制室与建筑物其他弱电系统合用时，弱电系统可以进入，并共用

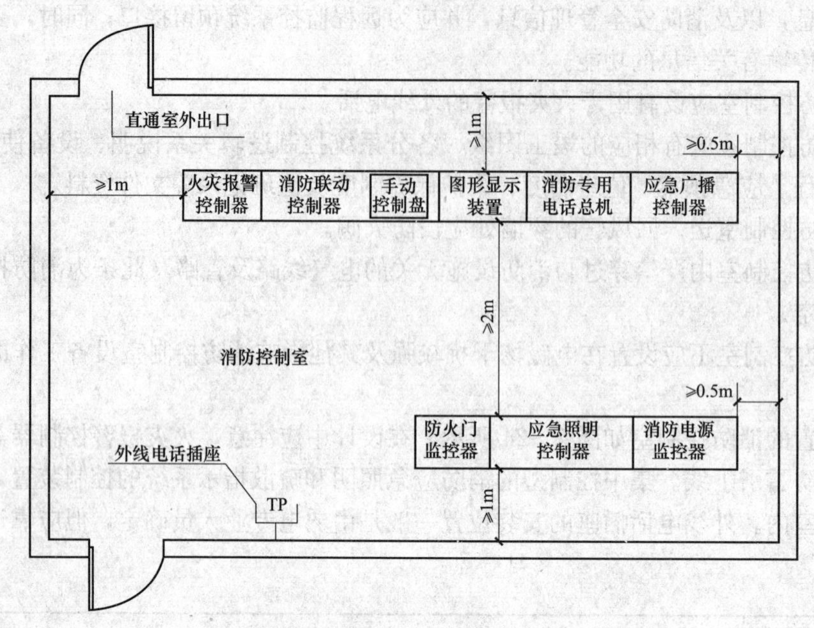

图 2-25　设备面盘双列布置的消防控制室

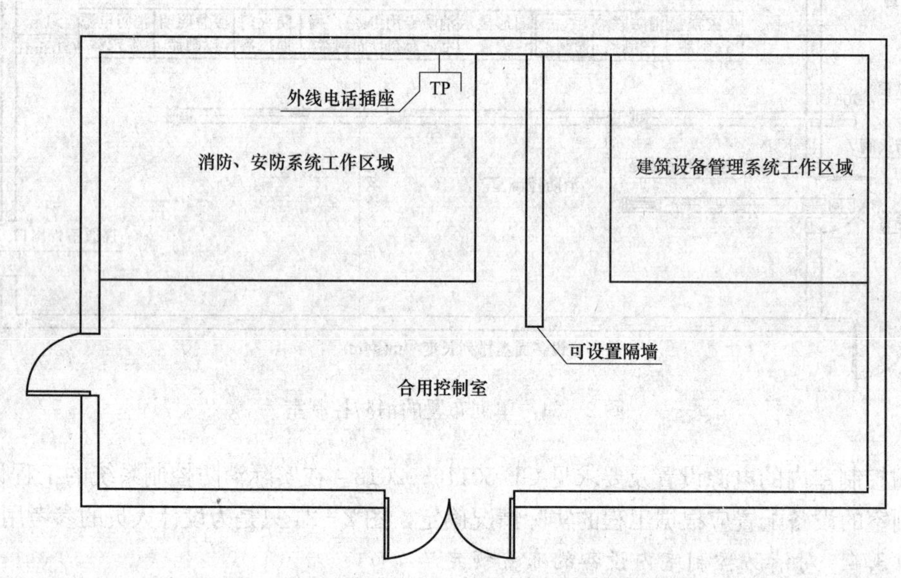

图 2-26　消防控制室与安防监控室合用布置图

消防控制室。但必须是与火灾自动报警系统有关的弱电线路，可以进入消防控制系统的工作区域，并终止于消防控制室，严禁与消防设施无关的电气线路及管路，穿过消防系统工作区域。

2.2.4　消防联动控制设计

根据 GB 50116—2013 及其他现行规范，对消防联动控制做了如下规定：

(1) 消防联动控制器应能按设定的控制逻辑向各相关的受控设备发出联动控制信号，并接受相关设备的联动反馈信号。

(2) 消防联动控制器的电压控制输出应采用直流 24V，其电源容量应满足受控消防设备

同时启动，且维持工作的控制容量要求。

(3) 各受控设备接口的特性参数，应与消防联动控制器发出的联动控制信号相匹配。

(4) 消防水泵、防烟和排烟风机的控制设备，除应采用联动控制方式外，还应在消防控制室设置手动直接控制装置。

(5) 启动电流较大的消防设备宜分时启动。

(6) 需要火灾自动报警系统联动控制的消防设备，其联动触发信号应采用两个独立的报警触发装置报警信号的“与”逻辑组合。

常见的联动触发信号、联动控制信号及联动反馈信号见表 2－1。消防系统常见连锁触发和连锁控制信号见表 2－2。

表 2－1　　常见的联动触发信号、联动控制信号及联动反馈信号

<table>
<tr><th colspan="3">系统名称</th><th>联动触发信号</th><th>联动控制信号</th><th>联动反馈信号</th></tr>
<tr><td rowspan="9">自动喷水灭火系统</td><td colspan="2">湿式和干式系统</td><td>报警阀压力开关的动作信号与该报警阀防护区域内任一火灾探测器或手动报警按钮的报警信号</td><td>启动喷淋泵</td><td>水流指示器动作信号、信号阀动作信号、压力开关动作信号、喷淋消防泵的启停信号</td></tr>
<tr><td colspan="2" rowspan="2">预作用系统</td><td>同一报警区域内两只及以上独立的感烟火灾探测器或一只感烟火灾探测器与一只手动火灾报警按钮的报警信号</td><td>开启预作用阀组、开启快速排气阀前电动阀</td><td rowspan="2">水流指示器动作信号、信号阀动作信号、压力开关动作信号、喷淋消防泵的启停信号、有压气体管道气压状态信号、快速排气阀前电动阀动作信号</td></tr>
<tr><td>报警阀压力开关的动作信号与该报警阀防护区域内任一火灾探测器或手动报警按钮的报警信号</td><td>启动喷淋泵</td></tr>
<tr><td colspan="2" rowspan="2">雨淋系统</td><td>同一报警区域内两只及以上独立的感温火灾探测器或一只感温火灾探测器与一只手动火灾报警按钮的报警信号</td><td>开启雨淋阀组</td><td rowspan="2">水流指示器动作信号、压力开关动作信号、雨淋阀组和雨淋消防泵的启停信号</td></tr>
<tr><td>报警阀压力开关的动作信号与该报警阀防护区域内任一火灾探测器或手动报警按钮的报警信号</td><td>启动喷淋泵</td></tr>
<tr><td rowspan="4">水幕系统</td><td rowspan="2">用于防火卷帘的保护</td><td>防火卷帘下落到楼板面的动作信号与本报警区域内任一火灾探测器或手动火灾报警按钮的报警信号</td><td>开启水幕系统控制阀组</td><td rowspan="4">压力开关动作信号、水幕系统相关控制阀组和消防泵的启停信号</td></tr>
<tr><td>报警阀压力开关的动作信号与该报警阀防护区域内任一火灾探测器或手动报警按钮的报警信号</td><td>启动喷淋泵</td></tr>
<tr><td rowspan="2">用于防火分隔</td><td>报警区域内两只独立的感温火灾探测器的火灾报警信号</td><td>开启水幕系统控制阀组</td></tr>
<tr><td>报警阀压力开关的动作信号与该报警阀防护区域内任一火灾探测器或手动报警按钮的报警信号</td><td>启动喷淋泵</td></tr>
</table>

续表

系统名称	联动触发信号	联动控制信号	联动反馈信号
消火栓系统	消火栓按钮的动作信号与该消火栓按钮所在报警区域内任一火灾探测器或手动报警按钮的报警信号	启动消火栓泵	消火栓泵启动信号
气体灭火系统	任一防护区域内设置的感烟火灾探测器、其他类型火灾探测器或手动火灾报警按钮的首次报警信号	启动设置在该防护区内的火灾声光警报器	气体灭火控制器直接连接的火灾探测器的报警信号
	同一防护区域内与首次报警的火灾探测器或手动火灾报警按钮相邻的感温火灾探测器、火焰探测器或手动火灾报警按钮的报警信号	关闭防护区域的送、排风机及送排风阀门，停止通风和空气调节系统，关闭被防护区域的电动防火阀，启动防护区域开口封闭装置，包括关闭门、窗，启动气体灭火装置，启动入口处表示气体喷洒的火灾声光警报器	选择阀的动作信号，压力开关的动作信号
防烟系统	加压送风口所在防火分区内的两只独立的火灾探测器或一只火灾探测器与一只手动火灾报警按钮的报警信号	开启送风口、启动加压送风机	送风口、排烟口、排烟窗或排烟阀的开启和关闭信号，防烟、排烟风机启停信号，电动防火阀关闭动作信号
	同一防烟分区内且位于电动挡烟垂壁附近的两只独立的感烟火灾探测器的报警信号	降落电动挡烟垂壁	
排烟系统	同一防烟分区内的两只独立的火灾探测器报警信号或一只火灾探测器与一只手动火灾报警按钮的报警信号	开启排烟口、排烟窗或排烟阀，停止该防烟分区的空气调节系统	
	排烟口、排烟窗或排烟阀开启的动作信号与该防烟分区内任一火灾探测器或手动报警按钮的报警信号	启动排烟风机	
防火门系统	防火门所在防火分区内的两只独立的火灾探测器或一只火灾探测器与一只手动火灾报警按钮的报警信号	关闭常开防火门	疏散通道上各防火门的开启、关闭及故障状态信号
电梯	—	所有电梯停于首层或电梯转换层	电梯运行状态信息和停于首层或转换层的反馈信号
火灾警报和消防应急广播系统	同一报警区域内两只独立的火灾探测器或一只火灾探测器与一只手动火灾报警按钮的报警信号	确认火灾后启动建筑内所有火灾声光警报器、启动消防应急广播	消防应急广播分区的工作状态

续表

系统名称	联动触发信号	联动控制信号	联动反馈信号
消防应急照明和疏散指示系统	同一报警区域内两只独立的火灾探测器或一只火灾探测器与一只手动火灾报警按钮的报警信号	确认火灾后，由发生火灾的报警区域开始，顺序启动全楼消防应急照明和疏散指示系统	—

注 本表所列的联动反馈信号主要是系统动作时的反馈信号，完整的火灾报警、建筑消防设施运行状态信息见 GB 50116—2013 附录 A。

表 2-2　　消防系统常见连锁触发和连锁控制信号

系统名称		连锁触发信号	连锁控制信号
自动喷水灭火系统	湿式和干式系统	压力开关动作信号	启动喷淋泵
	预作用系统		
	雨淋系统		
	水幕系统		
消火栓系统		系统出水干管上的低压压力开关、高位消防水箱出水管上的流量开关、报警阀压力开关的动作信号	启动消火栓泵
排烟系统		排烟风机入口处总管上设置的 280℃排烟防火阀动作信号	关闭排烟风机

联动控制不应影响连锁控制的功能。

2.2.5　火灾自动报警系统形式的选择及报警区域划分

2.2.5.1　火灾报警系统形式的选择

前面分析了火灾报警系统的各种形式，针对不同建筑物的特点及要求，设计者可根据以下规定选择火灾报警器的形式。

(1) 仅需要报警，不需要联动自动消防设备的保护对象，宜采用区域报警系统。

(2) 仅需要报警，同时需要联动自动消防设备，且只设置一台具有集中控制功能的火灾报警控制器和消防联动控制器的保护对象，应采用集中报警系统，并应设置一个消防控制室。

(3) 设置两个及以上消防控制室的保护对象，或已设置两个及以上的集中报警系统的保护对象，应采用控制中心报警系统。

另外，在 GB 50116—2013 中“联动自动消防设备”的含义，是通过输入、输出模块对设备控制及接收反馈，区域报警系统允许使用火灾报警控制器的输出触点不经过模块直接控制设备。

火灾自动报警系统形式见表 2-3。

表 2-3　　火灾自动报警系统形式

系统形式	系统构成	保护对象	保护对象是否需要联动控制
区域报警系统	系统由火灾探测器、手动火灾报警按钮、火灾声光警报器及火灾报警控制器等组成，也可包括消防控制室图形显示装置和指示楼层的区域显示器，系统不包括消防联动控制器	仅需要报警，不需要联动自动消防设备的保护对象	否

续表

系统形式	系统构成	保护对象	保护对象是否需要联动控制
集中报警系统	系统由火灾探测器、手动火灾报警按钮、火灾声光警报器、消防应急广播、消防专用电话、消防控制室图形显示装置、火灾报警控制器、消防联动控制器等组成	不仅需要报警，同时需要联动自动消防设备，且只设置一台具有集中控制功能的火灾报警控制器和消防联动控制器的保护对象	是
控制中心报警系统	设置了两个及以上消防控制室或设置了两个及以上集中报警系统，且符合集中报警系统的规定	设置两个及以上消防控制室的保护对象，或设置了两个及以上集中报警系统的保护对象	是

2.2.5.2　报警区域和探测区域的划分

报警区域：将火灾自动报警系统的警戒范围按防火区或楼层划分的单元。

探测区域：将报警区域按探测火灾的部位划分的单元。

火灾自动报警系统及通用设备

3.1 火灾探测器

火灾探测器是火灾自动报警系统的前哨，肩负安全防范的重任。消防系统首先需由探测器探测火灾隐患，然后将火灾的信息传送至后续设备，因此，火灾探测器是消防系统，也是建筑设备自动化系统（BAS）的重要组成部分。

3.1.1 火灾探测器的分类

火灾探测器按其探测火灾不同的理化现象，大致分为四大类，即感烟探测器、感温探测器、感光探测器、可燃性气体探测器；按其传感器结构形式的不同，又可分为两种形式，即点型火灾探测器和线型火灾探测器；按其处理后信号的不同，可分为开关量探测器、模拟量探测器、智能型探测器等；按其操作后是否复位，可分为可复位火灾探测器和不可复位火灾探测器。可复位火灾探测器，是在产生火灾报警信号的条件不再存在的情况下，不需要更换组件，才能从报警状态恢复到监控状态；不可复位火灾探测器，是在产生火灾报警信号的条件不再存在的情况下，需要更换组件，才能从报警状态恢复到监控状态或动作后不能恢复到监视状态。

火灾探测器还有其他分类方法，见表 3-1。

表 3-1　　火灾探测器的分类

<table>
<tr><th>序号</th><th colspan="4">名称及种类</th></tr>
<tr><td rowspan="6">1</td><td rowspan="6">感烟探测器</td><td colspan="3">离子感烟探测器</td></tr>
<tr><td rowspan="3">光电感烟探测器</td><td rowspan="2">点型</td><td>散射光式</td></tr>
<tr><td>遮光式</td></tr>
<tr><td>线型</td><td>红外光束式</td></tr>
<tr><td>激光感烟探测器</td><td colspan="2">线型</td></tr>
<tr><td colspan="3">严酷环境下的智能感烟探测器</td></tr>
<tr><td rowspan="6">2</td><td rowspan="6">感温探测器</td><td rowspan="4">点型</td><td rowspan="4">温差式、定温差式、定温式</td><td>双金属型</td></tr>
<tr><td>膜盒型</td></tr>
<tr><td>易熔金属片</td></tr>
<tr><td>半导体型</td></tr>
<tr><td rowspan="2">线型</td><td rowspan="2">温差式、定温式</td><td>管型</td></tr>
<tr><td>电缆型</td></tr>
</table>

续表

序号	名称及种类			
2	感温探测器	线型	温差式、定温式	半导体型
3	光电感烟、感温复合火灾探测器			
4	感光探测器	紫外线型		
		红外线型		
5	可燃气体探测器	催化型		
		半导体型		
6	早期烟雾探测报警系统			

3.1.2　火灾探测器的原理及结构

由于火灾探测器的种类较多，每种探测器适合于不同的场所，所以本节介绍几种常用的火灾探测器及其结构和工作原理。

感烟探测器在可能产生阴燃火，在火焰出现前有浓烟扩散、发生无焰火灾的场所下应用。感烟探测器从原理上可分为离子型、光电型、激光型，以及在特殊严酷场合下，其他探测器不适用的地方的特殊型探测器。

离子感烟探测器是目前应用最广泛的一种探测器，它是利用烟雾粒子改变电离室电离电流的原理制成的。光电探测器是利用起火时烟雾能够改变光的传播特性这一性质而制成，其原理是应用烟雾粒子对光线产生散射或遮挡。

感温探测器，是对警戒范围中某一点或某一线路周围温度变化时响应的火灾探测器。它将温度的变化转换为电信号，以达到报警的目的。根据监测温度参数的不同，感温探测器有定温式、温差式、定温差式等几种。

定温式：温度上升到预定值时响应的火灾探测器。

温差式：环境温度的温升速度超过一定值时，响应的火灾探测器。

定温差式：兼有定温、温差两种功能的火灾探测器。

感温探测器的核心部件是热敏元件。热敏元件是利用某些物体的物理性质随温度变化而发生变化的敏感材料制成，例如热电偶、热电阻、易熔合金或热敏绝缘材料、双金属片、半导体材料等。

无论是何种火灾探测器，对其功能的要求是：信号传感要及时，要保证其精度要求；传感器本身应具有信号指示的功能；通过报警控制器，能分辨火灾发生的具体位置或区域；探测器应具有相当的稳定性，尽可能地防止干扰。

3.1.3　常用火灾探测器介绍

3.1.3.1　离子感烟探测器

离子感烟探测器外形结构如图 3-1 所示，一般建筑物室内的屋顶都装有这种形状的探测器。

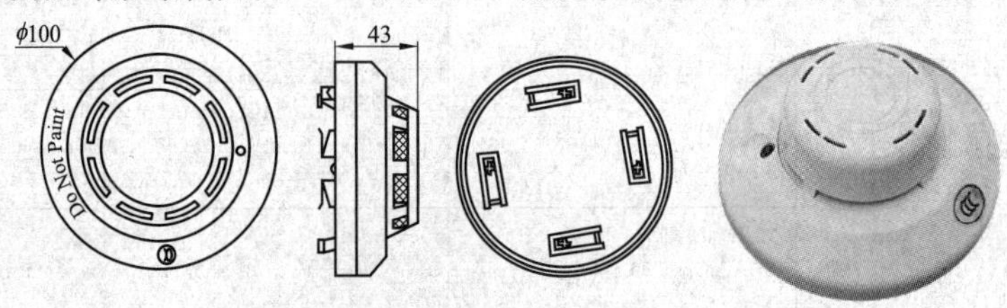

图 3-1　离子感烟探测器外形结构

离子感烟探测器属于点型火灾探测器，根据探测器内电离室的结构形式，又可分为双源和单源感烟探测器；根据离子感烟探测器放射源的个数可分为双源双室型和单源双室型。离子感烟探测器是利用放射性同位素（目前普遍采用的是241Am）衰变过程中放出的α射线使电离室内的空气产生电离，从而使电离室在电子电路中呈现电阻特性。当烟雾进入电离室后，改变了空气电离的离子数，即改变了电离电流，也就相当于电离室的阻值发生了变化。根据电阻变化的大小识别烟雾量的大小，并作出是否发生火灾的判断。离子感烟探测器工作原理如图 3-2 所示。电离室局部被α射线覆盖，使电离室一部分为电离区，另一部分为非电离区，从而形成单极性电离室。由图 3-2 可知，烟雾进入电离室后，单极性电离室要比双极性电离室的离子电流变化大，相应的感烟灵敏度也要高。因此，具有单极性电离室结构的离子感烟探测器更常用。

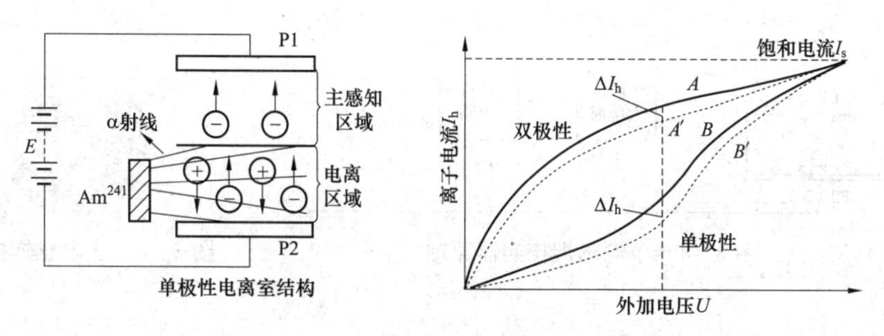

图 3-2　离子感烟探测器工作原理

3.1.3.2　双源感烟探测器

这是一种双源双电离室结构的感烟探测器，即每一电离室都有一块放射源，其原理如图 3-3所示。一个室为检测用开式结构电离室 M；另一个电离室为补偿用闭式结构电离室R。这两个室反向串联在一起，检测室工作在其特性的灵敏区，补偿室工作在其特性的饱和区，即流过补偿室的离子电流不随其两端电压的变化而变化。无烟时，探测器工作在 A 点。有烟时，由于检测室 M 中离子减少，且离子运动速度减慢，相当于其内阻变大。又因双室串联，回路电流不变，故检测室两端电压增高，探测器工作点移至 B 点。A 点和 B 点间的电压增量 ΔU，即反映了烟雾浓度的大小。

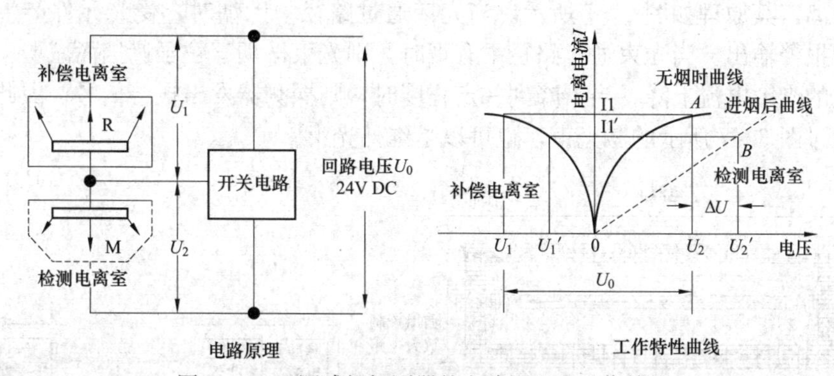

图 3-3　双源感烟探测器的电路原理和工作特性

3.1.3.3　单源感烟探测器

单源感烟探测器原理如图 3-4 所示。其检测电离室和补偿电离室由电极板 P1、P2 和

Pm 等构成，共用一个放射源。其检测室和补偿室都工作在非饱和灵敏区，极板 Pm 上电位的变化量大小反映了烟雾浓度的大小。单源感烟探测器的检测室和补偿室在结构上都是开式，两者受环境温度、湿度、气压等因素的影响相同，因而提高了对环境的适应性。离子感烟探测器按对烟雾浓度检测信号处理方式的不同，可分为阈值报警式感烟探测器，编码型类比感烟探测器及分布智能式感烟探测器。

3.1.3.4 光电感烟探测器

光电感烟探测器的基本原理，是利用烟雾粒子对光线产生遮挡和散射作用来检测烟雾的存在，其外形如图 3－5 所示。光电感烟探测器主要有遮光式感烟探测器和散射光式感烟探测器两种。

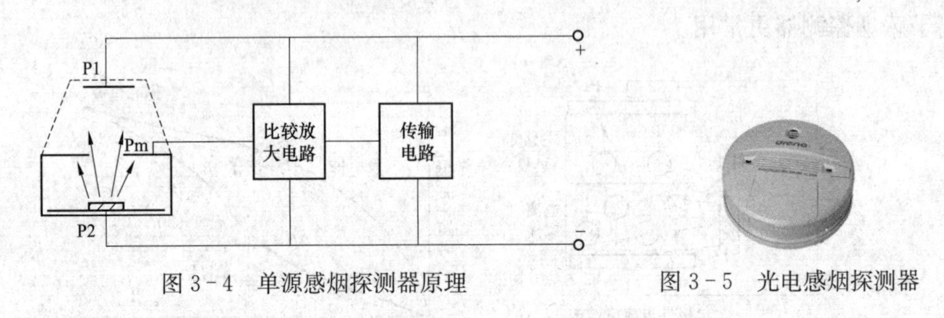

图 3－4　单源感烟探测器原理　　图 3－5　光电感烟探测器

(1) 遮光式感烟探测原理。遮光式感烟探测器又可分为点型和线型两种类型。

1) 点型遮光式感烟探测器。这种探测器原理如图 3－6 所示，其中烟室为特殊结构的暗室，外部光线进不去，但烟雾粒子可以进入烟室。烟室内有一个发光元件及一个受光元件。发光元件发出的光直射在受光元件上，产生一个固定的光敏电流。当烟雾粒子进入烟室后，光被烟雾粒子遮挡，到达受光元件的光通量减弱，相应的光敏电流减小，当光敏电流减小到某个设定值时，该感烟探测器发出报警信号。

2) 线型遮光式感烟探测器。线型遮光式感烟探测器在原理上与点型遮光式探测器相似，在结构上有所区别。点型遮光式探测器中发光元件及受光元件是在同一暗室内，整个探测器为一体化结构。而线型遮光式探测器中的发光元件和受光元件是分为两个部分安装的，两者相距一段距离。其原理如图 3－7 所示。当光束通过路径中无烟时，受光元件产生一固定光敏电流，无报警输出。当光束通过路径中有烟时，则光束被烟雾粒子遮挡而减弱，相应的受光元件产生的光敏电流下降，当下降到一定程度时，则探测器发出报警信号。因此，发射光束可以是通过图 3－7 所示的激光束，也可以是红外光束。

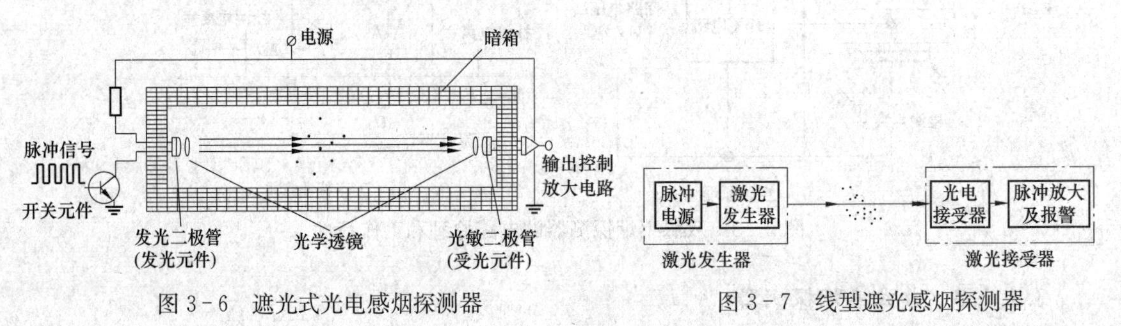

图 3－6　遮光式光电感烟探测器　　图 3－7　线型遮光感烟探测器

(2) 散射光式感烟探测器原理。散射光式感烟探测器原理如图 3-8 所示。其中烟室为一特殊结构的暗室，进烟不进光。烟室内有一个发光元件，同时还有一受光元件。但发射光束不是直射在受光元件上，而是与受光元件错开。这样，无烟时受光元件上不受光，没有光敏电流产生。当有烟进入烟室时，光束受到烟雾粒子的反射及散射而到达受光元件，产生光敏电流，当该电流增大到一定程度时，感烟探测器发出报警信号。

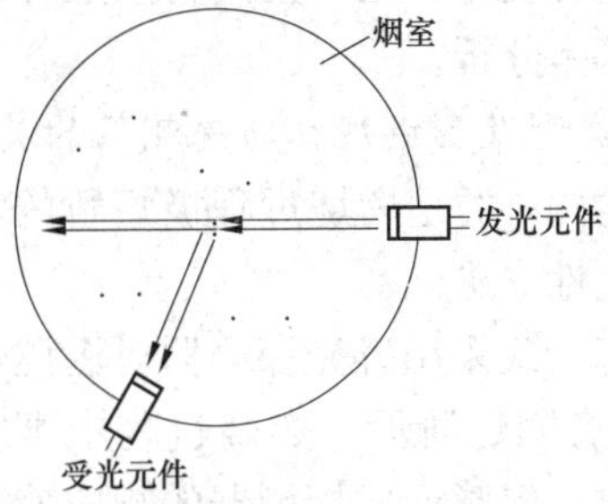

3.1.3.5 感温探测器

感温探测器是根据其对温度变化的响应来分类的，主要有定温探测器和温差探测器两种，感温探测器的外形图如图 3-9 所示。

图 3-8 散射光式感烟探测器原理

图 3-9 感温探测器

(1) 定温探测器。定温探测器是在规定时间内，火灾引起的温度达到或超过预定值时发出报警响应，它有线型和点型两种结构。线型定温探测器是当火灾现场环境温度上升到一定数值时，可熔绝缘物熔化使两导线短路，从而产生报警信号。点型定温探测器则是利用双金属片、易熔金属、热电偶、热敏电阻等热敏元件，当温度上升到一定数值时发出报警信号。

双金属片定温探测器的结构如图 3-10 和图 3-11 所示。下面以双金属片定温探测器为例分析其工作原理。

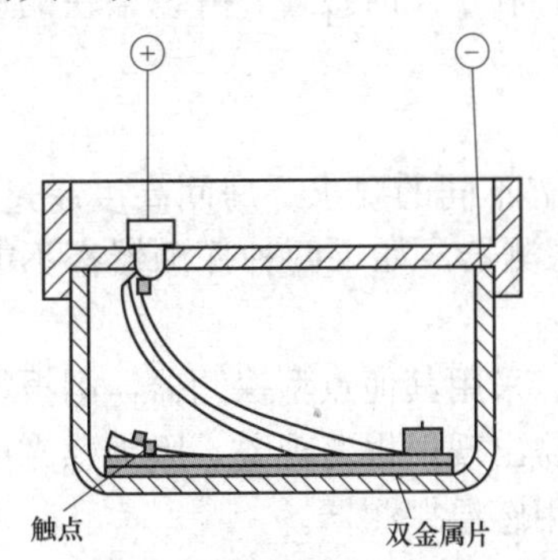

图 3-10 双金属片定温探测器结构示意图

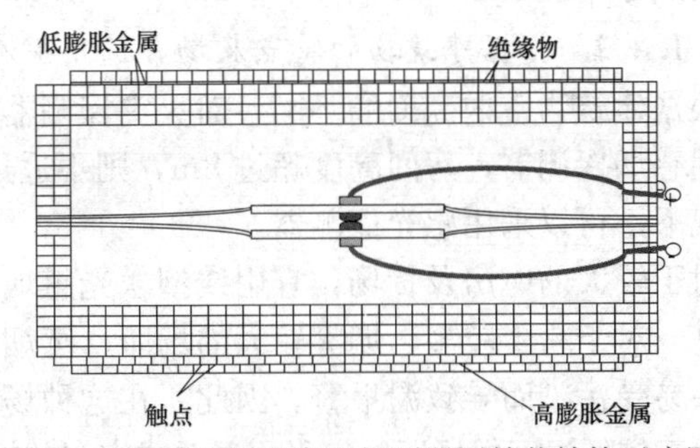

图 3-11 双金属片定温探测器圆筒状结构示意图

双金属片定温探测器是由热膨胀系数不同的双金属片和固定触点组成，当环境温度升高时，双金属片受热膨胀向上弯曲，使触点闭合，输出报警信号。当环境温度下降后，双金属片复位，探测器状态复原。

(2) 温差探测器。温差探测器是在规定时间内，环境温度上升速率超过预定值时发出报警响应。它也有线型和点型两种结构。线型温差探测器是根据广泛的热效应而动作的，主要感温器件有按探测面积蛇形连续布置的空气管、分布式连接的热电偶、热敏电阻等。点型温差探测器则是根据局部的热效应而动作的，主要感温器件是空气膜盒、热敏电阻等。膜盒式温差探测器结构如图 3-12 所示。

在图 3-12 中，空气室的膜盒是温度敏感元件，其感热外罩与底座形成密闭气室，有一小孔与大气连通。当环境温度缓慢变化时，气室内外的空气可由小孔进出，使内外压力保持平

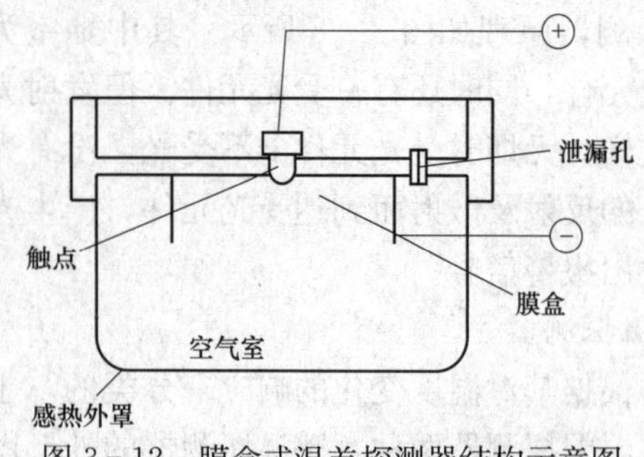

图 3-12　膜盒式温差探测器结构示意图

衡。如温度迅速升高，气室内空气受热膨胀来不及外泄，致使室内气压增高，波纹片鼓起与中心线柱相碰，电路接通报警，从而完成火灾报警的检测。

3.1.4　火灾探测器的选用

火灾探测器的选用涉及的因素很多，主要有火灾的类型、火灾形成的规律、建筑物的特点及环境条件等，下面进行具体分析。

3.1.4.1　火灾类型及形成规律与探测器的关系

火灾分为两大类：一类是燃烧过程极短暂的爆燃性火灾；另一类是具有初始阴燃阶段，燃烧过程较长的一般性火灾。

对于第一类火灾，必须采用可燃气体探测器实现灾前报警，或采用感光探测器对爆燃性火灾瞬间产生的强烈光辐射作出快速报警反应。这类火灾没有阴燃阶段，燃烧过程中烟雾少，用感烟探测器显然不行。它的燃烧过程中虽然有强热辐射，但感温式探测器的响应速度偏慢，不能及时对爆燃性火灾作出报警反应。

一般性火灾初始的阴燃阶段，会产生大量的烟和少量的热及很弱的火光辐射，此时应选用感烟探测器。如单纯作为报警目的用的探测器，可选用非延时工作方式；如报警后联动消防设备的探测器，则选用延时工作方式。当烟雾粒子较大时，宜采用光电感烟探测器；当烟雾粒子较小时，由于对光的遮挡和散射能力较弱，光电探测器灵敏度降低，因此宜采用离子探测器。而当火灾形成规模，且产生大量烟雾时，光和热的辐射也迅速增加，这时应同时选用感烟、感光及感温探测器，将它们组合使用，这样更有利于及时报警，并以最快的速度抑制火情的发生。

3.1.4.2　根据建筑物的特点及场合选用探测器

根据建筑物室内高度的不同，对火灾探测器的选用有不同的要求。房间高度超过 12m，不适用感烟探测器，房间高度超过 8m，则不适用感温探测器。如果两种探测器都不能使用的情况下，可以采用感光探测器。

对于较大的库房及货场，宜用线型激光感烟探测器，采用其他点型探测器，则报警的效率不高。对于粉尘较多、烟雾较大的场所，感烟探测器易出现误报警现象。因为感光探测器的镜头易受污染而导致漏报警。因此，在这种场合宜采用感温探测器。

对于较低温度的场所，宜采用温差或定温差探测器，不宜采用定温探测器。在温度变化较大的场合，应采用定温探测器，不宜采用温差探测器。对于风速较大或气流速度大于 5m/s 的场所，不宜采用感烟探测器，使用感光探测器则无任何影响。需要强调的是，在火灾探测器报警与灭火装置联动时，火灾探测器的误报警将导致灭火装置自动启动，从而带来不良影响，甚至是严重的后果。这时，对火灾探测器的准确性及可靠性就有了更高的要求，一般情况下，采用同类型或不同类型的两个探测器组合使用，以实现双信号报警。很多情况下还要加上一个延时报警判断之后，才能产生联动控制信号。需要说明的是，同类型探测器组合使用时，应该一个具有高一些灵敏度和另一个相对灵敏度低一些。

3.2　火灾报警控制器

火灾报警控制器是火灾自动报警系统的重要组成部分。在火灾自动报警系统中，火灾探

测器是系统的“感觉器官”，随时监视周围环境的情况。而火灾报警控制器则是系统的“躯体”和“大脑”，是控制系统的核心。

3.2.1 火灾报警控制器的功能

火灾报警控制器具有下列功能：

(1) 能接受探测信号，转换成声、光报警信号，指示着火部位和记录报警信息。

(2) 可通过火警发送装置启动火灾报警信号，或通过自动消防灭火控制装置启动自动灭火设备和消防联动控制设备。

(3) 自动地监视系统的正确运行和对特定故障给出声、光报警信号（自检）。

由此可见，火灾报警控制器的作用是向火灾探测器提供高稳定度的直流电源；监视连接各火灾探测器的传输导线有无故障；能使火灾探测器发送火灾报警信号，迅速、正确地进行转换和处理，并以声、光等形式指示火灾发生的具体部位，进而发送消防设备的启动控制信号。

3.2.2 火灾报警控制器的分类

火灾报警控制器按其技术性能和使用要求大致分类如下：

(1) 按用途和设计使用要求分类。

1) 区域火灾报警控制器。其控制器直接连接火灾探测器，处理各种报警信息，它是组成火灾自动报警系统最常用的设备之一。

2) 集中火灾报警控制器。它一般不与火灾探测器相连，而与区域火灾报警控制器相连，处理区域级火灾报警控制器送来的报警信号，常用在较大型系统中。

3) 通用火灾报警控制器。它兼有区域、集中两级火灾报警控制器的双重特点。通过设置或修改某些参数（硬件或软件），既可作区域级使用，连接控制器，又可作集中级使用，连接区域火灾报警控制器。

(2) 按内部电路设计分类。

1) 普通型火灾报警控制器。其电路设计采用通用逻辑组合，有成本低廉、使用简单等特点，易于实现以标准单元的插板组合方式进行功能扩展，其功能一般较简单。

2) 微机型火灾报警控制器。其电路设计采用微机结构，对软件和硬件程序均有响应要求，具有功能扩展方便、技术要求复杂、硬件可靠性高等特点，是火灾报警控制器的首选形式。

(3) 按信号处理方式分类。

1) 有阈值火灾报警控制器。用有阈值火灾报警控制器处理的探测信号为阶跃开关量信号，对火灾探测器发出的报警信号不能进一步处理，火灾报警取决于探测器。

2) 无阈值火灾报警控制器。用无阈值火灾报警控制器处理的探测信号为连续的模拟量信号，其报警主动权掌握在控制器方面，可以具有智能结构，是现代火灾报警控制器的发展方向。

(4) 按信号处理方式分类。

1) 多线制火灾报警控制器。其探测器与控制器的连接采用一一对应方式。各探测器至少有一根线与控制器连接，因而其连线较多，仅适用于小型火灾自动报警系统。

2) 总线制火灾报警控制器。控制器与探测器采用总线（少线）连接。所有探测器均并联或串联在总线上（一般总线数量为2～4根），具有安装、调试、使用方便，工程造价较低的特点，适用于小型火灾自动报警系统。

3.2.3 火灾报警控制器的结构及性能

火灾报警控制器的构成主要有电源和主机两部分。

3.2.3.1 电源部分

火灾报警控制器的电源应由主电源和备用电源互补两部分组成。主电源为220V交流市电，备用电源一般选用可充放电反复使用的各种蓄电池。电源部分的主要功能如下：

(1) 主电、备电自动切换；

(2) 为备用电源充电；

(3) 具有电源故障监测功能；

(4) 具有电源工作状态指示功能；

(5) 具有为探测器回路供电的功能。

目前，大多数火灾报警控制器的电源设计采用线性调节稳压电源，同时在输出部分增加过电压和过电流保护环节。近年来还出现开关型稳压电源方式。

3.2.3.2 主机部分

主机部分监视探测器回路变化情况，遇有报警信号时，执行响应动作，其功能如下：

(1) 故障声光报警。当出现探测器回路断路、短路、探测器自身故障、系统自身故障时，火灾报警控制器均应进行声、光报警，指示具体故障部位。

(2) 火灾声光报警。当火灾探测器、手动火灾报警按钮或其他火灾报警信号单元发出报警信号时，控制器能迅速、准确地接收、处理此报警信号，进行火灾声、光报警，指示具体火警部位和时间。

(3) 火灾报警优先功能。控制器在报故障时，如出现火灾报警信号，应能自动切换到火灾声光报警状态。若故障信号依然存在，只有在火情被排除，人工进行火灾信号复位后，控制器才能转换到故障报警状态。

(4) 火灾报警记忆功能。当控制器收到探测器火灾报警信号时，应能保持并记忆，不可随火灾报警信号源的消失而消失，同时也能继续接受、处理其他火灾报警信号。

(5) 声光报警消声及再声响功能。火灾报警控制器发出声光报警信号后，可通过控制器的消声按钮人为消声，如果停止声响报警时又出现其他报警信号，火灾报警控制器应能进行声光报警。

(6) 时钟单元功能。控制器本身应提供一个工作时钟，用于对工作状态提供监视参考。当火灾报警时，时钟应能指示并记录准确的报警时间。

(7) 输出控制功能。火灾报警控制应具有一对以上的输出控制触点，用于火灾报警时的联动控制，如用于室外警铃、启动自动灭火设施等。

火灾报警控制器主机部分承担着对火灾探测源传来的信号进行处理、报警并起中继器的作用。从原理上讲，无论是区域火灾报警控制器还是集中火灾报警控制器，都遵循同一工作模式，即收集探测源信号→输入单元→自动监控单元→输出单元。同时为了使用方便，增加功能，又附加上人机接口——键盘、显示部分，输出联动控制部分、计算机通信部分、打印机部分等。火灾报警控制器主机部分基本工作原理如图3-13所示。

对于输入单元而言，集中火灾报警控制器与区域火灾报警控制器有所不同。区域火灾报警控制器处理的探测源可以是各种火灾报警探测器、手动火灾报警按钮或其他探测按钮传来的信号；而集中火灾报警控制器处理的是区域报警控制器传输的信号。由于传输特性不同，

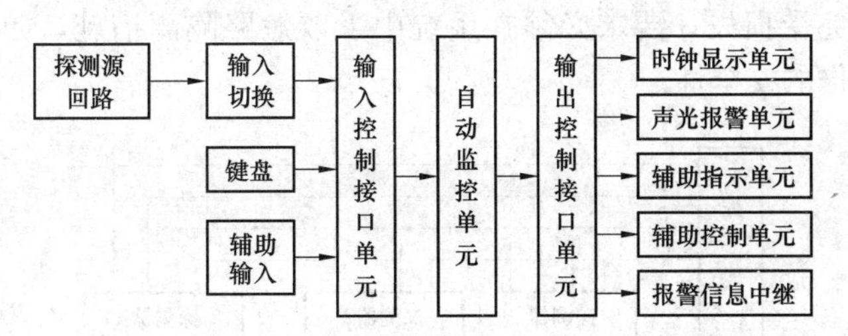

图 3-13 火灾报警控制器主机部分基本工作原理

其输入单元的接口电路也不同。

对于输出单元，集中火灾报警控制器的控制功能比区域火灾报警控制器要复杂。

3.3 火灾自动报警系统的线制

火灾自动报警系统包括火灾探测器、传输线、报警控制器及配套设备（如显示器、中继器等），对于复杂系统，还要包括联动控制装置和设备。这里的线制，主要是指探测器和控制器之间的传输线的线数。火灾自动报警系统主要分为多线制和总线制。

3.3.1 多线制

多线制是较早时期的火灾报警技术。它的特点是一个探测器（或若干探测器为一组）构成一个回路，并与火灾报警控制器相连，如图 3-14 所示。当回路中某一个探测器探测到火灾（或出现故障）时，在控制器上只能反映出探测器所在回路的位置。而我国火灾报警系统设计规范规定，要求火灾报警要报警到探测器所在位置，即报警到着火点。于是一个探测器只能为一个回路，即探测器与控制器单线连接。

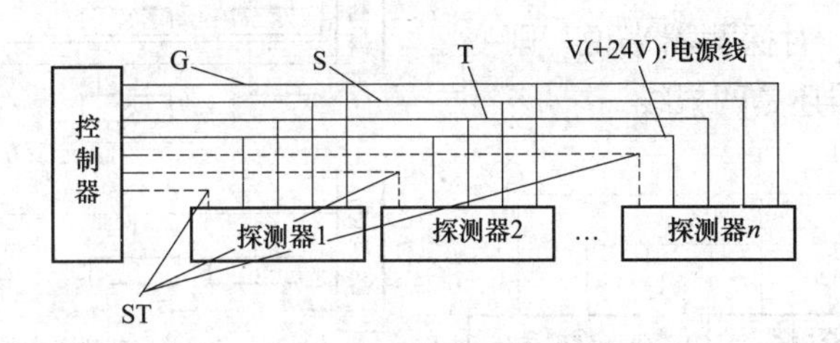

图 3-14 多线制（$n+4$）连接方式

早期的多线制有 $n+4$ 线制，n 为探测器数，4 指公用线，分别为电源线 V（+24V）、地线（G）、信号线（S）和自诊断线（T）。另外，每个探测器设一根选通线（ST）。仅当某选通线处于有效电平时，在信号线上传送的信息才是该探测部位的状态信号。这种方式的优点是探测器的电路比较简单，供电和取信息相当直观；但缺点是线多，配管直径大，穿线复杂，线路故障也多，已逐渐被淘汰。

3.3.2 总线制

总线制连接方式如图 3-15 所示，它采用 2～4 条导线构成总线回路，所有的探测器与之并联，每只探测器有一个编码电路（独立的地址电路），报警控制器采用串行通信方式访问每个探测器。此系统用线量明显减少，设计和施工也较为方便，因此被广泛采用。但是，一旦总线回路中出现短路问题，则整个回路失效，甚至损坏部分控制器和探测器。因此，为了保证系统的正常运行及免受损失，要求必须在系统中采取短路隔离措施，如分段加装短路隔离器，以保证系统工作的安全性。

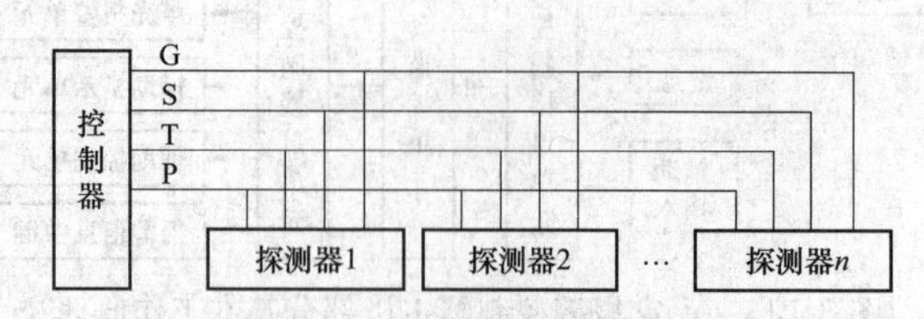

图 3-15　四总线制连接方式

P—给出探测器的电源、编码、选址信号；T—给出自检信号以判断探测部位或传输线是否有故障；S—获得探测部位的信息；G—公共地线

图 3-15 中的四条总线（P、T、S、G）均为并联方式连接，S线上的信号对探测部位而言是分时的，从逻辑实现方式上看是“线或”逻辑。由于总线制采用了编码选址技术，使控制器能准确地报警到具体探测部位，且测试安装简化，系统的运行可靠性则大为提高。

3.3.3　二总线制

二总线制连接方式如图 3-16 所示，二总线制的特点是用线量少，但技术的复杂性和难度比总线制提高了。目前，二总线制应用最多，新一代的无阈值智能火灾自动报警系统也是建立在二总线的运行机制上。

二总线制链式连接方式有树型和环型两种，如图 3-17 所示。目前，应用较多的是树型连接方式。对于采用何种连接方式，两者之间也是相互联系的。例如，有的系统要求输出的两根总线再返回控制器的另两个输出端子，构成环型，这时对控制器而言变成了四根线。另外，系统也有用P线对各探测器进行串联，又称为链式连接方式，对探测器来说，则变为三根线，但对控制器还是两根线。

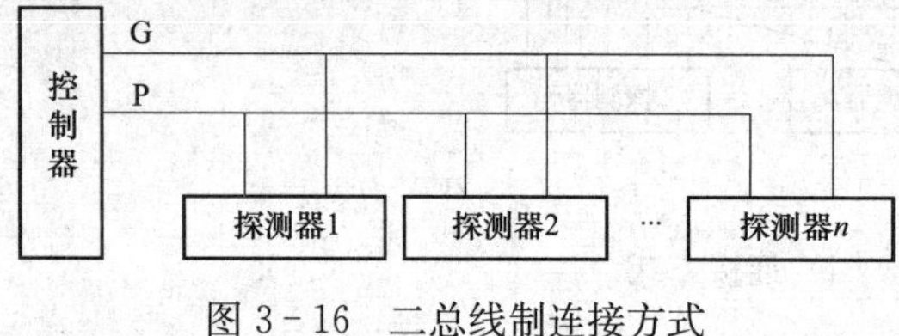

图 3-16　二总线制连接方式

G—公共地线；P—供电、选址、自检、获取信息

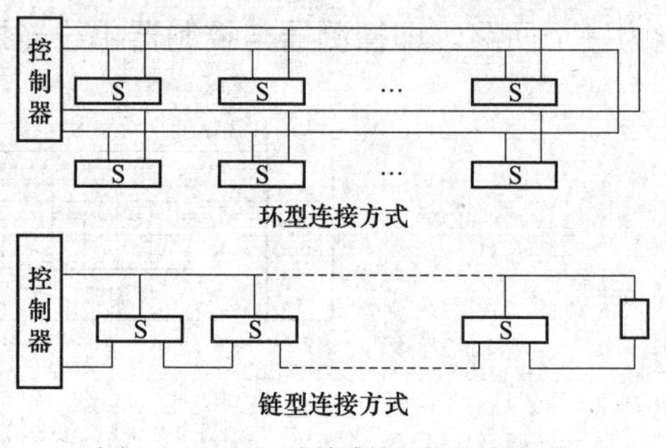

图 3-17　二总线制链式连接方式

3.4　智能火灾自动报警系统

智能火灾自动报警系统有别于传统的火灾自动报警系统，它融入了计算机及现代信息技术。从火灾自动报警系统发展到现今，大致可分为三个阶段。

(1) 多线制开关量式火灾探测报警控制系统，该系统目前已处于被淘汰的情况。

(2) 总线制可寻址开关量式火灾探测报警控制系统。其中，二总线制开关量式探测报警系统是目前应用最多的。

(3) 模拟量传输式智能火灾自动报警系统。该系统的特点，是使系统误报率降低到最低

限度，在很大程度上提高了报警的准确度和系统的可靠性。

3.4.1 智能火灾自动报警系统的特性

传统开关量式火灾探测报警系统对火灾的判断依据，仅仅是根据某种火灾探测器探测的参数，是否达到某一设定值（阈值）来确定是否报警，只要探测的参数超过其自身的设定值，就会发出报警信号（开关量信号）。而这一判别工作是在火灾探测器硬件电路中实现的，探测器实际上起着触发器件的作用。由于这种火灾报警的判据单一，对环境背景的干扰影响无法消除，或因探测器内部电路的缓慢漂移，从而容易产生误报警。

模拟量式火灾探测器则不同，不再起触发器件的作用，也不对火情进行判断，仅是用来产生一个与火灾现象成正比的测量值（模拟量），它起着传感器的作用，而火灾的评估和判断是由控制器来完成。因此，模拟量式火灾探测器确切地说，可称为火灾参数传感器。控制器能对传感器送来的火灾探测参数（如烟的浓度）进行分析运算，可自动去除环境背景的干扰。同时，控制器还具有存储火灾参数变化规律曲线的功能，并能与现场采集的火灾探测参数对比，用于确定是否报警。

必须指出，模拟量式火灾探测器可以判断是否发生了火灾，但仅火灾参数的当前值不是判断火灾的唯一条件，还必须考查在此之前一段时间的参数值；也就是说，系统没有一个固定的阈值，而是“可变阈”。而火灾参数的变化必须符合某些规律，因此，称这类系统为智能型系统。当然，智能化程度的高低，与火灾参数变化规律的选取有很大关系。完善的智能化分析是“多参数模式识别”和“分布式智能”，它既考查火灾中参数的变化规律，又考虑火灾中相关探测器信号间的相互关系，从而将系统的可靠性提高到非常理想的水平。

其次，开关量系统或模拟量系统是指从探测器到控制器之间传输的信号是开关量还是模拟量。但是，以开关量还是模拟量来区分系统是传统型还是智能型是不准确的。例如，从探测器到控制器之间传输的信号是模拟量，代表烟的浓度，但控制器却有固定的阈值，没有任何的模式分析，则系统还是传统型的，并无智能化。再如，探测器若本身软硬件结构相当完善，智能化分析能力很强，探测器本身能决定是否报警，且没有固定的阈值，而探测器报警后向控制器传输的信号却是报警后的开关量。显然这种系统是智能型而不是传统型。因此，区分传统型系统还是智能型系统的简单办法不是“开关量”与“模拟量”之别，而是“固定阈”与“可变阈”之别。

目前，智能火灾自动报警系统按智能形式区分，有以下三种形式：

(1) 智能集中于探测部分，控制部分为一般开关量信号接收型控制器。在这种系统中，探测器内的微处理器，能够根据探测环境的变化作出响应，并自动进行补偿；能够对探测信号进行火灾模式识别，作出判断给出报警信号，在确认自身不能可靠工作时给出故障信号。控制器在火灾探测过程中不起任何作用，只完成系统的供电、火灾信号的接收、显示、传递及联动控制等功能。这种智能系统因受到探测器体积小等的限制，智能化程度尚处于一般水平，可靠性往往也不是很高。

(2) 智能集中于控制部分，探测器输出模拟量信号。该系统又称主机智能系统，它是将探测器的阈值比较电路取消，使探测器成为火灾传感器，无论烟雾影响大小，探测器本身不报警，而是将烟雾影响产生的电流、电压变化信号以模拟量（或等效的数字编码）形式传输给控制器（主机），由控制器的微计算机进行计算、分析、判断，作出智能化处理，判别是否已经发生火灾。

这种主机智能系统的优点，在于灵敏度信号特征模型可根据环境特点来设定；它可补偿各类环境干扰和灰尘积累对探测器灵敏度的影响，并能实现报警功能。主机采用微处理机技术，可实现时钟、存储、密码、自检联动、联网等各种管理功能；可通过软件编辑实现图形显示、键盘控制、翻译等高级控制功能。但是，由于整个系统的监测、判断功能不仅全部要控制器完成，而且还要一刻不停地处理成百上千个探测器发回的信息，因此系统程序复杂、量大、探测器巡检周期长，这样必然造成探测点在大部分时间失去监控，使系统的可靠性降低，且使用维护不便。

(3) 智能同时分布在探测器和控制器之间。这种系统称为分布智能系统，它实际上是主机智能和探测器智能两者相结合，因此也称全智能系统。在分布智能系统中，探测器具有一定的智能控制，它可对火灾特征信号直接进行分析和智能处理，并作出恰当的智能判断，随之将判断后的信息传送至控制器。控制器再作进一步的智能处理，以完成更复杂的判断，并显示最终结果。

分布智能系统是在保留智能模拟量探测系统优势的基础上形成的，探测器和控制器是通过总线进行双向信息交流，控制器不但收集探测器传来的火灾特征信号分析判断信息，还对探测器的运行状态进行监视和控制。由于探测器有一定的智能处理能力，因此控制器的信息处理负担大为减轻，可以从容不迫地实现多种管理功能，从根本上提高系统的稳定性和可靠性。而且，在传输速率不变的情况下，总线还可以传输更多的信息，使整个系统的响应速度和运行能力大大提高。由于这种分布智能系统集中了上述两种系统中智能控制的优点，将成为火灾自动报警系统技术发展的主导方向。

3.4.2 智能火灾报警控制器的分类

智能火灾报警控制器大致可以分成总线制区域火灾报警控制器、集中火灾报警控制器两类。

3.4.2.1 总线制区域火灾报警控制器

总线制区域火灾报警控制器原理框图如图 3－18 所示。其核心控制器件为微处理器芯片(CPU)，接通电源后，CPU 立即进入初始化程序，对 CPU 本身及外围电路进行初始化操作。然后转入主程序的执行，对探测器总线上的各探测点进行循环扫描，采集信息，并对采集到的信息进行分析处理。当发现火灾或故障信息，即转入相应的处理程序，发出声光或显

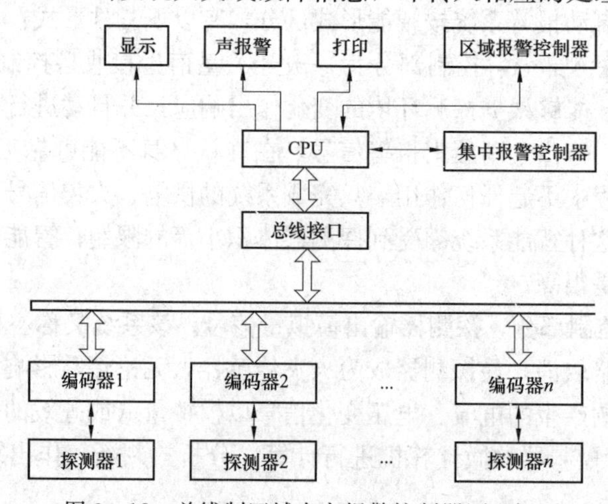

图 3－18　总线制区域火灾报警控制器原理框图

示报警，打印起火位置及起火时间等重要数据，同时将这些重要数据存入内存备查，并且还要向集中报警控制器传输火警信息。在处理火警信息时，必须经过多次数据采集确认无误之后，方可发出报警信号。

3.4.2.2 集中火灾报警控制器

集中火灾报警控制器的组成与工作原理和区域火灾报警控制器基本相同，除了具有声光报警、自检及巡检、记时和电源等主要功能外，还具有扩展的外控功能，如录音、报警广播、报警电话、火灾事故照明等。集中报警控制器的作用是将若干个区域报警控制器连成一体，组成一个更大规模的火灾自动报警系统。集中火灾报警控制器原理框图如图 3-19 所示。

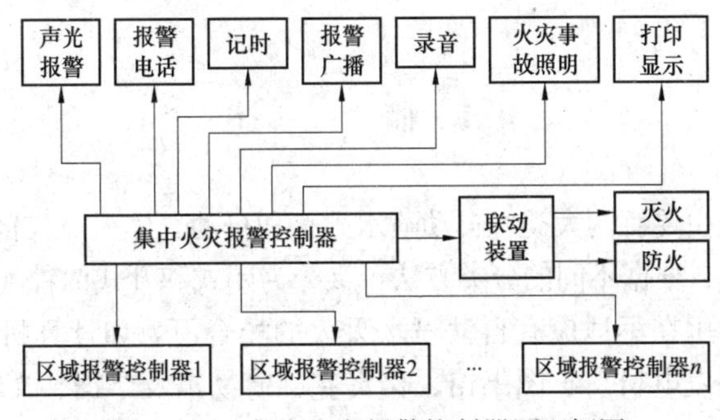

图 3-19 集中火灾报警控制器原理框图

3.4.2.3 集中报警控制器与区域报警控制器区别

集中报警控制器与区域报警控制器不同之处有以下几方面：

(1) 区域报警控制器范围小，可单独使用。而集中报警控制器是监控整个系统，不能单独使用。

(2) 区域报警控制器的信号来自各种火灾探测器，而集中报警控制器的输入一般来自区域报警控制器。

(3) 区域报警控制器必须具备自检功能，而集中报警控制器应有自检及巡检两种功能。

(4) 集中报警控制器都具有消防设备联动控制功能，区域报警控制器则不是所有的都具备该功能。

鉴于以上区别，两种火灾报警控制器不能互换使用。当监测区域较小时可单独使用一台区域报警控制器。但集中报警控制器不能代替区域报警控制器而单独使用。只有通用型火灾报警控制器才可兼作两种火灾报警控制器使用。

灭火自动控制系统

4.1 概　　述

灭火自动控制系统主要有两大类：自动喷水灭火和自动气体灭火。自动喷水灭火是我国目前应用最广的灭火方式，根据不同的分类方法，又分为闭式和开式两种，闭式又分为湿式和干式等。而气体灭火大都用在不适应有自动喷水灭火的场合下，如计算机房、通信机房、配电房、油浸变压器、自备发电机房、图书馆、档案室、博物馆及票据、文物资料库等场所等。

4.2 自动喷水灭火系统

自动喷水灭火系统由洒水喷头、报警阀组、水流报警装置（水流指示器或压力开关）等组件，以及管道、供水设施组成，并能在发生火灾时喷水的自动灭火系统。

自动喷水灭火系统属于固定式灭火系统，是目前世界上较为广泛采用的一种固定式消防设施，具有价格低廉、灭火效率高等特点；能在火灾发生后，自动地进行喷水灭火，并能在喷水灭火的同时发出警报。在一些发达国家的消防规范中，几乎所有的建筑都要求使用自动喷水灭系统。在我国，随着建筑业的快速发展及消防法规的逐步完善，自动喷水灭火系统也得到了广泛的应用。

自动喷水灭火系统可分为两类：闭式系统（采用闭式洒水喷头）、开式系统（采用开式洒水喷头）。

4.2.1 闭式系统

4.2.1.1 系统分类

采用闭式洒水喷头的自动喷水灭火系统称闭式系统，按其管道内是否充水可分为以下几种：

(1) 湿式系统。该系统在报警阀的上下管道内，经常充满压力水。此系统适用于室内温度不低于4℃，且不高于70℃的建（构）筑物内应用。

(2) 干式系统。该系统在报警阀的上下管道内，不充压力水，而充以有压力的气体。它适用于室内温度低于4℃或高于70℃的建（构）筑物内应用。

(3) 预作用系统。具有下列要求之一的场所，应采用预作用系统：

1) 系统处于准工作状态时，严禁管道漏水；

2) 严禁系统误喷；

3）替代干式系统。

预作用系统在准工作状态时，配水管道内不充水，它是由火灾自动报警系统自动开启雨淋报警阀后，转换为湿式系统的闭式系统。

目前，这种系统有两种形式。一种是喷头具有自动重复启闭的功能；另一种是系统通过烟、温感传感器控制系统的控制阀来实现系统的重复启闭功能。

(4) 重复启闭预作用系统。灭火后必须及时关闭阀门，停止喷水的场所，应采用重复启闭预作用系统。

4.2.1.2 系统组成及工作原理

火灾发生初期，建筑物的温度随之不断上升，当温度上升到闭式喷头温感元件爆破或熔化脱落时，喷头即自动喷水灭火。该系统结构简单，使用方便、可靠，便于施工，容易管理，灭火速度快，控火效率高，比较经济，适用范围广，占整个自动喷水灭火系统的75%以上，适合安装在能用水灭火的建（构）筑物内。

在闭式系统中，以湿式系统为例，介绍其工作原理及应用。

湿式系统由闭式喷头、湿式报警阀组、管道系统、联动型火灾报警器、手动紧急启停控制盘、水流指示器和给水设备等组成。闭式喷头平时处于封闭状态，管道内充满一定压力的水。当火灾发生时，火焰或高温气流使闭式喷头的热敏元件开始工作，喷头被打开喷水灭火。此时，由于管网中的水由静止变为流动，水源的压力使原来处于关闭状态的湿式报警阀开启，压力水流向灭火管网。随着报警阀的开启，报警信号管路开通，压力水冲击水力警铃，并发出声响报警信号；同时，安装在管路上的压力开关接通，并发出相应的电信号，直接或通过消防控制中心，自动启动消防水泵向系统加压供水，达到持续自动喷水灭火的目的。另外，因为湿式系统管网内始终有水，所以对外部环境温度有一定的要求，系统要求的温度为4～7℃。

湿式系统原理图如图4－1所示。图4－1中报警阀的上下管道内经常充满压力水，在火灾发生时，由于火场环境温度升高，闭式喷头玻璃球内液体膨胀，玻璃球炸裂，喷头打开喷水，即开始灭火。管网中的水由静止变为流动，水流指示器被流动的水感应后动作，将此时的水流信号转变为开关量报警信号，送入控制器，并在报警控制器上指示某一区域已在喷

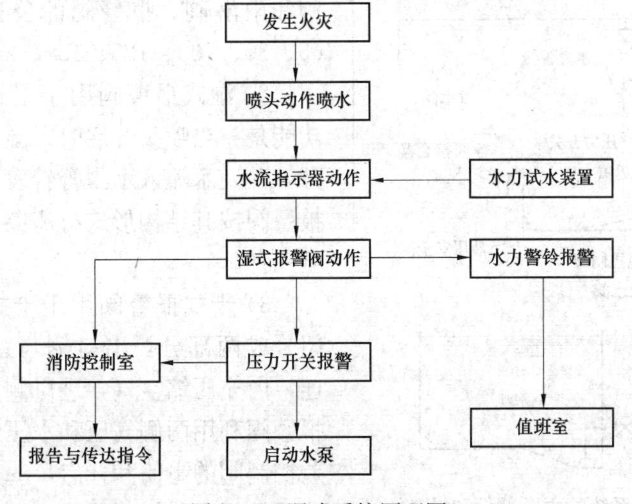

图4－1 湿式系统原理图

水。喷头持续喷水造成报警阀上部水压低于下部水压，这种压力差达到一定值时，原来处于关闭状态的阀片自动开启，压力水通过报警阀流向喷水系统的干管和配水管，同时通过专用细管进入延时器，经延时确认，进入水力警铃和压力开关，发出声音报警信号，同时压力开关动作，将压力下降的信号变为开关量报警信号，送入报警控制器。每个楼层有一个水流指示器，每个水流指示器有一个输入模块，当输入模块接收到水流指示器的动作信号后，通过总线信号输送到报警控制器；压力开关的动作信号也通过输入模块输送到报警控制器。两路信号通过主机逻辑编程指令及相应输出模块启动喷淋泵加压，使管网持续保持一定的压力，开启水泵电信号，通过输入模块回馈到报警控制器并有信号显示。

4.2.1.3 系统主要部件

湿式系统是一种应用广泛的固定式灭火系统。在该系统管网中，依靠高位消防水箱内充满压力水，且长期处于备用工作状态，它适用于4～70℃环境温度中。当保护区域内某处发生火灾时，环境温度升高，喷头的温度敏感元件（玻璃球）破裂，喷头自动将水直接喷向火灾发生区域，消防水箱水流流经过报警阀，报警阀输出报警水流→延迟器（延时30s）→水力警铃延迟器（延时30s）→压力开关→电气控制箱→启动水泵；手动按钮→电气控制箱→启动水泵；火灾传感器→火灾收信→电气控制箱→启动水泵；水流指示器→火灾收信机（消防中心）→电气控制箱→启动水泵。

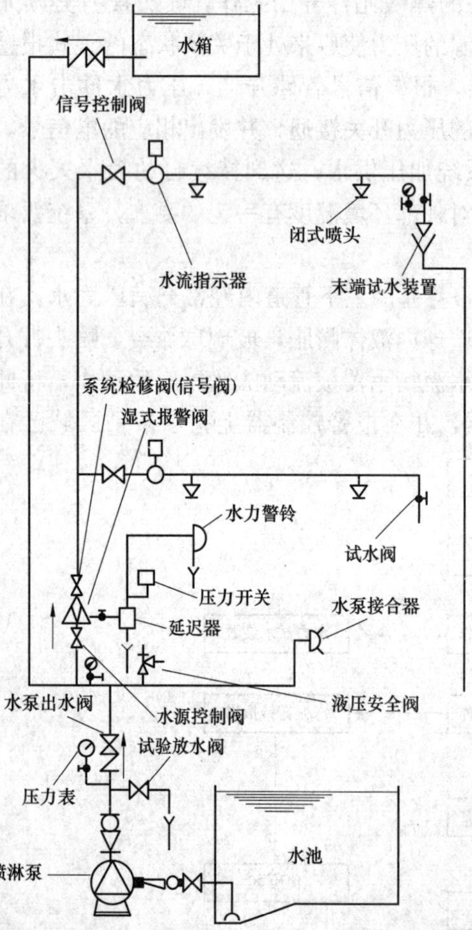

湿式系统的主要部件和设备如图4-2所示。湿式系统主要设备由以下几部分构成。

图4-2 湿式系统的主要部件和设备

(1) 报警阀。

1) 报警阀是自动喷水灭火系统中接通或切断水源，并启动报警器的装置。在自动喷水灭火系统中，报警阀是至关重要的组件，其作用有三个：①接通或切断水源、输出报警信号；②防止水流倒回供水源；③通过报警阀可对系统的供水装置和报警装置进行检验。报警阀根据系统的不同分为湿式报警阀、干式报警阀和雨淋阀。报警阀的公称通径一般为50、65、80、100、125、150、200mm七种。

2) 湿式报警阀用于湿式系统。它的主要功能是：当喷头开启时，湿式报警阀能自动打开，并使水流入水力警铃发出报警信号。湿式报警阀按其结构形式有座圈型、导阀型、蝶阀型三种。

3) 干式报警阀用于干式系统。此阀将闸门分成两部分，出口侧与系统管路和喷头相连，内充压缩空气，进口侧与水源相连。干式报警阀利用两侧气压和水压作用在阀上的力矩差控制阀的封闭和开启，一般可分为差动型干式报警阀和封闭型干式报警阀两种。

4）雨淋阀用于开式系统（也称雨淋系统）、预作用系统、水幕系统和水喷雾系统。这种阀的进口侧与水源相连，出口侧与系统管路和喷头相连，一般为空管，仅在预作用系统中充气。雨淋阀的开启是由各种火灾探测器装置控制，雨淋阀主要有双圆盘型、隔膜型、杠杆型、活塞型和感温型等几种。

(2) 监测器。监测器用来对系统的工作状态进行监测，并以电信号方式向报警控制器传送状态信息。监测器主要有水流指示器、阀门限位器、压力监测器、气压保持器和水位监测器等。

1）水流指示器可将水流信号转换为电信号，安装在配水干管或配水管始端。其作用在于当失火时喷头开启喷水或管道发生泄漏或控制中心，以显示喷头喷水的区域和楼层，可起辅助电动报警作用。

2）阀门限位器是一种行程开关，也称信号阀，通常配置在干管的总控制闸阀上和通径大的支管闸阀上，用于监测闸阀的开启状态，一旦以上部分或全部关闭时，即向系统的报警控制器发出报警信号。

3）压力监测器是一种工作点在一定范围内可以调节的压力开关，在自动喷水灭火系统中常用作稳压泵的自动开关控制器件。

(3) 报警器。报警器是用来发出声响报警信号的装置，包括水力警铃和压力开关。

1）水力警铃用于湿式、干式、干湿两用式、雨淋和预作用自动喷水灭火系统中，是自动喷水灭系统中的重要部件。当火灾发生时，由报警阀流出带有一定压力的水驱动水力警铃报警，是利用水流的冲击发出声响的报警装置。水力警铃流量等于或大于一个喷头的流量时立即动作。其特点为结构简单、耐用可靠、灵敏度高、维护工作量小，是自动喷水灭火系统中不可缺少的部件。

2）压力开关是自动喷水灭火系统报警和控制的附件，是一种靠水压或气压驱动的电气开关，通常与水力警铃一起安装使用。压力开关利用水力配合、电路控制实现报警。当报警阀打开时，使水经管道，首先进入延时器后再流入压力开关内腔，推动膜片向上移动，顶柱也同时上升，将下弹簧板顶起，触点接触闭合，接通电路，发出电信号输入报警控制箱，从而发出报警信号，也就是将水压力信号转换成电信号，从而启动消防泵。

(4) 水箱。在正常状态下维持管网的压力，火灾发生初期给管网提供灭火用水。

(5) 消防水泵接合器。用于给消防车提供供水口。

(6) 火灾收信机（消防控制中心）。在控制室内安装，用于接收系统传来的电信号及发出控制指令。

(7) 压力罐（未设置）。用于自动启动消防水泵。当管网中的水压过低时，与压力罐连接的压力开关输出信号给控制箱。控制箱接到信号后，发出指令，启动消防泵，给管网增压。当管网水压达到设定值后，消防水泵停止供水。

(8) 消防水泵。给消防管网中补水用。

(9) 闭式喷头。可分为易熔金属式、双金属片式和玻璃球式三种，其中以玻璃球式应用最多；正常情况下，喷头处于封闭状态；当有火灾发生且温度达到动作值时，喷头开启喷水灭火。

(10) 延时器。是一个罐式容器，安装在报警阀与水力警铃之间，用以对由于水源压力突然发生变化而引起的报警阀短暂开启，或对因报警阀局部渗漏而进入水力警铃管道的水流

起一个暂时容纳的作用，从而避免虚假报警。只有真正发生火灾时，喷头和报警阀相继打开，水流源源不断地大量流入延时器，经 30s 左右充满整个容器，然后充入水力警铃报警。

(11) 试警铃阀。用于人工测试。打开试警铃阀泄水，使报警阀自动打开，水流充满延迟器后可使压力开关及水力警铃动作报警。

(12) 放水阀。用于检修时放空管网中余水。

(13) 末端试水装置。设在管网末端，用于自动喷水灭火系统等流体工作系统中。该试水装置末端接相当于一个标准喷头流量的接头，打开该试水装置，可进行系统模拟试验调试。利用此装置可对系统进行定期检查，以确定系统是否能正常工作。

(14) 试验喷头。安装于屋顶，每年校验一次喷头性能。

(15) 压力表。观察系统水压是否正常。

(16) 水箱下止回阀。防止消防水进入水箱。

(17) 火灾信号传感器。感应火灾信号。

4.2.1.4 系统特点及使用范围

在环境温度不低于 4℃、不高于 70℃的建筑物和场所（不能用水扑救的建筑物和场所除外）都可以采用湿式系统。该系统局部应用时，适用于室内最大净空高度不超过 8m、总建筑面积不超过 1000m²，民用建筑中轻危险级或中危险级Ⅰ级，需要局部保护的区域。

湿式系统特点如下：

(1) 结构简单，使用可靠；

(2) 系统施工简单、灵活方便；

(3) 灭火速度快、控火效率高；

(4) 系统投资省，比较经济；

(5) 适用范围广。

4.2.2 开式系统

开式系统包括雨淋系统、水幕系统等。

4.2.2.1 雨淋系统

雨淋系统（也称雨淋灭火系统）是由火灾自动报警系统或传动管控制，自动开启雨淋报警阀和启动供水泵后，向开式洒水喷头供水的自动喷水灭火系统。

雨淋系统是由火灾探测系统、开式喷头、雨淋报警阀、管网、报警系统、供水设施等组成，用于挡烟阻火和冷却分隔物的喷水系统。

具备下列条件之一的场所，应采用雨淋系统：

(1) 火灾的水平蔓延速度快、闭式喷头的开放不能及时使喷水有效覆盖着火区域；

(2) 室内净空高度超过规范的规定，且必须迅速扑救初期火灾；

(3) 严重危险级Ⅱ级。

4.2.2.2 水幕系统

水幕系统（也称水幕灭火系统）是由水幕喷头、雨淋报警阀或感温雨淋阀、供水与配水管道、控制阀及水流报警装置等组成，主要起阻火、冷却、隔离作用的自动喷水灭火系统。水幕系统是开式喷头，喷出的水形成水帘状。因此，该系统不具备直接灭火的能力，与防火卷帘、防火水幕配合使用，起到档烟阻火和冷却隔离的防火系统。适用于防火卷帘、防火分

区及局部降温。

它又可分为：

(1) 防火分隔水幕：密集喷洒形成水墙或水帘的水幕。

(2) 防护冷却水幕：冷却防水卷帘分隔物的水幕。

水幕系统的工作原理与雨淋喷水系统基本相同，所不同的是水幕系统喷出的水为水帘状，而雨淋系统喷出的水为开花射流。雨淋系统适用于火灾蔓延速度快、闭式喷头的开放不能及时使喷水有效覆盖火灾区域的场所，或严重危险级的建筑物、构筑物等。而水幕喷头将水喷洒成水帘状，所以水幕系统主要用于需要进行水幕保护或防火隔断的部位，如设置在企业中各防火区或设备之间，阻止火势蔓延扩大，阻隔火灾事故产生的辐射热，对泄漏的易燃、易爆、有害气体和液体起疏导和稀释作用。

4.2.2.3 干式系统

干式系统与湿式系统类似，但其控制信号阀的结构和作用原理不同。配水管网与供水管网，设置干式控制信号阀将两者隔开。而在配水管网中，平时就充满着有压力的气体，用于启动系统。当发生火灾时，喷头首先喷出气体，致使管网中压力降低。供水管网中的压力水打开控制信号阀而进入配水管网，随后从喷头喷出灭火。

在设计时，系统需要多增设一套充气设备，虽然一次性投资高，但可解决管理复杂、灭火速度较慢的问题。干式系统原理如图 4－3 所示。干式系统在准工作状态时，配水管道内充满用于启动系统的有压气体，也是闭式系统中的一种工作形式。

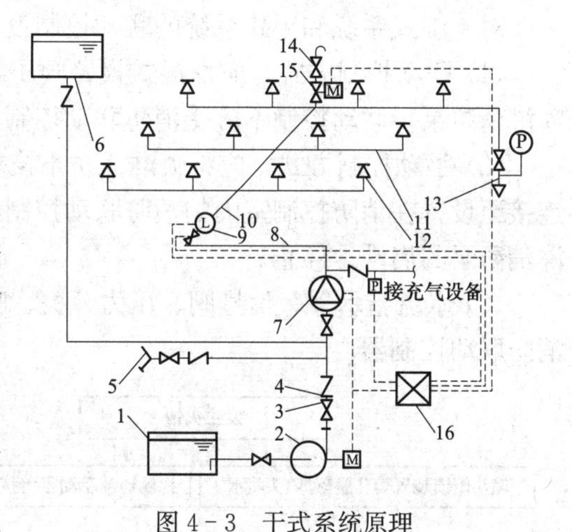

图 4－3 干式系统原理

1—水池；2—水泵；3—闸阀；4—止回阀；5—水泵接合器；6—消防水箱；7—干式报警阀组；8—配水干管；9—水流指示器；10—配水管；11—配水支管；12—闭式喷头；13—末端试水装置；14—快速排气阀；15—电动阀；16—报警控制器

干式系统适用于环境温度低于 4℃和高于 70℃的建筑物和场所，如不采暖的地下车库、冷库等。干式系统特点如下：

(1) 干式系统在报警阀后的管网内无水，故可避免冻结和水汽化的危险。它不受环境温度的制约，可用于一些无法使用湿式系统的场所。

(2) 干式系统比湿式系统投资高。因为需充气，所以需增加一套充气设备，因而提高了系统造价。

(3) 干式系统的施工和维护管理较复杂，对管道的气密性有较严格的要求，管道平时的气压应要保持在一定的范围，当气压下降到一定值时，就需进行充气。

(4) 干式系统比湿式系统喷水灭火速度慢，因为喷头受热开启后，首先要排出管道中的气体，然后再出水，这就延误了时机。

4.2.3 火灾危险等级的设置

设置场所火灾危险等级的划分，应符合下列规定：

(1) 轻危险级。

(2) 中危险级：Ⅰ级、Ⅱ级。

(3) 严重危险级：Ⅰ级、Ⅱ级。

(4) 仓库危险级：Ⅰ级、Ⅱ级、Ⅲ级。

设置场所的火灾危险等级，应根据其用途、容纳物品的火灾荷载及室内空间条件等因素，根据火灾的特点，以及热气流驱动喷头开放及喷头到位的难易程度来确定。

当建筑物内各场所的火灾危险性及灭火难度存在较大差异时，宜按各场所的实际情况，确定系统选型和火灾危险等级。

4.2.4 自动喷水灭火系统的联动控制

对于自动喷水灭火系统的联动控制设计，应严格按规范规定的要求执行。

4.2.4.1 湿式和干式自动喷水灭火系统的联动控制

1. 湿式系统和干式系统联动控制设计的规定

对于湿式系统和干式系统的联动控制设计，应符合下列规定：

(1) 联动控制方式，应由湿式报警阀压力开关的动作信号作为触发信号，直接控制启动喷淋消防泵，联动控制不应受消防联动控制器处于自动或手动状态的影响。

(2) 手动控制方式，应将喷淋消防泵控制箱（柜）的启动、停止按钮，用专用线路直接连接至设置在消防控制室内的消防联动控制器的手动控制盘，可直接利用手动控制盘控制喷淋消防泵的启动、停止。

(3) 水流指示器、信号阀、压力开关、喷淋消防泵的启动和停止的动作信号，应反馈至消防联动控制器。

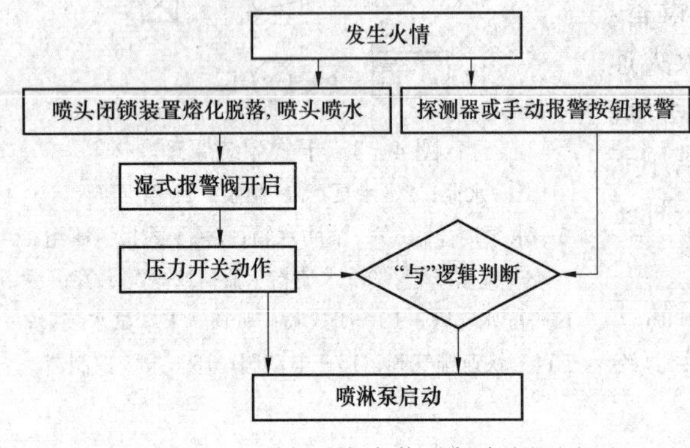

图 4-4 湿式系统喷淋泵启动流程图

当发生火灾时，湿式系统和干式系统喷头的闭锁装置熔化脱落，水自动喷出，安装在管道上的水流指示器报警，报警阀组压力开关动作报警，并由压力开关直接连锁启动供水泵向报警阀持续供水。

2. 湿式系统的实例

湿式系统喷淋泵启动流程图，如图 4-4 所示；湿式系统联动控制图，如图 4-5 所示。

根据图 4-4 可分析从发生火情至喷淋泵启动的动作过程。

对于图 4-5 中，湿式和干式系统喷淋泵有三种不同的远程启动方式，即压力开关直接连锁启泵、消防联动控制器联动启泵、手动控制盘直接启泵。其中第二种启泵方式作可为第一种启泵方式的后备，在压力开关动作信号反馈给消防联动控制器之后，消防联动控制器在“与”逻辑判断后，通过输出模块启泵。

压力开关应有两副触点，一副用于直接连锁启泵，另一副用于通过输入模块向消防联动控制器反馈动作信号。

3. 湿式消火栓系统的联动控制

消火栓系统的联动控制设计有以下几种方式：

(1) 联动控制方式。联动控制应由消火栓系统、出水干管上设置的低压压力开关、高位消防水箱出水管上设置的流量开关或报警阀压力开关等信号作为触发信号，直接控制启动消

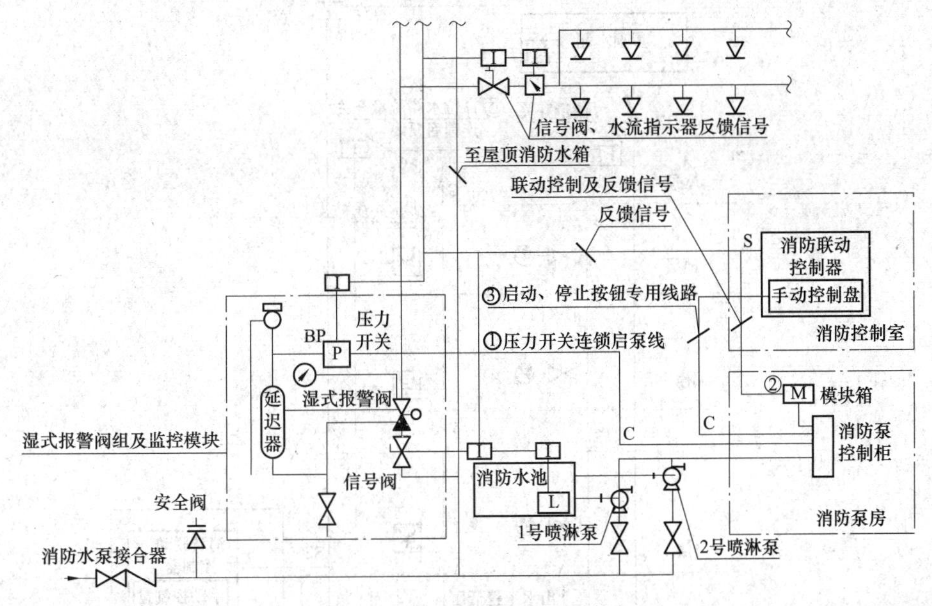

图 4-5　湿式系统联动控制图

火栓泵，联动控制不应受消防联动控制器自动或手动状态影响。当设置消火栓按钮时，消火栓按钮的动作信号应作为报警信号及启动消火栓泵的联动触发信号，并由消防联动控制器联动控制消火栓泵的启动。

(2) 手动控制方式。手动控制应将消火栓泵控制箱（柜）的启动、停止按钮，用专用线路直接连接至设置在消防控制室内的消防联动控制器的手动控制盘，并应直接利用手动控制盘控制消火栓泵的启动、停止。

(3) 消火栓泵的动作信号应反馈至消防联动控制器。

湿式消火栓系统启泵流程图如图 4-6 所示，湿式消火栓系统联动控制图示意图如图 4-7 所示。

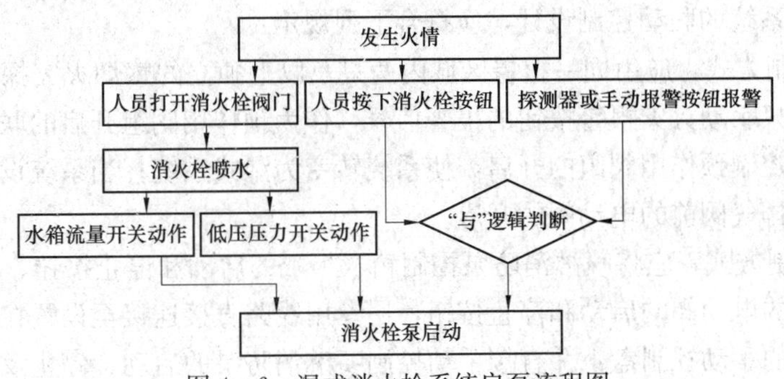

图 4-6　湿式消火栓系统启泵流程图

在湿式消火栓联动控制中，未设置报警阀。而系统内出水干管上的低压压力开关、高位消防水箱出水管上的流量开关、报警阀压力开关的设置由给排水专业确定。

系统中设置的低压压力开关盒的流量开关，应具有两副触点，一副用于直接连锁启泵，另一副连锁通过输入模块接入总线，设计及施工人员可参考规范图集的压力开关接线图。

当建筑物内有火灾自动报警系统时，消火栓按钮应通过总线接至消防联动控制器。

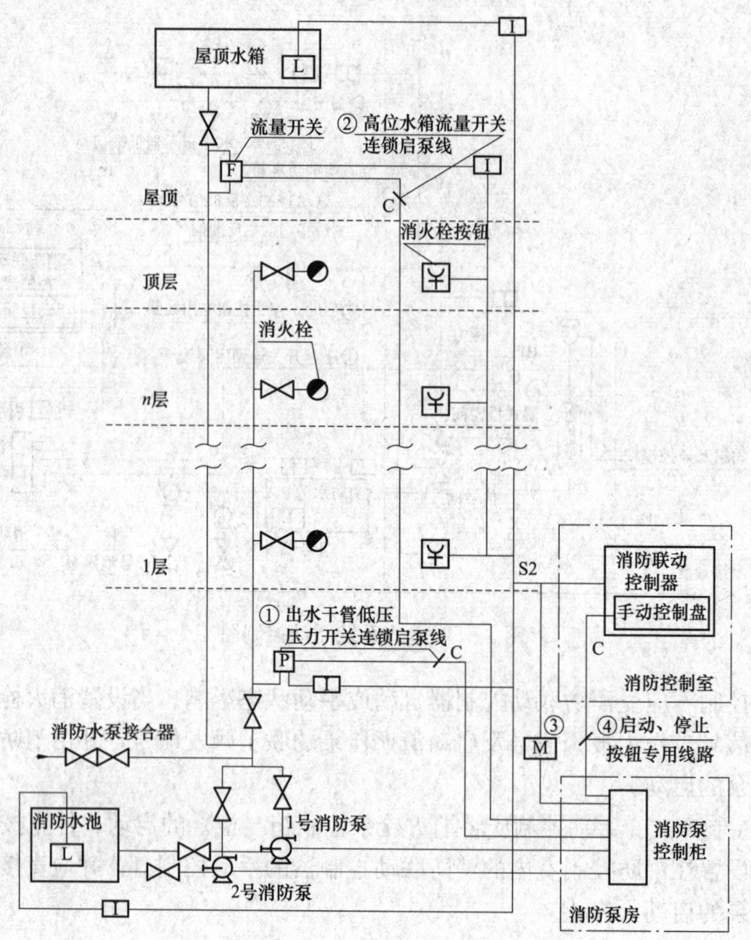

图 4-7　湿式消火栓系统联动控制图示意图

4.2.4.2　预作用及雨淋系统的联动控制

对于预作用系统的联动控制设计，应符合下列规定：

(1) 联动控制方式，应由同一报警区域内两只及以上独立的感烟火灾探测器或一只感烟火灾探测器与一只手动火灾报警按钮的报警信号，作为预作用阀组开启的联动触发信号。由消防联动控制器控制预作用阀组的开启，使系统转变为湿式系统；当系统设有快速排气装置时，应联动控制排气阀前的电动阀的开启。

(2) 手动控制方式，应将喷淋消防泵控制箱（柜）的启动和停止按钮、预作用阀组和快速排气阀入口前的电动阀的启动和停止按钮，用专用线路直接连接至设置在消防控制室内的消防联动控制器的手动控制盘，并直接手动控制喷淋消防泵的启动、停止及预作用阀组和电动阀的开启。

(3) 水流指示器、信号阀、压力开关、喷淋消防泵的启动和停止的动作信号、有压气体管道气压状态信号和快速排气阀入口前电动阀的动作信号，应反馈至消防联动控制器。

对于雨淋系统的联动控制设计，应符合下列规定：

(1) 联动控制方式，应由同一报警区域内，两只及以上独立的感温火灾探测器，或一只感温火灾探测器与一只手动火灾报警按钮的报警信号，作为雨淋阀组开启的联动触发信号，

并由消防联动控制器控制雨淋阀组的开启。

(2) 手动控制方式，应将雨淋消防泵控制箱（柜）的启动和停止按钮、雨淋阀组的启动和停止按钮，用专用线路直接连接至设置在消防控制室内消防联动控制器的手动控制盘，并直接手动控制雨淋消防泵的启动、停止及雨淋阀组的开启。

(3) 水流指乐器，压力开关，雨淋阀组、雨淋消防泵的启动和停止的动作信号，应反馈至消防联动控制器。

4.2.5 自动喷水灭火系统实景图

一般建筑物的火灾探测器和喷淋头均安装在房间的屋顶，如图 4-8 所示。其建筑自动喷水灭火系统管道安装布线图以图 4-9 为例，它是典型的湿式管道系统；建筑自动喷水灭火系统管道安装示意图以某综合大厦为例，如图 4-10 所示。

图 4-8 屋顶的火灾探测器和喷淋头示意图

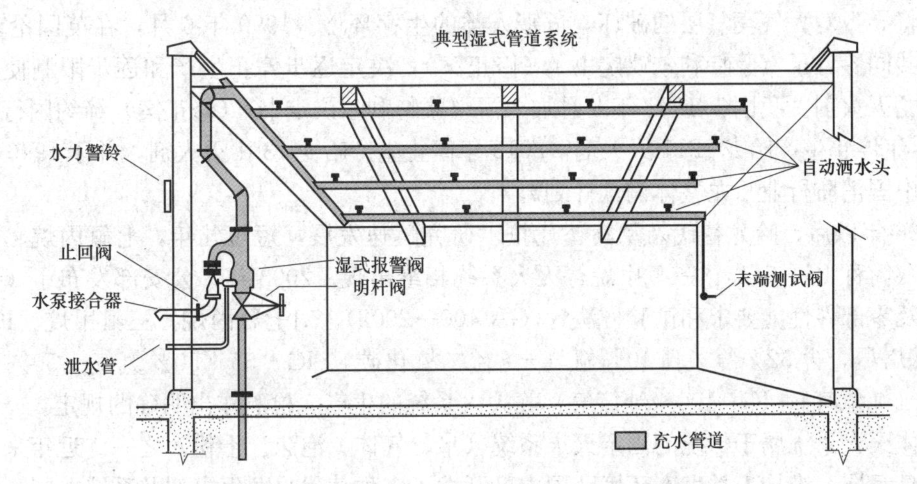

图 4-9 建筑自动喷水灭火系统管道安装布线图

图 4-10 建筑自动喷水灭火系统安装实景图

4.3 自动气体灭火系统

4.3.1 概述

气体灭火系统是指平时灭火剂以液体、液化气体或气体状态存储于压力容器内，灭火时以气体（包括蒸汽、气雾）状态喷射作为灭火介质的灭火系统，并能在防护区的空间内，形成各方向均一的气体浓度，而且至少能保持该灭火浓度达到规范规定的浸渍时间，实现扑灭该防护区空间的火情，即实现立体火灾。

气体灭火系统由自动报警和灭火两部分组成。自动报警部分由火灾报警、气体灭火控制器、火灾探测器、紧急启停按钮、气体释放灯、警铃等组成。其中灭火部分又分为两种，即有管网和无管网。有管网式气体灭火装置由启动电磁阀、灭火钢瓶、灭火药剂、泄压装置、气体启动瓶、选择阀，以及管网和喷头等组成。无管网灭火装置由灭火柜、启动电磁阀、灭火钢瓶、灭火药剂、泄压装置等组成。

20世纪80年代初有关专家研究表明，包括哈龙灭火剂在内的氯氟烃类物质在大气中的排放，将导致对大气臭氧层的破坏，危害人类的生存环境。1990年6月，在英国伦敦由57个国家共同签订了《蒙特利尔议定书》（修正案），决定逐步停止生产和逐步限制使用氟利昂、哈龙灭火剂。我国于1991年6月加入了《蒙特利尔议定书》（修正案）缔约国行列，承诺2005年停止生产哈龙1211灭火剂，2010年停止生产哈龙1301灭火剂，并于1996年颁布实施《中国消防行业哈龙整体淘汰计划》。

1996年以后，哈龙替代品及其替代技术研究迅速发展，短短几年，七氟丙烷、惰性混合气体（简称IG-541）、三氟甲烷等灭火系统相继出现。2003年，公安部发布了《气体灭火系统及零部件性能要求和试验方法》（GA 400—2002），对七氟丙烷、三氟甲烷、IG-541（又名烟烙尽，含52%氮气+40%氩气+8%二氧化碳）、IG-55（50%氮气+50%氩气）、IG-01（纯氩气）、IG-100（纯氮气）等灭火系统的生产、检验作出明确的规定。

气体灭火系统属于传统的固定灭火系统（水、气体、泡沫、干粉）之一。近年来，为保护大气臭氧层，维护人类生态环境，国内已开发了多种替代哈龙灭火剂及系统。国际上已开发了化学合成类及惰性气体类等多种产品。

气体灭火系统中，也常利用二氧化碳灭火系统作为局部应用。常用的灭火剂如：

（1）1211或1301。属卤代烷类，因对大气臭氧层有破坏，现在使用已受限。

（2）七氟丙烷。微毒，目前应用较多。

（3）IG541。混合气体自动灭火剂，绿色环保，目前应用较多。

（4）二氧化碳。分低压和高压系统。

目前，主要的自动气体灭火系统应用的灭火剂有以下几种：

（1）七氟丙烷（HFC-227ea）自动灭火剂。七氟丙烷（HFC-227ea）自动灭火是一种无色、无味、低毒性、绝缘性好、无二次污染的气体，对大气臭氧层的耗损潜能值（ODP）为0，是目前替代卤代烷1211、1301最理想的替代品；主要适用于计算机房、油浸变压器、自备发电机房、图书馆、档案室、博物馆及票据、文物资料库等场所，可用于扑救电气火灾、液体火灾或可熔化的固体火灾，固体表面火灾及灭火前能切断气源的气体火灾。

七氟丙烷灭火系统不可用于下列物质的火灾：

1）氧化剂的化学制品及混合物，如硝化纤维、硝酸钠等。

2）活泼金属，如钾、钠、镁、铝、铀等。

3）金属氧化物，如氧化钾、氧化钠等。

4）能自行分解的化学物质，如过氧化氢、联氨等。

（2）混合气体自动灭火剂。混合气体自动灭火剂是由氮气、氩气和二氧化碳气体按一定的比例混合而成的气体，这些气体都是在大气层中自然存在的，对大气臭氧层没有损耗，也不会对地球的"温室效应"产生影响，而且混合气体无毒、无色、无味、无腐蚀性、不导电，既不支持燃烧，又不与大部分物质发生反应，是一种十分理想的环保型灭火剂。它可用于扑救电气火灾、液体火灾或可熔化的固体火灾，固体表面火灾及灭火前能切断气源的气体火灾；主要适用于电子计算机房、通信机房、配电房、图书馆、档案室、文物资料库等经常有人工作的场所。但混合气体灭火剂不可用于扑救D类活泼金属火灾。

（3）二氧化碳自动灭火剂。二氧化碳自动灭火剂具有毒性低、不污损设备、绝缘性能好、灭火能力强等特点，是目前国内外市场上颇受欢迎的气体灭火产品，也是替代卤代烷的较理想型产品。它可用于扑灭气体、液体或可熔化的固体（如石蜡、沥青等）火灾，固体表面火灾及部分固体（如棉花、纸张）的深位火灾、电气火灾等；可适用于电子计算机房、数据储存库、中心控制室、通信机房、配电房、图书馆、档案馆、博物馆、飞机库、汽车库、船舱、棉花、烟草、皮毛储存库及生产作业火灾危险场所，如浸槽、烘干设备、炊事炉灶、喷漆生产线、煤粉仓等。

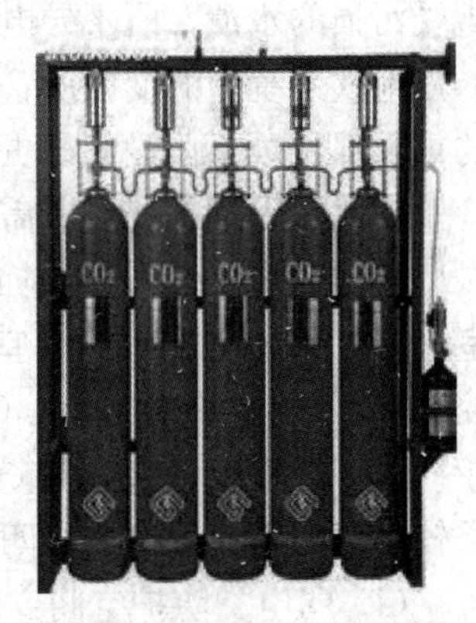

图4-11 典型的二氧化碳气体灭火器

典型的二氧化碳气体灭火器如图4-11所示。

4.3.2 气体灭火系统的种类

1. 全淹没灭火系统

全淹没灭火系统是由灭火剂储存装置，在规定的时间向防护区喷射灭火剂，使防护区内达到设计所要求的灭火浓度，并能保持一定的浸渍时间，以达到扑灭火灾，不再复燃的灭火系统。

2. 局部应用灭火系统

局部应用灭火系统是由一套灭火储存装置，在规定的时间内，直接向燃烧着的可燃物表面喷射一定量灭火剂的灭火系统。

3. 单元独立灭火系统

单元独立灭火系统是指，用一套灭火剂储存装置，保护一个防护区的灭火系统。它由灭火剂储存装置、管网和喷嘴等组成。

4. 组合分配灭火系统

组合分配灭火系统是指一套灭火剂储存装置保护多个防护区的灭火系统。它由灭火剂储存装置、选择阀、管网和喷嘴等组成。

气体灭火系统是与火灾报警系统联动的，当多个火灾报警探测器（温感、烟感探头）同时报警，达到气体灭火系统启动的条件时，气体灭火系统就自动启动，喷出气体进行灭火。

气体灭火系统和火灾报警系统，根据要求需要接到消防监控室。在火灾发生初期，通常是火灾报警系统先报火警，当火灾报警系统的多个探测器都发出火警信号，且达到气体灭火

系统启动的条件时，气体灭火系统就自动启动。此时，消防监控室内气体灭火系统控制器面板上，会显示某区域气体灭火系统已经启动的信息。

4.3.3 气体灭火系统的用途

气体灭火系统主要用在不适于设置水灭火系统，或者其他灭火系统的环境中。例如，计算机房、重要的图书馆及档案馆、移动通信基站（房）、UPS室、电池室、一般的柴油发电机房等。

气体灭火系统，是当火场达到一定温度时，能自动地将喷头打开，进行扑灭、控制火势并发出火警信号的室内消防。在高层建筑、大型民用建筑及某些特殊建筑中，对具有可燃气体火灾、可燃液体火灾、可燃固体的表面火灾、电气火灾等，可采用卤代烷灭火系统或二氧化碳灭火系统进行扑救；还有需要设置自动灭火的特殊建筑或场所，如电子计算机房、通信机房、变配电室、文物库、资料库、珍贵图书及档案室、贵重仪器和财产等场所，这些需要保护的对象是不允许采用常规的喷水灭火方式去扑灭火灾，而是需采用使被保护的对象不会遭受污损的水渍，既不导电又能避免财产受损。

地铁系统中的变电所，以及通信、信号设备房等电子电气用房，属于车站及附属建筑中的重要部位，不但设备昂贵，而且发生火灾事故时，扑救较困难。

因此，上述部分场所需按规范要求，合理配置自动气体灭火系统进行保护。

自动气体灭火系统还应设置在下述地铁设备用房范围：地下车站的车站控制室、通信设备室（含电源室）、信号设备室（含电源室）、环控电控室、主控设备室（综合控制室）、屏蔽门控制室、变电所的控制室、0.4kV开关柜室、1500V直流开关柜室、整流变压器室等场所。

对于地铁设备火灾特征自动气体灭火系统，在地铁车站及沿线附属建筑物的保护对象种类较多，归纳起来主要有四种类型。

(1) 弱电类防护空间：包括通信设备室（电源室）、信号设备室（电源室）、综合控制室、屏蔽门设备室等。

(2) 低压类电气防护空间：0.4kV开关柜室、环控电控室等。

(3) 高压类电气防护空间：直流开关柜室、整流变压器室等。

(4) 油浸式电力变压器：户内主变压器室等。

各类防护空间的设备根据火灾特征及现行规范执行，根据地铁火灾类型分析，设计选用其自动气体灭火系统。

4.3.4 气体灭火系统的结构及工作原理

气体灭火系统的结构图如图4-12所示。

4.3.4.1 气溶胶自动气体灭火系统

气溶胶是指以固体或液体为分散介质所形成的溶胶，也就是固体或液体的微粒（直径为1μm左右）悬浮于气体介质中形成的溶胶。气溶胶与气体物质同样具有流动扩散特性及绕过障碍物淹没整个空间的能力。因而，它可以迅速地对被保护物进行全淹没方式防护。

气溶胶的生成有两种方法：一种是物理

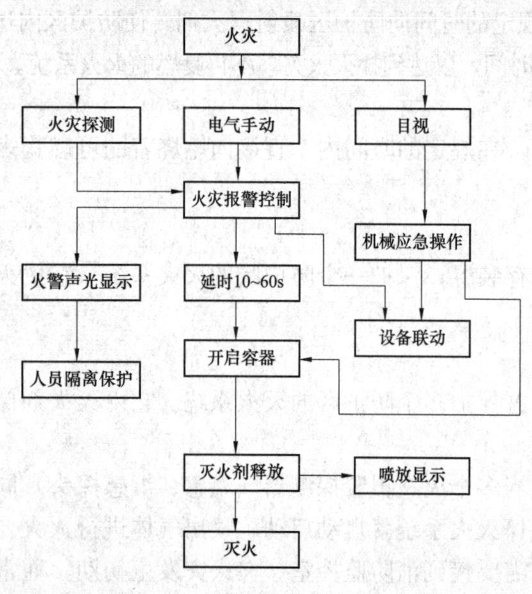

图4-12 气体灭火系统的结构图

方法，即采用将固体粉碎研磨成微粒，再用气体予以分散放在气溶胶；另一种是化学方法，通过固体的燃烧反应，使反应产物中既有固体又有气体，气体分散固体微粒形成气溶胶。

气溶胶具有下列特点：

(1) 灭火效能高：单位体积灭火用量是卤代烷灭火剂（哈龙）的1/6~1/4，是CO_2灭火剂的1/20。

(2) 灭火速度快：从气溶胶释放至达到灭火浓度的时间很短，1m^3试验容器内灭汽油火小于10s。

(3) 对臭氧层的耗损能值（ODP）为0，温室效应潜能值（GWP）为0，完全符合环保要求，属绿色环保产品。

(4) 无毒、无害、无污染，不改变保护区内氧气的含量，对人体无害。

(5) 气溶胶释放的气体不导电，低腐蚀对电子电力设备无影响。

(6) 反应前的灭火剂为固态，不会泄漏，不会挥发，不会衰变，可在常温常压下存放，易储存保管。

4.3.4.2 气体灭火系统适用于扑救的火灾

(1) 电气火灾。

(2) 固体表面火灾。

(3) 液体火灾。

(4) 灭火前能切断气源的气体火灾。

注：除电缆隧道（夹层、井）及自备发电机房外，K型和其他型热气溶胶预制灭火系统不得用于其他电气火灾。

4.3.4.3 气体灭火系统不适用于扑救的火灾

(1) 硝化纤维、硝酸钠等氧化剂或含氧化剂的化学制品火灾。

(2) 钾、镁、钠、钦、锆、铀等活泼金属火灾。

(3) 氰化钾、氢化钠等金属氢化物火灾。

(4) 过氧化氢、联胺等能自行分解的化学物质火灾。

(5) 可燃固体物质的深位火灾。

4.3.5 气体灭火系统、泡沫灭火系统的联动控制设计

气体灭火系统、泡沫灭火系统应分别由专用的气体灭火控制器、泡沫灭火控制器控制。

气体灭火控制器、泡沫灭火控制器直接连接火灾探测器时，气体灭火系统、泡沫灭火系统的自动控制方式应符合下列规定：

(1) 应由同一防护区域内两只独立的火灾探测器的报警信号、一只火灾探测器与一只手动火灾报警按钮的报警信号或防护区外的紧急启动信号作为系统的联动触发信号。探测器的组合，宜采用感烟火灾探测器和感温火灾探测器。

(2) 气体灭火控制器、泡沫灭火控制器，在接收到满足联动逻辑关系的首个联动触发信号后，应启动设置在该防护区内的火灾声光警报器，其联动触发信号应为任一防护区域内设置的感烟火灾探测器、其他类型火灾探测器或手动火灾报警按钮的首次报警信号；在接收到第二个联动触发信号后，应发出联动控制信号，且联动触发信号应为同一防护区域内与首次报警的火灾探测器，或手动火灾报警按钮相邻的感温火灾探测器、火焰探测器或手动火灾报警按钮的报警信号。

(3) 联动控制信号应包括下列内容：

1) 关闭防护区域的送（排）风机及送（排）风阀门；

2) 停止通风和空气调节系统及关闭设置在该防护区域的联动防火阀；

3) 联动控制防护区域开口封闭装置的启动，包括关闭防护区域的门、窗；

4) 启动气体灭火装置、泡沫灭火装置，气体灭火控制器、泡沫灭火控制器可设定不大于 30s 的延迟喷射时间。

(4) 平时无人工作的防护区域，可设置为无延迟的喷射，并在接收到满足联动逻辑关系的首个联动触发信号后，执行除启动气体灭火装置、泡沫灭火装置外的联动控制；在接收到第二个联动触发信号后，应启动气体灭火装置、泡沫灭火装置。

(5) 气体灭火防护区出口外上方，应设置表示气体喷洒的火灾声光警报器，指示气体释放的声信号，应与该保护对象中设置的火灾声光报警器的声信号有明显区别。启动气体灭火装置、泡沫灭火装置的同时，应启动设置在防护区入口处表示气体喷洒的火灾声光警报器。组合分配系统，应首先开启相应防护区的选择阀，然后启动气体灭火装置、泡沫灭火装置等。

气体灭火系统、泡沫灭火系统主要由灭火剂储瓶和瓶头阀、驱动钢瓶和瓶头阀、选择阀（组合分配系统）、自锁压力开关、喷嘴及气体灭火控制器，或泡沫灭火控制器、感烟火灾探测器、感温火灾探测器、指示发生火灾的火灾声光警报器、指示灭火剂喷放的火灾声光警报器（带有声警报的气体释放灯）、紧急启停按钮、电动装置等组成。通常气体灭火系统、泡沫灭火系统的设备自成系统。由于气体灭火过程中，系统应执行一系列的动作。因此，只有专用气体灭火控制器、泡沫灭火控制器，才具有这一系列的逻辑编程和执行功能。

图 4－13 所示为气体灭火流程图。当发生火情时，气体灭火系统的自动控制过程按照流程图 4－13 中的箭头流向进行分析。

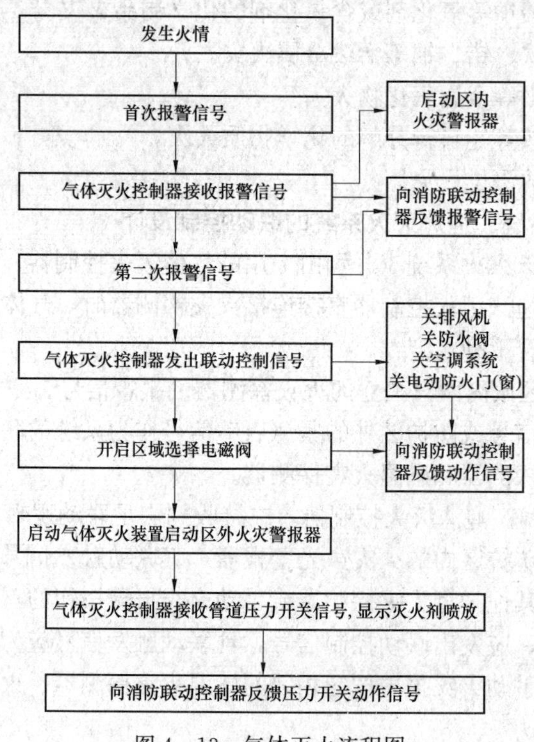

图 4－13　气体灭火流程图

气体灭火控制器直接连接火灾探测器时的控制方式及联动功能，如图 4-14 所示。

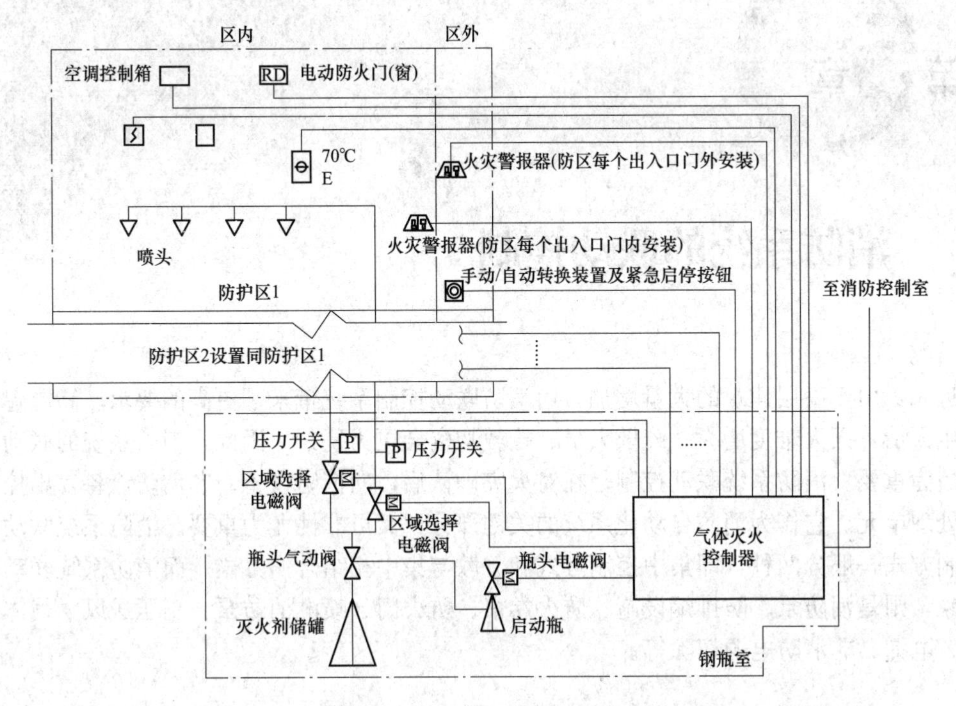

图 4-14 气体灭火联动系统控制图

注：1. 该图示所表示的气体灭火自动控制器，直接连接火灾探测器时的自动控制方式。

2. 防护区内设置的火灾警报器宜具有语音提示功能，防护区外设置的火灾警报器是带有声警报的气体释放灯，其声信号应与该防护区内火灾警报器的声信号有明显区别。

第5章 消防系统的联动控制

近来，由于高层建筑的大量增加，给消防联动控制系统带来了更高的要求。高层建筑一旦发生火情，灭火难度增大，疏散人员、抢救物资会更为复杂。因此，消防系统的联动控制显得极为重要。消防系统联动控制是在对火灾确认后，向消防设备、非消防设备发出控制信号的处理单元。它作为消防自动化系统的关键部分，其可靠性尤为重要。消防系统联动控制的控制方式一般分两种，即集中控制方式和分散与集中相结合的方式。而消防系统联动控制的对象，则是消防泵、防排烟设施、防火卷帘、防火门、喷淋消防泵、正压送风、气体自动灭火、电梯、非消防电源切除等。

5.1 消防设施的联动控制

5.1.1 消防设施联动控制的功能

5.1.1.1 消防设施联动控制的一般规定

(1) 消防联动控制的对象，有灭火设施（消防泵等）、防排烟设施、防火卷帘、防火门、水幕、电梯、非消防电源的断电控制。

(2) 消防联动控制应根据工程规模、管理体制、功能要求合理确定控制方式。控制方式一般为两种，即集中控制和分散与集中相结合方式。无论采用何种控制方式，应将被控对象执行机构的动作信号（反馈信号）送至消防控制室。

(3) 对于容易造成混乱，并带来严重后果的被控对象（如电梯、非消防电源及警报等），应由消防控制室集中管理。

5.1.1.2 消防联动控制的功能

(1) 消防控制设备对室内消火栓系统，应具有控制和显示功能，具体要求如下：

1) 控制消防水泵的启、停操作；

2) 显示启泵按钮的启动的位置；

3) 显示消防水泵的工作和故障状态。

(2) 消防控制设备对自动喷水灭火系统，应具有控制和显示功能，具体要求如下：

1) 控制系统的启、停操作；

2) 显示报警阀、闸阀及水流指示器的工作状态；

3) 显示喷淋消防泵的工作和故障状态。

(3) 消防控制设备对有管网的二氧化碳等灭火系统应具有控制和显示功能，具体要求

如下：

1）控制系统的紧急启动和切断操作；

2）火灾探测器联动的控制设备，应具有30s的可调延时；

3）显示系统的手动、自动工作状态；

4）在报警、喷射各阶段，控制室，应具有相应的声光报警信号，并能手动切除声响信号；

5）在延时阶段，应能自动关闭防火门、窗，停止通风及空调系统。

（4）火灾报警后，消防控制设备对联动控制对象应有下列功能：

1）停止有关部位的风机，关闭防火阀，并接收其反馈信号；

2）启动有关部位的防烟、排烟风机、正压送风机和排烟阀，并接收其反馈信号。

（5）火灾确认后，消防控制设备对联动控制对象应有下列功能：

1）关闭有关部位的防火门、防火卷帘，并接收其反馈信号；

2）发出控制信号，强制电梯全部停于首层，并接收其反馈信号；

3）接通火灾事故照明灯和疏散指示灯；

4）切断有关部位的非消防电源。

（6）火灾确认后，消防控制设备应按顺序接通火灾报警装置。接通顺序为：二层及二层以上楼层着火时，应先接通着火层及其相邻的上、下层；首层发生火灾，宜先接通本层、二层及地下各层；地下室发生火灾，宜先接通地下各层及首层。

5.1.2 消防设备的供电控制

5.1.2.1 消防设备供电

建筑物中火灾自动报警与消防设备联动控制系统的工作特点是连续的、不间断的。为保证消防系统供电电源的可靠性，应设有主供电电源和直流备用供电电源。消防自动监控系统的主供电电源应采用消防专用电源，其负荷等级应按照《建筑设计防火规范》（GB 50016—2014）和《高层民用建筑设计防火规范》（GB 50045—2015）划分，并按照电力系统设计规范规定的不同负荷级别要求供电。

消防设备供电系统应能充分保证设备的工作性能，在火灾发生时应能发挥消防设备的功能，将损失减少到最低限度。对于电力负荷集中的高层建筑或一、二级电力负荷（消防负荷），通常是采用单电源或双电源的双回路供电方式，用两个10kV电源进线和两台变压器构成消防主供电电源。在此前提下，为提高供电可靠性，消防设备从主电源受电的接线形有两种：

第一类建筑物消防设备（一级消防负荷）的供电系统，如图5-1所示。其中图5-1（a）采用不同电网构成双电源，两台变压器互为暗备用，单母线分段提供消防设备用电源；图5-1（b）采用同一电网双回路供电，两台变压器互为暗备用，单母线分段，设置柴油发电机组作为应急电源向消防设备供电，与主供电电源互为备用，满足一级负荷要求。

第二类建筑物消防设备（二级消防负荷）的供电系统，如图5-2所示。图5-2（a）表示由外部引来的一路低压电源，与本部门电源（自备柴油发电机组）互为备用，供给消防设备电源。图5-2（b）表示双回路供电，满足二级负荷要求。

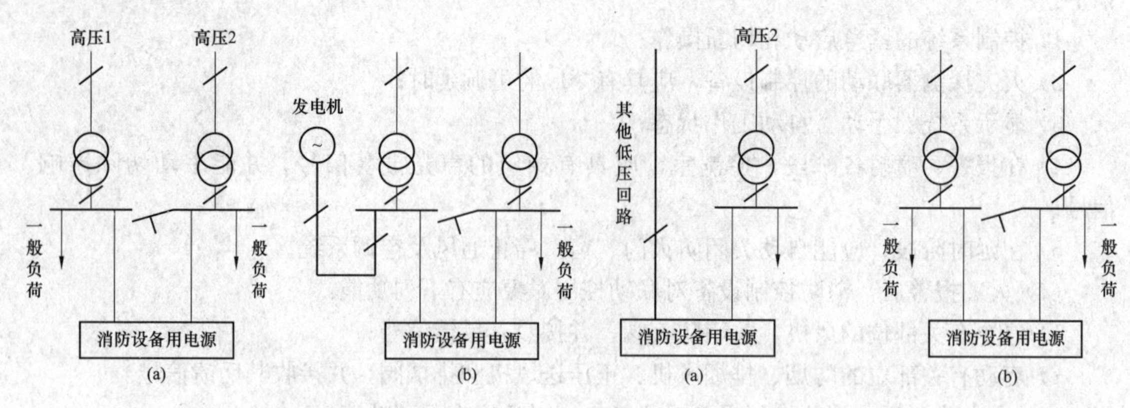

图 5-1　第一类建筑的消防供电系统
(a) 不同电网；(b) 同一电网

图 5-2　第二类建筑的消防供电系统
(a) 一路为低压电源；(b) 双回路电源

5.1.2.2　备用电源自动投入

根据《火灾自动报警系统设计规范》(GB 50116—2013) 和《建筑设计防火规范》(GB 50016—2014) 的要求，第一、二类高层建筑分别采用双电源、双回路供电，且变电所需采用分段母线供电，以保证供电的可靠性。备用电源的自动投入装置 (BZT) 可使两路供电互为备用，也可用于主供电电源与应急电源（如柴油发电机组）的连接和应急电源自动投入。

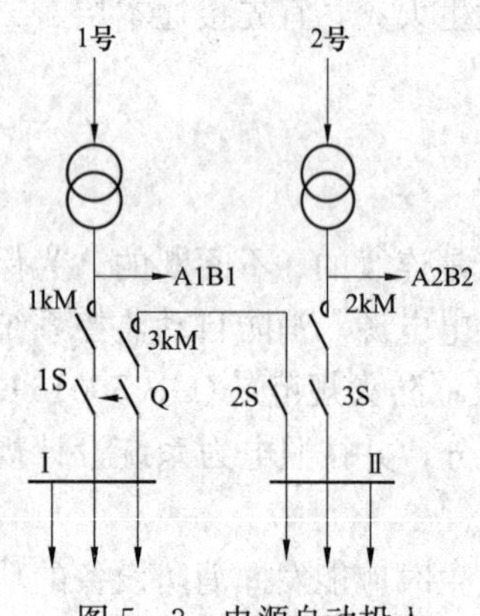

图 5-3　电源自动投入装置接线示意图

典型的低压备用（或应急）电源自动投入装置接线如图 5-3 所示。其中 1kM、2kM、3kM 是交流接触器，Q 是短路保护用自动空气开关，平时处于闭合状态。1S、2S、3S 是手动开关。正常时，两台变压器分别运行，1S 和 2S 先闭合，3S 后闭合，接触器 1kM、2kM 接通，3kM 断开，若Ⅰ段母线失去电压（或 1 号回路掉电），1kM 失电断开，接触器 3kM 闭合，使Ⅰ段母线通过Ⅱ段母线接受 2 号回路电源供电，完成自动切换任务。

必须说明，两路电源在消防泵、消防电梯等消防设备端实现切换（末端切换）时常采用备用电源自动投入装置。

5.1.3　消防泵、喷洒泵的控制

5.1.3.1　消防泵联动控制

室内消防泵启动方式的选择与建筑的规模及给水系统有关。为了确保系统的安全，电路设计以简单合理为原则。消防泵联动控制原理框图如图 5-4 所示。其控制过程为，集中报警控制器接收到火灾报警信号后，控制器联动控制消防泵启动，也可手动控制其启动。同时，水位信号反馈回控制器，作为下一步控制器控制操作的依据之一。

5.1.3.2　喷洒泵联动控制

喷洒泵联动控制原理框图如图 5-4 所示。当出现火情后，火灾现场的喷淋头由于温度升高，升至 600℃以上，此时使喷淋头内充满热敏液体的玻璃球受热膨胀而破碎，密封垫随

之脱落，喷出具有一定压力的水花进行灭火。喷水后有水流流动且水压下降，这些变化分别经过水流报警器和水压开关转换成电信号，送至集中报警控制器，或直接送至喷洒泵控制箱，同时启动喷洒泵工作，并保持喷洒灭火系统具有足够高的水压。

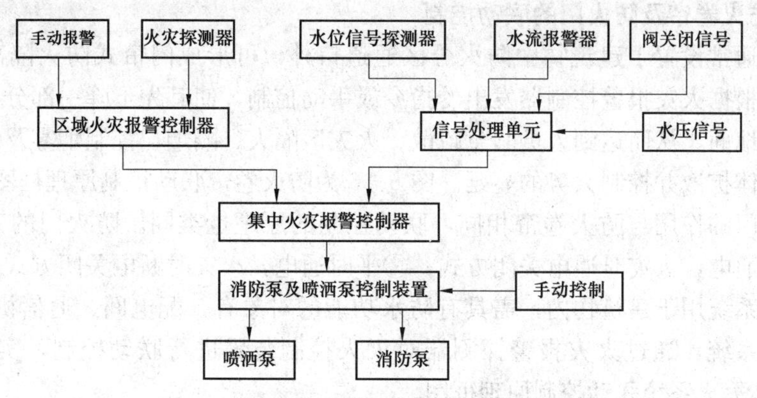

图 5-4　消防泵和喷洒泵联动控制原理框图

5.1.4　排烟联动控制

防排烟系统电气控制的设计，是在选定自然排烟、机械排烟、自然与机械排烟并用，或机械加压送风方式以后进行。排烟控制有直接控制方式和模块控制方式，图 5-5 中给出了两种控制方式的原理框图。图 5-5（a）为直接控制方式，集中报警控制器收到火警信号后，直接产生控制信号控制排烟阀门开启，排烟风机启动，空调、送风机、防火门等关闭。同时接收各设备的反馈信号，监测各设备是否工作正常。图 5-5（b）为模块控制方式，集

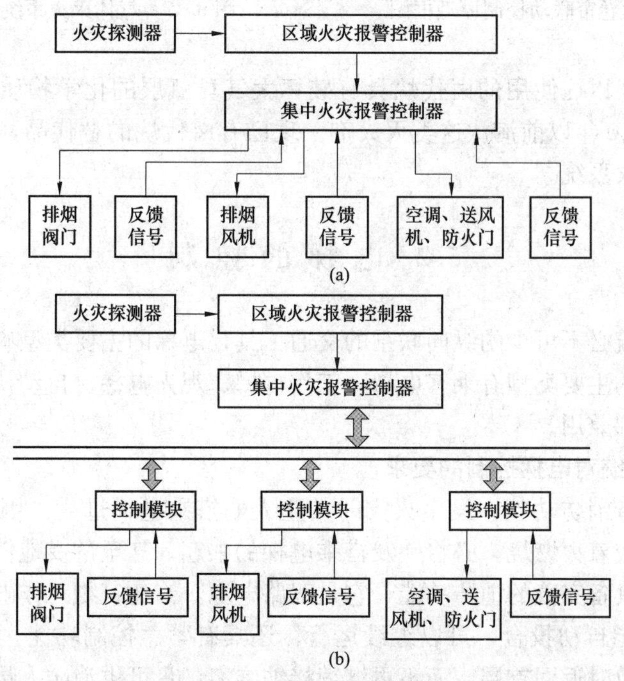

图 5-5　排烟联动控制原理框图

（a）直接控制方式；（b）模块控制方式

中报警控制器收到火警信号后，发出控制排烟阀、排烟风机、空调、送风机、防火门等设备动作的一系列指令。此时，输出控制指令经总线传输到各控制模块，然后由各控制模块驱动相应的设备动作。同时，系统各设备的状态反馈信号也需通过总线传送到集中报警控制器。

5.1.5 防火卷帘及防火门的联动控制

防火卷帘通常设置于建筑物中防火分区通道口外，可形成门帘式防火隔离。火灾发生时，防火卷帘根据火灾报警控制器发出的指令或手动控制，使其先下降一部分，经一定延时后，卷帘降至地面，从而达到人员紧急疏散、火灾区隔火、隔烟，控制烟雾及燃烧过程可能产生的有毒气体扩散并控制火势的蔓延。图 5-6 为防火卷帘联动控制原理框图。

电动防火门的作用与防火卷帘相同，联动控制的原理也类同。防火门的工作方式有两种：①平时不通电，火灾时通电关闭方式；②平时通电，火灾时断电关闭方式。

气体灭火系统用于建筑物内，需具有防水功能的对象有，配电间、通信机房等。通常，气体管网灭火系统，通过火灾报警探测器对灭火控制装置进行联动控制，实现自动灭火。图 5-7 为气体灭火系统联动控制原理框图。

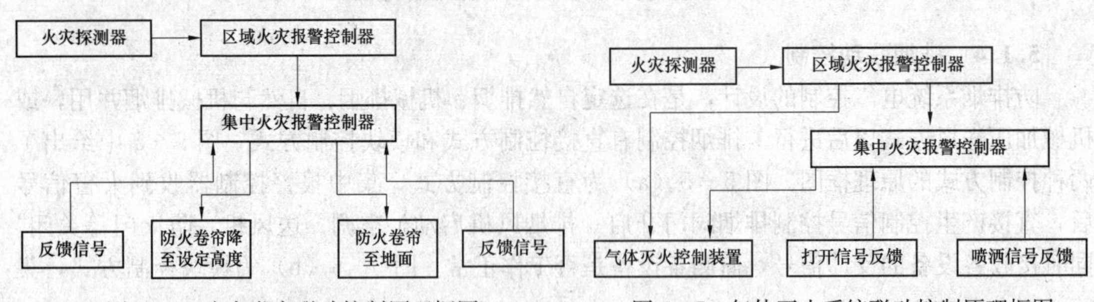

图 5-6 防火卷帘联动控制原理框图

图 5-7 气体灭火系统联动控制原理框图

需要强调的是，以往使用的卤代烷具有破坏大气臭氧层的化学物质，世界环保组织规定，各国必须在 2010 年以前淘汰这类灭火剂。现已有卤代烷的替代品，并积极发展更有效的替代卤代烷的灭火系统。

5.2 电梯的控制

电梯是高层建筑必不可少的纵向联系的交通工具，电梯的主要类型有普通电梯和消防专用电梯。普通电梯的主要类型有乘客电梯、工作电梯、观光电梯、自动扶梯等，消防电梯一般也可与客梯等电梯兼用。

5.2.1 消防系统对电梯控制的要求

普通电梯不具备消防功能，发生火灾时禁止人们搭乘电梯逃生。因为，当其受高温影响，或停电停运，或着火燃烧，必将殃及搭乘电梯的乘客，甚至危及他们的生命。

消防电梯通常具备完善的消防功能，它是双路电源，当建筑物工作电梯电源中断时，消防电梯的非常电源能自动投合，可以继续运行；还具有紧急控制功能，即当楼上发生火灾时，可接受指令，及时返回首层，而不再继续接纳乘客，只可供消防人员使用；应当在轿厢顶部预留一个紧急疏散出口，万一电梯的开门机构失灵时，也可由此处疏散逃生。

工作电梯在发生火灾时，常常因为断电和不防烟火等而停止使用。因此设置消防电梯很

有必要，其主要作用是供消防人员携带灭火器材进入高层灭火；抢救疏散受伤或老弱病残人员；避免消防人员与疏散逃生人员在疏散楼梯上形成“对撞”，既延误灭火时机，又影响人员疏散；防止消防人员通过楼梯登高时间长，消耗大，体力不够，不能保证迅速投入工作。

高层建筑设计中，应根据建筑物的重要性、高度、建筑面积、使用性质等情况设置消防电梯。通常建筑高度超过 32m，且设有电梯的高层厂房和建筑高度超过 32m 的高层库房，每个防火分区内应设 1 台消防电梯；高度超过 24m 的一类建筑、10 层及 10 层以上的塔式住宅建筑、12 层及 12 层以上的单元式住宅和通廊式住宅建筑，以及建筑高度超过 32m 的二类高层公共建筑等均应设置消防电梯。

高层建筑在火灾初期的管理问题，对于非消防电梯不能一发生火灾就立即切断电源，如果电梯无自动平层功能，会将电梯里的人关在电梯轿厢内，这是相当危险的。因此，要求电梯应具备降至首层或转换层的功能，以便有关人员全部撤出。

消防联动控制器应具有发出联动控制信号，强制所有电梯停于首层或电梯转换层的功能，但并不是一发生火灾就使所有的电梯均回到首层或转换层，设计人员应根据建筑物的特点，先使发生火灾及相关危险部位的电梯回到首层或转换层，在没有危险部位的电梯，应保持使用。为防止电梯供电电源被火烧断，电梯宜增加 ESP 备用电源。

电梯运行状态信息需反馈至消防控制室，其目的是使消防救援人员及时掌握电梯的状态，以安排救援工作。

5.2.2 一般电梯的消防控制方式

对于电梯的控制，可采用以下三种方式：

(1) 在一些建筑物中，电梯都装有感烟探测器，可以利用消防电梯前的感烟探测器，直接联动控制电梯的运行，以控制电梯的运行。但必须注意烟探测器误报的危险性。

(2) 可以将电梯的控制、显示系统设于消防控制室，火灾确认后，由消防控制室值班人员手动控制电梯。

(3) 在消防控制室内设电梯迫降按钮，按钮与电梯控制室直接连接，可强制电梯下降后停止于首层。

需要强调的是，这里所讲的电梯不是只指消防电梯，而是整个工程中使用的全部电梯。如客梯，需要在确认火灾后，在就近层逼停。然后打开电梯门，以最快的速度放下乘客，以减少人员的伤害。另外，扶梯应视为非消防设施，切断非消防电源时，应包含自动扶梯。

在实际工程中，往往只对消防电梯进行控制，而忽略了其他电梯的保护，这与规范明显不符，实际应用时，如果未注意其他电梯的安全性，很可能造成严重事故。

5.2.3 消防电梯的控制方式

对于消防电梯，在火灾情况下不仅能迫降至首层，还要具备供消防队员使用的功能。几种典型的消防电梯控制方式如下：

(1) 电梯的底层（或基站）设置有提供消防火警用的、带有玻璃窗的专用消防开关箱。在火警发生时，敲碎玻璃窗，拨动箱内开关，即可使电梯立即返回底层。

(2) 电梯的底层（或基站）除设置有提供消防火警用的、带有玻璃窗的专用消防开关箱外，还有可提供消防员操作的专用钥匙开关，只要接通该钥匙开关就可使已返回底层（或基站）的电梯供消防员使用。

(3) 电梯返回底层（或基站）后，提供消防员控制操作的专用钥匙开关设置在轿厢内的操纵箱上。

(4) 消防员专用钥匙开关不是设在轿厢内操纵箱上，而是设置在底层（或基站）外多个召唤按钮箱中的某一个按钮箱上，只要消防员专用钥匙开关工作，即可使一组电梯中的所有电梯均投入消防紧急运行状态。

5.3 消防系统的联动控制及灭火设施

5.3.1 消防系统联动的控制

(1) 消防系统联动控制对象应包括以下内容：

1) 灭火设施；

2) 防排烟设施；

3) 防火卷帘、防火门、水幕；

4) 电梯；

5) 非消防电源的断电控制等。

(2) 消防联动控制应根据工程规模、管理体制、功能要求合理确定控制方式，一般可采取如下方式：

1) 集中控制；

2) 分散与集中相结合。

无论采用何种控制方式，应将被控对象执行机械的动作信号，送至消防控制室。容易造成混乱带来严重后果的被控对象（如电梯、非消防电源及警报等）应由消防控制室集中管理。

5.3.2 灭火设施

(1) 设有消火栓按钮的消火栓灭火系统，其控制要求如下：

1) 消火栓按钮控制回路应采用50V以下的安全电压。

2) 当消火栓设有消火栓按钮时，应能向消防控制（值班）室发送消火栓工作信号和启动消防水泵。

3) 消防控制室内，对消火栓灭火系统应有下列控制、显示功能：

a. 控制消防水泵的启、停；

b. 显示消防水泵的工作、故障状态；

c. 显示消火栓按钮的工作部位，当有困难时，可按防火分区或楼层显示。

(2) 自动喷水灭火系统的控制应符合下列要求：

1) 设有自动喷水灭火喷头需早期火灾自动报警的场所（不易检修的天棚、闷顶内或厨房等处除外），宜同时设置感烟探测器。

2) 自动喷水灭火系统中设置的水流指示器，不应作自动启动消防泵的控制装置。报警阀压力开关、水位控制开关和气压罐压力开关等可控制消防泵自动启动。

3) 消防控制室内，对自动喷水灭火系统宜有下列控制、监测功能：

a. 控制系统的启、停；

b. 系统的控制阀处于开启状态时，对管网末端的试验阀，应在现场设置手动按钮就地控制开闭，其状态信号可不返回；

c. 消防泵电源供应和工作情况；

d. 水池、水箱的水位，对于重力式水箱，在严寒地区宜安设探测器，当水温降低到5℃以下时，即应发出信号报警；

e. 干式喷水灭火系统的最高和最低气压，一般压力的下限值宜与空气压缩机联动，或在消防控制室设充气机手动启动和停止按钮；

f. 预作用喷水灭火系统的最低气压；

g. 报警阀和水流指示器动作情况。

4）设有充气装置的自动喷水灭火管网应将高、低压报警信号送至消防控制室。消防控制室宜设充气机手动启动按钮和停止按钮。

5）预作用喷水灭火系统中应设置由探测器组成的控制电路，控制管网预作用充水。

6）雨淋和水喷雾灭火系统中宜设置由感烟、定温探测器组成的控制电路，控制电磁阀。电磁阀的工作状态应反馈到消防控制室。

（3）卤代烷、二氧化碳等气体自动灭火系统的控制应符合以下要求：

1）设有卤代烷、二氧化碳等气体自动灭火装置的场所（或部位），应设感烟、定温探测器与灭火控制装置配套组成的火灾报警控制系统。

2）管网灭火装置应有自动控制、手动控制和机械应急操作三种启动方式；无管网灭火装置应有自动控制和手动控制两种启动方式。

3）自动控制应在接到两个独立的火警信号后才能启动。

4）应在被保护对象主要出入口门外，设手动紧急控制按钮，并应有防误操作措施和特殊标志。

5）机械应急操作装置应设在贮瓶间或防护区外便于操作的地方，并能在一个地点完成释放灭火剂的全部动作。

6）应在被保护对象的主要出入口外门框上方设置放气灯，并有明显标志。

7）被保护对象内，应设有在释放气体前30s内人员疏散的声警报器。

8）被保护区域常开的防火门，应设有门自动释放器，在释放气体前能自动关闭。

9）应在释放气体前，自动切断被保护区的送、排风风机或关闭送风阀门。

10）对于组合分配系统，宜在现场适当部位设置气体灭火控制室；单元独立系统是否设控制室可根据系统规范及功能要求而定；无管网灭火装置一般在现场设控制盘（箱），但装设位置应接近被保护区，控制盘（箱）应采取防护措施。在经常有人的防护区内设置的无管网灭火装置，应设有切断自动控制系统的手动装置。

11）气体灭火控制室应有下列控制、显示功能：

a. 控制系统的紧急启动和切断。

b. 由灭火探测器联动的控制设备，应具有30s可调的延时功能。

c. 显示系统的手动、自动状态。

d. 在报警、喷射各阶段，控制室应有相应的声、光报警信号，并能手动切除声响信号；在延时阶段，应有自动关闭防火门、停止通风、空气调节系统。

12）气体灭火系统在报警或释放灭火剂时，应在建筑物的消防控制室（中心）有显示信号。

13）当被保护对象的房间无直接对外窗户时，气体释放灭火后，应有排除有害气体的设施，但此设施在气体释放时，应是关闭状态。

(4) 灭火控制室对泡沫和干粉灭火系统应有下列控制、显示功能：

1) 在火灾危险性较大，且经常没有人停留场所内设置的灭火系统，应采用自动控制的启动方式。为提高灭火的可靠性，在采用自动控制方式的同时，还应设置手动启动控制环节。

2) 在火灾危险性较小，有人值班或经常停留的场所，防护区内宜设火灾自动报警装置，灭火系统可以采用手动控制的启动方式。

3) 在火灾控制室应能控制系统的启、停，并显示系统的工作状态。

5.3.3 电动防火卷帘、电动防火门

(1) 电动防火卷帘的控制应符合下列要求：

1) 一般在电动防火卷帘两侧设专用的感烟及感温两种探测器，声、光报警信号及手动控制按钮（应有防误操作措施）。当在两侧装设确有困难时，可在火灾可能性大的一侧装设。

2) 电动防火卷帘应采取两次控制下落方式，第一次由感烟探测器控制下落距地 1.5m 处停止；第二次由感温探测器下落到底，并应分别将报警及动作信号送到消防控制室。

3) 电动防火卷帘宜由消防控制室集中管理。当选用的探测器控制电路及采用相应措施提高可靠性时，也可在就地联动控制，但在消防控制室应有应急控制手段。

4) 当电动防火卷帘采用水幕保护时，水幕电磁阀的开启，宜用定温探测器与水幕管网有关的水流指示器组成的电路控制。

(2) 电动防火门的控制，应符合以下要求：

1) 电动防火门两侧应装设专用的感烟探测器组成控制电路，在现场自动关闭。此外，在就地宜设人工手动关闭装置。

2) 电动防火门的控制，宜选用平时不耗电的释放器，需暗设，并且要有返回动作的信号功能。

5.3.4 防烟、排烟设施

(1) 机械防烟。下列部位应设置独立的机械加压送风的防烟设施：

1) 不具备自然排烟条件（具有可开启外窗的自然排烟设施）的防烟楼梯间、消防电梯间前室或合用前室；

2) 封闭避难层（间）；

3) 楼梯间宜每隔 2～3 层设一个加压送风口，前室的送风口应每层设一个。

(2) 机械排烟。无直接自然通风，且长度超过 200m 的外走道或虽有直接自然通风，但长度超过 60m 的内走道，应设置机械排烟设施。担负一个防烟分区排烟时，其排烟风机的风量应按每平方米不小于 $60m^3/h$ 计算，单台风机最小排风量不应小于 $7200m^3/h$。排烟口平时应关闭，并应设有手动和自动开启装置。

在排烟支管上应设有当烟气温度超过 280℃时，能自行关闭的排烟防火阀，并应在机房入口处设有当烟气温度超过 280℃时，能自行关闭的排烟防火阀。排烟风机应保证在 280℃时能连续工作 30min。机械排烟系统中，当任一排烟口或排烟阀开启时，排烟风机应能自行启动。

(3) 排烟阀的控制应符合以下要求：

1) 排烟阀宜由其排烟分担区内设置的感烟探测器组成的控制电路在现场控制开启。

2）排烟阀动作后应启动相关的排烟机和正压送风机，停止相关范围内的空调风机及其他送、排风机。

3）同一排烟区内的多个排烟阀，若需同时动作，可采用接力控制方式开启，并由最后动作的排烟阀发送动作信号。

(4) 设在排烟风机入口处的防火阀动作后应联动停止排烟风机。

(5) 防烟垂壁应由其附近的专用感烟探测器组成的控制电路就地控制。

(6) 设于空调通风管道上的防排烟阀，宜采用定温保护装置直接动作关闭；只有必须要求在消防控制室远方关闭时，才采取远方控制。关闭信号要反馈消防控制室，并停止有关部位风机。

(7) 通风和空调系统的风管道，在下列情况之一时，应设防火阀：

1）管道穿越防火分区的隔墙处；

2）穿越通风、空调机房及重要的或火灾危险性大的房间隔墙和楼板处；

3）垂直风管与每层水平风管交接处的水平管段上；

4）穿越变形缝处的两侧。

(8) 防火阀的动作温度宜为70℃。

(9) 风管内设有电加热器时，风机应与电加热器联锁。

(10) 消防控制室应能对防烟排烟风机（包括正压送风机）进行应急控制。

5.3.5 非消防电源断电及电梯应急控制

(1) 火灾确认后，应能在消防控制室或配电所（室）手动切除相关区域的非消防电源。

(2) 火灾发生后，根据火情强制所有电梯依次停于首层，并切断其电源，但消防电梯除外，对电梯的有关应急控制要求，应执行相关规范的有关规定。

5.3.6 消防电泵（包括喷洒泵）、排烟风机等设备

消防电泵（包括喷洒泵）、排烟风机及正压送风机等重要消防用电设备，宜采取定期自动试机、检测措施。消防控制逻辑关系见表5－1。

表5－1 消防控制逻辑关系

设备系统	报警设备种类	受控设备	位置及说明
喷水消防系统	消火栓按钮	启动消火栓泵	
	报警阀压力开关	启动喷淋消防泵	
	水流指示器	报警，确定起火层	
	检修信号阀	报警，提醒注意	
	消防水池水位或水管压力	启动、停止稳压泵等	
空调系统	烟感探测器或手动按钮	关闭有关系统空调机、新风机、普通送风机	
		关闭本层电控防火阀	
	防火阀70℃温控开关	关闭该系统空调机、新风机、送风机	
防排烟系统	烟感探测器或手动按钮	打开有关排烟风机与正压送风机	屋面
		打开有关排烟口（阀）	
		打开有关正压送风口	$N\pm1$层

续表

设备系统	报警设备种类	受控设备	位置及说明
防排烟系统	烟感探测器或手动按钮	两用双速风机转入高速排烟状态	
		两用风管中，关正常排风口，开排烟口	
	排烟风机旁防火阀 280℃温控开关	关闭有关排烟风机	
可燃气体报警		打开有关房间排风机、进风机	厨房、煤气表房、防爆厂房等
防火卷帘防火门	防火卷帘门旁的烟感探测器	该卷帘或该组卷帘下降一半	
	防火卷帘门旁的温感探测器	该卷帘或该组卷帘下降到底	
		卷帘有水幕保护时，启动水幕电磁阀和雨淋泵	
	电控常开防火门旁烟感或温感探测器	释放电磁铁，关闭该防火门	
	电控挡烟垂壁旁烟感或温感探测器	释放电磁铁，该挡烟垂壁或该组挡烟垂壁下垂	
气体灭火系统	气体灭火区的烟感探测器	声光报警，关闭有关空调机防火阀、电控门窗	
	气体灭火区的烟感，温感探测器同时报警	延时后启动气体灭火	
	钢瓶压力开关	点亮放气灯	
	紧急启、停按钮	人工紧急启动或停止气体灭火	
手动为主的系统	手动/自动，手动为主	切断起火层，非消防电源	$N\pm1$层
	手动/自动，手动为主	启动起火层警铃或声光报警装置	
	手动/自动，手动为主	使电梯归首，消防电梯投入使用	
	手动	对有关区域进行紧急广播	
消防电话		随时报警、联络、指挥灭火	

关于表 5-1 的说明：

(1) 消防自动控制系统需根据具体的工程和建筑、工艺、给排水、空调、电气等各专业的要求进行设计，本表仅供读者参考。

(2) 消防控制逻辑关系表应能表达出设计意图和各专业的协调关系。

(3) 根据具体工程需要的情况，必要时可增加受控设备编号和电控箱编号。

(4) 消防控制室应能控制手动强制启、停消火栓泵、喷淋消防泵、排烟风机、正压风机，能关闭集中空调系统的大型空调机等，并接受其反馈信号的功能。

(5) $N\pm1$ 层一般为起火层及上下各一层；当地下任一层起火时，为地下各层及一层；当一层起火时，为地下各层及一层、二层。

5.3.7　关于消防联动的几点说明

(1) 消防水泵的联动。消防水泵是高层建筑内最重要的灭火设备之一。因此，在消防控制室内应能控制消防水泵的启、停动作，能显示消防水泵的工作、故障状态，这里主要指消

防水泵工作电源和水泵的运行工作状态显示、消防水泵的工作电源失电信号等。

(2) 设在风管上的防火阀的联动。设在风管上的防火阀，是指在各个防火分区之间，通过的风管内装设的防火阀（一般在70℃时关闭），这些阀是为防止火焰经风管串通而设置的。在发生火灾时，消防控制设备应关闭有关部位的防火阀，并返回动作信号，通常使用自熔断式防火阀。它不需要消防联动回路的控制，仅有报警回路即可。

(3) 排烟阀的联动。设在排烟管道上的排烟阀，当发生火灾时，要求同一排烟分区的数个排烟阀，同时打开进行排烟。排烟阀由其排烟分区内设置的感烟探测器组成的控制电路在现场控制开启，因为新型智能系统感烟探测器大多带有现场控制电路。

(4) 排烟风机入口处防火阀的联动。排烟风机入口处的防火阀，是指安装在排烟主管道出口处的防火阀（一般在280℃时动作），此防火阀的控制要求，应满足通风专业的要求。因为，该阀在平时有可能是常开，也可能是常闭，这与通风专业采用何种系统有关。

如在正常状态下，防火阀是常开的，可选用自熔断式防火阀，当火灾温度达到280℃时，防火阀自熔断后，向消防控制室反馈动作信号，联动排烟风机停止运行。如防火阀在正常状态下是常闭的，则应选电磁加自熔断方式的阀。在火灾发生初期，防火阀由就近的烟感探测器所组成的控制回路（或由联动回路的输出模块）控制，先开启阀门后，再启动排烟风机排烟；当风管温度达到280℃时，防火阀自动关闭，这时防火阀还应向消防控制室发出反馈动作信号，并联动排烟风机停止运行。

(5) 气体灭火排烟的联动。气体灭火的实质是在被保护区内释放灭火气体，当浓度达到一定值后，扑灭火灾。气体灭火适应的火灾场合，应为封闭场所，除应关闭门窗及通风设施外，排烟设施也不能开启，它与一般灭火场所有所不同。

(6) 其他非消防电源的联动断电。规范规定在火灾确认后，应切断有关部位的非消防电源。切断方式可以是自动切断，也可以是人工切断。

5.4 消防系统的竣工验收

消防系统在交付使用前，必须经过公安消防监督机构的验收。验收工作分两步进行：①电检；②火检。

5.4.1 电检

为了对消防系统作出全面的质量认证，建设单位可委托专门机构（消防电气安全检查中心）作电气设备的安全检查，即俗称“电检”。

(1) 电检的范围。

1) 变配电装置；

2) 高低压电气线路；

3) 电动机；

4) 低压电气开关；

5) 电气照明和建筑装饰；

6) 电热设备；

7) 控制电器和保护电器；

8) 消防设施的电气装置；

9）接地装置；

10）防爆及防火电气装置；

11）其他电气设备。

（2）现场测试。

1）在电气系统负荷不低于额定容量的30%、电压为额定值的运行状态下，测试各电气设备及其连接处的表面温度。

2）在电气系统负荷不低于额定容量的30%、电压为额定值的运行状态下，利用超声波测漏仪器和电磁辐射测试仪器，测量电气系统中存在的电火花、放电隐患及绝缘油、汽的泄漏。

3）测量相线与相线间、相线与中线间、相线与地（设备金属外壳保护接地）线间的绝缘电阻、各回路和电气设备的绝缘电阻是否符合规定值。

4）测量用于防火的漏电保护器的动作特性，分别测出漏电电流动作值、动作时间，其值应分别不大于500mA、0.15s，对于大型用电单位，应分别不大于1A、1s。

5）测量高、低压电气系统接地电阻值，不应超过最大允许值的规定。

5.4.2　火检

所谓“火检”，是指对工程项目的消防设施进行全面的功能测试与检查验收，以保证大楼的消防系统处于完成的临战状态。建设单位可委托专门机构（经市消防局认可的）进行火检。消防系统的功能验收（即火检）包括下列装置：

（1）火灾自动报警系统装置（包括各种火灾探测器、手动报警按钮、区域报警控制器和集中报警控制器等）。

（2）灭火系统控制装置（包括室内消火栓、自动喷水、卤代烷、二氧化碳、干粉、泡沫等固定灭火系统的控制装置）。

（3）电动防火门、防火卷帘控制装置。

（4）通风空调、防烟排烟及电动防火阀等消防控制装置。

（5）火灾事故广播、消防通信、消防电源、消防电梯和消防控制室内的控制装置。

（6）火灾事故照明及疏散指示控制装置。

5.4.3　竣工验收

（1）消防用电设备电源的自动切换装置，应进行3次切换试验，每次试验均应正常。

（2）火灾自动报警控制器应按下列要求进行功能抽验：

1）实际安装数量在5台以下者，全部抽验。

2）实际安装数量在6～10台者，抽验5台。

3）实际安装数量超过10台者，按实际安装数量抽验30%～50%，但不小于5台。

4）抽验时每个功能应重复1～2次，被抽验控制器的基本功能应符合技术要求。

（3）火灾探测器（包括手动报警按钮），应按下列要求进行模拟火灾响应试验和故障报警抽验：

1）实际安装数量在100个以下者，抽验10个。

2）实际安装数量超过100个，按实际数量抽验5%～10%，但不少于10个。

3）被抽验探测器的试验均应正常。

（4）室内消火栓的功能验收，应在出水压力符合现行国家有关建筑设计防火规范的条件

下进行，且符合下列要求：

1）工作泵、备用泵转换运行1～3次。

2）消防控制室内操作启、停泵1～3次。

3）抽验消火栓处操作启泵按钮5%～10%。

4）被抽验消火栓的功能应正常，信号应正确。

（5）抽验自动喷水灭火系统，应在符合《自动喷水灭火系统设计规范》（GB 50084—2005）的条件下，抽验下列控制功能：

1）工作泵、备用泵转换运行1～3次。

2）消防控制室内操作启、停泵1～3次。

3）水流指示器、闸阀关闭器及电动阀等实际安装数量的10%～30%进行末端放水试验。

4）上述控制功能、信号均应正常。

（6）卤代烷、泡沫、二氧化碳、干粉等灭火系统，应在符合现行各有关系统设计规范的条件下，按实际安装数量的20%～30%抽验下列控制功能：

1）人工启动和紧急切断试验1～3次。

2）对与固定灭火设备联动控制的其他设备（包括关闭防火门窗、停止空调风机、关闭防火阀、落下防火幕等）试验1～3次。

3）抽一个防护区进行喷放试验（卤代烷系统应采用氮气等介质代替）。

4）上述试验控制功能、信号均应正常。

（7）电动防火门、防火卷帘，应按实际安装数量的10%～20%抽验联动控制功能，其控制功能、信号均应正常。

（8）通风空调和防排烟设备（包括风机和阀门），应按实际安装数量的10%～20%抽验联动控制功能，其控制功能、信号均应正常。

（9）消防电梯应进行1～2次人工控制和自动控制功能检验，其控制功能、信号均应正常。

（10）火灾事故广播设备，应按实际安装数量的10%～20%进行下列功能检验：

1）在消防控制室，选层广播。

2）共用的扬声器强行切换试验。

3）备用扩音机控制功能试验。

4）上述控制功能应正常，语音应清楚。

（11）消防通信设备的检验：

1）对消防控制室与设备间所设的对讲电话应进行1～3次通话试验。

2）对电话插孔，应按实际安装数量的5%～10%进行通话试验。

3）对消防控制室的外线电话与“119台”应进行1～3次通话试验。

4）上述设备功能应正常，语音应清楚。

（12）在上述设备各项检验项目中，当有不合格者，应限期修复或更换，并进行复验。复验时，对有抽验比例要求的，应进行加倍试验。复验不合格者，不能通过验收。

5.4.4 施工技术要点

火灾自动报警及消防联动控制系统的功能，是自动监测区域内火灾发生时产生的热、光和烟雾，从而发出声光报警，并联动相关设备的输出触点，控制自动灭火系统、紧急广播、事故照明、电梯、消防供水和防排烟系统，实现监测、报警和灭火的自动化控制。

5.4.4.1 设备的选择和检验

(1) 火灾探测器的选择。

1) 火灾初期有阻燃阶段，产生大量的烟和少量的热，很少或没有火焰辐射，应选用感烟探测器。

2) 火灾发展迅速，产生大量的热、烟和火焰辐射，可选用感温探测器、感烟探测器、火焰探测器或其组合。

3) 火灾发展迅速，有强烈的火焰辐射和少量的烟、热，应选用火焰探测器。

4) 火灾形成特点不可预料，可进行模拟试验，根据试验结果选择探测器。

5) 在散发可燃气体和可燃蒸气的场所，宜选用可燃气体探测器。

6) 当有自动联动器或自动灭火系统时，宜采用感烟、感温、火焰探测器的组合。

7) 对不同高度的房间，可按表5-2选择火灾探测器。

表5-2 火灾探测器选择

房间高度 h (m)	感烟探测器	感温探测器			火焰探测器
		一级	二级	三级	
$12<h\leqslant20$					√
$8<h\leqslant12$	√				√
$6<h\leqslant8$	√	√			√
$4<h\leqslant6$	√	√	√		√
$h\leqslant4$	√	√	√	√	√

(2) 火灾报警控制器和火灾报警装置的选择。

1) 区域报警控制器的容量不应小于报警区域内探测区域总容量，集中报警控制器的容量不宜小于保护范围内探测区域总容量。

2) 区域报警控制器和集中报警控制器的主要技术指标及其功能，应符合设计和使用要求，并有产品合格证。

3) 设备的检验。

(3) 开箱检查。

1) 安装的设备和器材运到现场后，应严格进行开箱检查，并按清单造册登记，设备和器材的规格、型号应符合设计要求。

2) 产品的技术文件应齐全，并有合格证和铭牌。

3) 设备外壳、漆层及内部仪表、线路、绝缘应完好，附件、备件齐全。

(4) 模拟试验。感烟、感温、气体火灾探测器，安装前应逐个模拟试验，不合格者不得使用。

5.4.4.2 安装

1. 安装的一般规定

(1) 火灾自动报警系统的施工应按设计图纸要求进行，不得随意更改。

(2) 火灾自动报警系统施工前，应具备设备平面布置图、接线图、安装图及其必要的技术文件。

(3) 火灾自动报警系统竣工时，应提供下列资料和文件：

1) 竣工图。

2) 设计变更文字记录。

3) 施工记录（包括隐蔽工程验收记录）。

4) 检验记录（包括绝缘电阻、接地电阻的测试记录）。

5) 竣工报告。

2. 布线

(1) 火灾自动报警系统布线时，应对导线的种类、电压等级进行检查。

(2) 在管内或线槽内的穿线，应在建筑抹灰及地面工程结束后进行。在穿线前，应将管内或槽内的积水及杂物清除干净。

(3) 火灾自动报警系统传输线路，应采用铜芯绝缘导线或铜芯电缆，其电压等级不应低于250V，规格型号应符合设计要求。

(4) 火灾自动报警系统传输线路采用绝缘导线时，应采用穿金属管、硬质塑料管、半硬塑料管或封闭式线槽保护方式布线。消防控制、通信和报警线路，应采取穿金属管保护，并宜暗敷设在非燃烧体结构内，其保护层厚度不应小于30mm。当必须要求明敷设时，应在金属管上采取防火保护措施。当采用绝缘和护套为延燃性材料的电缆时，可不穿金属管保护，但应敷设在电缆井内。

(5) 不同系统、不同电压等级、不同电流类别的线路，不应穿在同一管内或线槽的同一槽孔内。

(6) 导线在管内或线槽内，不应有接头或扭结。导线的接头应在接线盒内焊接或用端子连接。

(7) 敷设在多尘或潮湿场所管路的管口和管子连接处，均应作密封处理。

(8) 管路超过下列长度时，应在中间加装接线盒：

1) 管子长度每超过45m，无弯曲时；

2) 管子长度每超过30m，有1个弯曲时；

3) 管子长度每超过20m，有2个弯曲时；

4) 管子长度每超过12m，有3个弯曲时。

(9) 管子入盒时，盒外侧应套锁母，内侧应装护口，在吊顶内敷设时，盒的内外侧均应套锁母。

(10) 在吊顶内敷设各类管路和线槽时，宜采用单独的卡具吊装或支撑物固定。

(11) 线槽的直线段应每隔1～1.5m设置吊点或支点，在下列部位也应设置吊点或支点：

1) 线槽的接头处；

2) 距线盒0.2m处；

3) 线槽走向改变或转角处。

(12) 吊装线槽的吊杆直径不应小于6mm。

(13) 管线经过建筑物的变形缝（包括沉降缝、伸缩缝、抗震缝等）处，应采取补偿措施，导线跨越变形缝的两侧应固定，且留有适当余量。

(14) 横向敷设的报警系统传输线路若采用穿管布线，不同防火分区的线路不宜穿入同

一根管内，但探测器报警线路如采用总线制敷设可不受此限制。

(15) 弱电线路的电缆竖井，宜与强电线路的电缆竖井分别设置，若受条件限制必须合用时，弱电与强电线路应分别布置在竖井两侧。

(16) 火灾探测器的传输线路，宜选择不同颜色的绝缘导线，一般红色线为“正极”，蓝色线为“负极”，其他种类导线的颜色，也应根据需要而定。信号线可采用粉红色，检查线采用黄色。同一工程中相同线别的绝缘导线颜色应一致，接线端子应有标号。

(17) 布线使用的非金属管材、线槽及其附件，应采用不燃或非延燃性材料制成。

3. 火灾探测器的安装

(1) 探测器的安装位置。

1) 探测器至墙壁、梁边的水平距离，不应小于0.5m。

2) 探测器周围0.5m内，不应有遮挡物。

3) 探测器至空调送风口边的水平距离，不应小于1.5m；至多孔送风顶棚孔口的水平距离，不应小于0.5m。

4) 在宽度小于3m的内走道顶棚上设置探测器时，宜居中布置。感温探测器的安装间距，不应超过10m；感烟探测器的安装间距，不应超过15m；探测器至端墙的距离不应大于探测器安装间距的1/2。

5) 探测器宜水平安装，当必须倾斜安装时，倾斜角度不应大于45°。

6) 探测区域内的每个房间至少应设置一个火灾探测器。感温、感光探测器距光源距离应大于1m。

7) 感烟、感温探测器的保护面积和保护半径应符合表5-3的规定。

表5-3　　感烟、感温探测器的保护面积和保护半径

<table>
<tr><th rowspan="4">火灾探测器的种类</th><th rowspan="4">地面面积 S（m²）</th><th rowspan="4">房间高度 h（m）</th><th colspan="6">探测器的保护面积 A 和保护半径 R</th></tr>
<tr><th colspan="6">屋顶坡度 θ</th></tr>
<tr><th colspan="2">$\theta \leqslant 15°$</th><th colspan="2">$15° < \theta \leqslant 30°$</th><th colspan="2">$\theta > 30°$</th></tr>
<tr><th>A（m²）</th><th>R（m）</th><th>A（m²）</th><th>R（m）</th><th>A（m²）</th><th>R（m）</th></tr>
<tr><td rowspan="3">感烟探测器</td><td>≤80</td><td>$h \leqslant 12$</td><td>80</td><td>6.7</td><td>80</td><td>7.2</td><td>80</td><td>8.0</td></tr>
<tr><td rowspan="2">>80</td><td>$6 < h \leqslant 12$</td><td>80</td><td>6.7</td><td>100</td><td>8.0</td><td>120</td><td>9.9</td></tr>
<tr><td>$h \leqslant 6$</td><td>60</td><td>5.8</td><td>80</td><td>7.2</td><td>100</td><td>9.0</td></tr>
<tr><td rowspan="2">感温探测器</td><td>≤30</td><td>$h \leqslant 8$</td><td>30</td><td>4.4</td><td>30</td><td>4.9</td><td>30</td><td>5.5</td></tr>
<tr><td>>30</td><td>$h \leqslant 8$</td><td>20</td><td>3.6</td><td>30</td><td>4.9</td><td>40</td><td>6.3</td></tr>
</table>

8) 探测器一般安装在室内顶棚上，当顶棚上有梁，梁间净距小于1m时，视为平顶棚。在梁突出顶棚的高度小于200mm的顶棚上设置感烟、感温探测器时，可不考虑梁对探测器保护面积的影响。

当梁突出顶棚的高度为200～600mm时，应按规定图、表确定探测器的安装位置。

当梁突出顶棚的高度超过600mm时，被梁隔断的每个梁间区域应至少设置一个探测器。

当被梁隔断的区域面积超过一个探测器的保护面积时，应将被隔断的区域视为一个探测区域，并按有关规定计算探测器的设置数量。

9）安装在顶棚上探测器边缘与下列设施的边缘水平间距宜保持为：

a. 与照明灯具的水平净距不应小于0.2m。

b. 感温探测器距高温光源灯具（如碘钨灯、容量大于100W的白炽灯等）的净距不应小于0.5m。

c. 距电风扇的净距不应小于1.5m。

d. 距不突出的扬声器净距不应小于0.1m。

e. 与各种自动喷水灭火喷头净距不应小于0.3m。

f. 距多孔送风顶棚孔口的净距不应小于0.5m。

g. 与防火门、防火卷帘的间距，一般为1～2m。

10）房间被书架、设备或隔断等分离，其顶部至顶棚或梁的距离小于房间净高的5%时，每个被隔断的部分应至少安装1个探测器。

11）当房屋顶部有热屏障时，感烟探测器下表面至顶棚的距离应符合表5-4的规定。

表5-4　感烟探测器下表面至顶棚的距离

探测器的安装高度 h（m）	感烟探测器下表面距顶棚（或屋顶）的距离 d（mm）					
	顶棚（或屋顶）坡度 θ					
	$\theta \leqslant 15°$		$15° < \theta \leqslant 30°$		$\theta > 30°$	
	最小	最大	最小	最大	最小	最大
$h \leqslant 6$	30	200	200	300	300	500
$6 < h \leqslant 8$	70	250	250	400	400	600
$8 < h \leqslant 10$	100	300	300	500	500	700
$10 < h \leqslant 12$	150	350	350	600	600	800

12）锯齿形屋顶和坡度大于15°的人字形屋顶，应在每个屋脊处设置一排探测器，探测器下表面距屋顶最高处的距离，也应符合表5-4的规定。

13）在厨房、开水房、浴室等房间连接的走廊安装探测器时，应在其入口边缘1.5m处安装。

14）在电梯井、升降机井设置探测器时，其位置宜在井道上方的机房顶棚上。在未按每层封闭的管道井（竖井）安装火灾报警器时，应在最上层顶部安装。隔层楼板高度在三层以下且完全处于水平警戒范围内的管道井（竖井）内可以不安装。

(2) 探测器的安装步骤。

1）探测器的底座应固定牢靠，其导线连接必须可靠压接或焊接。当采用焊接时，不得使用带腐蚀性的助焊剂。

2）探测器底座的外接导线，应留有不小于150mm的余量，接入端处应有明显标志。

3）探测器底座的穿线孔宜封堵，安装完毕后的探测器底座应采取保护措施。

4）探测器的确认灯，应面向便于人员观察的主要入口方向。

5）探测器经过调试后方可安装，在安装前应妥善保管，且采取防尘、防潮、防腐措施。

6）探测器安装时，先将预留在盒内的导线剥去绝缘外皮，露出线芯10～15mm，但不要碰掉编号套管，顺时针连接在探测器底座的各级接线端上，然后将底座用配套的机螺栓固定在预埋盒上，且上好防潮罩。最后按设计图要求检查无误后，再拧上探测器头。探测器安

装时应注意下列事项：

a. 最后一个探测器终端电阻，其阻值大小应根据产品技术说明书中的规定取值，并联在探测器上的阻值一般取 5.6kΩ。有的产品不需要接终端电阻，但是有的终端为一个硅二极管和一个电阻并联，但应注意安装二极管时，其负极应接在+24V 端子或底座上。

b. 并联探测器数目一般以少于 5 个为宜。

c. 若要装外接门灯必须采用专用底座。

d. 当采用防水型探测器有预留线时，要采用接线端子过渡分别连接，接好后的端子必须用胶布包缠好，放入盒内再固定火灾探测器。

e. 采用总线制，并要进行编码的探测器，应在安装前对照技术说明书的规定，按层或区域事先进行编码分类，再按工艺要求安装探测器。

7）探测器暗装时，灯头盒埋设在混凝土或设置在顶棚内，灯头盒焊接在暗配电线保护管端，灯头盒口向下，不应埋设太深，其口面也不能凸出屋顶粉刷面，最好与屋顶粉刷面平或略低 2～4mm。

8）探测器明装时，将探测器安装在明配线路中的灯头盒上，明装灯头盒仍固定在管端，在距管端 100～150mm 处应加以固定。明配线路中，金属灯头盒涂漆应与电线保护管颜色一致。

4. 手动火灾报警按钮的安装

(1) 报警区域内每个防火分区，应至少设置一个手动报警按钮。从一个防火分区的任何位置到邻近防火分区的一个手动火灾报警按钮的步行距离，不应大于 30m。

(2) 手动火灾报警按钮应设置在明显和便于操作的部位，安装在墙面距地（楼）面高度 1.5m 处，并有明显的标志。

(3) 手动火灾报警按钮，应安装牢固，且不得倾斜。

(4) 手动火灾报警按钮的外接导线，应留有不小于 100mm 的余量，并在其端部有明显标志。

(5) 手动火灾报警按钮并联安装时，终端按钮内应加装监控电阻，其阻值由生产厂家提供。

5. 火灾报警控制器的安装

(1) 火灾报警控制器在墙上安装时，其底边距地（楼）面高度不应小于 1.5m，靠近门轴的侧面距墙不小于 0.5m，下面操作距离不应小于 1.2m。

(2) 火灾报警控制器落地安装时，其底宜高出地坪 0.1～0.2m，框下面有进出线地沟。如果需从后面检修时，框后面板距离不应小于 1m，当有一侧靠墙安装时，另一侧距墙不应小于 1m。

(3) 集中报警控制器的下面操作距离：当设备单列布置时不应小于 1.5m；双列布置时不应小于 2m；在值班人员经常工作的一面，控制盘前距离不应小于 3m。

(4) 控制器应安装牢固，不得倾斜。安装在非承重墙上时，应采取加固措施。

(5) 引入控制器的电缆或导线，应符合下列要求：

1）配线应整齐，避免交叉，且固定牢靠。

2）电缆芯线和所配导线的端部，均应标明编号，且与图样一致，字迹清晰不得褪色。

3）端子板的每个接线端，接线不得超过两根。

4）电缆芯和导线，应留有不小于200mm的余量。

5）导线应绑扎成束。

6）导线引出线穿管后，在进线管处应封堵。

（6）控制器的主电源引入线，应直接与消防电源连接，严禁使用电源插头。主电源应有明显标志。

（7）控制器的接地应牢固，且有明显标志。

6. 消防控制设备的安装

（1）消防控制设备在安装前，应进行功能检查，不合格者，不得安装。

（2）消防控制设备的外接导线，当采用金属软管作套管时，其长度不宜大于2m，并应采用管卡固定，其固定点间距不应大于0.5m。金属软管与消防控制设备的接线盒（箱），应采用锁母固定，且应根据配管规格接地。

（3）消防控制设备外接导线的端部，应有明显标志。

（4）消防控制设备盘（柜）内电压等级、不同电流类别的端子应分开，且有明显标志。

7. 警铃安装

（1）警铃是火灾报警的一种信响设备，一般安装在门口、走廊和楼梯等人员众多的场所，每个火灾监测区域应至少安装一个，且应安装在明显的位置，能在防火分区任何一处都能听见响声。

（2）警铃应安装在室内墙上距地面2.5m以上，但铃壳不能与屋顶、墙、梁等相碰。警铃是振动性很强的信响设备，固定螺钉上要加弹簧垫片。

8. 门灯的安装

（1）多个探测器并联时，可以在房门上方或建筑物其他明显部位安装门灯显示器，用于探测器报警时的重复显示，在接有门灯的并联回路中，任何一个探测器报警，门灯都可以发出报警指示。

（2）门灯安装仍需选用配套的灯头盒或相应的接线盒，预埋在门上方墙内，不应凸出墙体装饰面。门灯的接线可根据厂家的接线示意图进行。

9. 火警专用配线（或接线）箱安装

（1）在建筑物内宜按楼层分别设置火灾专用配线（或接线）箱做线路汇接，箱体用红色标志为宜。

（2）设置在专用竖井内的箱体，应根据设计要求的高度及位置，采用金属膨胀螺栓固定在墙壁上。

（3）配线（或接线）箱内采用端子板连接各种导线并按不同用途、不同电压、电流类别等需要，分别设置不同端子板，且将交直流不同电压的端子板加保护罩进行隔离，以保护人身和设备安全。

（4）箱内端子板接线时，应使用对线耳机，两人分别在线路两端逐根核对导线编号。将箱内留有余量的导线绑扎成束，分别设置在端子板两侧，左侧为控制中心引来的干线，右侧为火灾探测器及其他设备的控制线路，在连接前应用绝缘电阻表测量绝缘电阻，每一回路线间的绝缘电阻值应不小于10MΩ。

（5）单芯铜导线剥去绝缘层后，可直接接入端子板，剥削绝缘层的长度，一般比插入孔深长1mm为宜。对于多芯铜芯，剥去绝缘层后应搪锡再接入接线端子。

10. 系统接地装置的安装

(1) 工作接地线应采用铜芯绝缘导线或电缆，不得利用镀锌扁铁或金属软管。

(2) 由消防控制室引至接地体的工作接地线，在通过墙壁时，应穿入钢管或其他坚固的保护箱。

(3) 工作接地线与保护接地线必须分开，保护接地导体不得采用金属软管。

(4) 消防控制室专设工作接地装置时，接地电阻值不应大于 4Ω。采用共同接地时，接地电阻值不应大于 1Ω。

(5) 当采用共同接地时，可用专用接地干线由消防控制室接地板引至接地体。专用接地干线应选用截面面积不小于 $25mm^2$ 的塑料绝缘铜芯电线或电缆两根。

(6) 由消防控制室接地板引至消防设备的接地线，应选用铜芯软线，其线芯截面面积不应小于 $4mm^2$。

(7) 接地装置施工完毕后，应及时做隐蔽工程验收。验收应包括下列内容：

1) 测量接地电阻，且作记录。

2) 检验应提交的技术文件。

3) 审查施工质量。

5.4.5 调试

1. 调试的一般规定

(1) 火灾自动报警系统的调试，应在建筑物内部装修和系统施工结束后进行。

(2) 火灾自动报警系统调试前应具备各种资料和文件齐全。

(3) 调试负责人必须由有资格的专业技术人员担任，所有参加调试的人员应职责明确，并按调试程序进行。

2. 调试前的准备

(1) 调试前应按设计要求查验设备的型号、规格、数量、备品备件等。

(2) 应按安装要求检查系统的施工质量。对属于施工中出现的问题，应会同有关单位协商解决，并有文字记录。

(3) 应按安装要求检查系统线路，对于错线、开路、虚焊和短路等应进行处理。

3. 调试内容

(1) 火灾自动报警系统调试，应先分别对探测器、区域报警控制器、集中报警控制器、火灾报警装置和消防控制设备等逐个进行单机通电检查，正常后方可进行系统调试。

(2) 火灾自动报警系统通电后，应对报警控制器进行下列功能检查：

1) 火灾报警自检功能；

2) 消声、复位功能；

3) 故障报警功能；

4) 火灾优先功能；

5) 报警记忆功能；

6) 电源自动转换和备用电源的自动充电功能；

7) 备用电源的欠电压和过电压报警功能。

(3) 检查火灾自动报警系统的主电源和备用电源，其容量应符合《火灾自动报警系统设计规范》(GB 50116—2013) 的有关规定，在备用电源连续充放电 3 次后，主电源与备用电

源应能自动转换。

(4) 应采用专用的检查仪器对探测器逐个进行试验，其动作应准确无误。

(5) 应分别用主电源和备用电源供电，检查火灾自动报警系统的各项控制功能和联动功能。

(6) 火灾自动报警系统应连续运行120h无故障后，填写计划调试报告。

5.5 系统与设备之间的配合

5.5.1 火灾自动报警系统设计与消防设备选择的配合

火灾自动报警系统的设计与各种消防设备的选择有着密切的联系。在设计火灾自动报警系统时，应根据电气、给排水、暖通等相关专业的要求，选用消防设备，且安全适用、技术先进、经济合理。火灾自动报警系统设计与消防设备选择之间的配合主要有以下几点。

5.5.1.1 火灾自动报警系统与自动喷水灭火系统的配合

火灾自动报警系统设计时，应根据自动喷水灭火系统的不同类型及不同设备选型，设计相应的报警、联动线路和设备。灭火系统的配合工作及设计时的注意事项。

5.5.1.2 火灾自动报警系统设计与湿式、干式喷水灭火系统的配合

湿式喷水灭火系统和干式喷水灭火系统中湿式报警阀的压力开关、水流指示器、安全信号阀、喷淋消防泵等设备的选择，均需要与火灾自动报警系统进行配合设计。根据GB 50116—2013规定，消防控制设备对自动喷水灭火系统应有“显示水流指示器、报警阀、安全信号阀的工作状态”的功能。当前，普遍采用总线制火灾自动报警系统。火灾自动报警系统设计时，应在报警总线上通过信号模块。

接收水流指示器、安全信号阀上触点发生的信号，传送至火灾自动报警控制器上显示其工作状态与水流指示器。安全信号阀连接的信号模块均应有独立的报警地址编码，并且因水流指示器、安全信号阀的不同作用，其信号模块的传输信号不得共用。在设计和使用时应注意水流指示器和安全信号阀都有需要接直流24V工作电源与不需要接电源的两种类型。

当选用需要接直流24V工作电源的水流指示器、安全信号阀时，应给水流指示器、安全信号阀提供直流24V电源。在设计时还应注意所选择的信号模块接收信号的触点方式分无源触点和有源触点两种，一般均采用无源触点输入方式。当设备输出信号和信号模块输入信号触点方式相同时，则直接接入使用；当设备输出的是有源触点信号，而信号模块只接收无源信号的触点时，应通过信号转换如用中间继电器转换为无源触点，现在有一种无触点式输出的安全信号阀产品，其输出的是高、低电平开关量的有源信号，使用的信号模块又是无源触点输入方式，应通过信号转换为无源触点信号，再输出给信号模块。

GB 50116—2013中及《自动喷水灭火系统设计规范》(GB 50084—2005)中规定，湿式报警阀压力开关和触点和消防控制室手动按钮应能直接延时启泵。在设计中，如无消防控制室的工程时，应把湿式报警阀压力开关的触点线路直接引至湿式喷水灭火系统喷淋泵的控制箱内，实现直接延时启泵和显示信号的功能；在设有消防控制室的工程中，消防控制室内应设手动联动控制台(即XKP盘)，将压力开关的触点线中地至XKP盘，经转换后实现自动和手动直接控制喷淋泵，并显示信号。

应在消防控制室内，显示干式喷水灭火系统中的最高和最低气压报警信号。联动控制台

上宜联动空气压缩机，在低气压时启动空气压缩机。

5.5.1.3　火灾自动报警设计与雨淋灭火系统、水幕灭火系统等开式喷水灭火系统的配合

雨淋灭火系统是由火灾自动报警系统或传动管控制。火灾发生时，自动开启雨淋报警阀和启动供水泵后，向开式洒水喷头供水的自动喷水灭火系统。开式喷水灭火系统的一个显著特点为：需要火灾自动报警系统的火灾探测器发出报警信号，控制开启雨淋报警阀，由火灾自动报警控制器将自动控制信号传输至联动控制台，在联动控制台实现自动和手动启动供水泵等。开启雨淋报警阀有两种控制方式：第一种是由灭火系统保护区内就近的感烟、感温探测器组成“与”门，当其均动作时，通过控制电路控制开启雨淋报警阀并返回动作信号；第二种是由喷水灭火系统保护的防火分区内任意火灾探测器报警，并确认火灾后，由火灾自动报警控制器发出控制信号至输入输出模块，开启雨淋报警阀，返回动作信号。使用第二种控制方式的特点是，雨淋报警阀应在确认火灾后才能开启。从报警可靠性考虑宜采用第二种控制方式。

5.5.1.4　报警探测器、设备和线路与自动喷水灭火系统的配合

根据《火灾自动报警系统施工及验收规范》(GB 50166—2007) 的规定，典型火灾探测器的安装位置，应符合在“探测器周围 0.5m 内，不应有遮挡物”。探测器与喷头的安装距离不应小于 0.5m。

火灾自动报警系统的设备（如信号模块、控制模块等）需要安装在自动喷水灭火系统设备附近时，应做好防水、防潮措施。建议把这些设备相对集中地放入设备盒（箱）内，便于做防水、防潮处理，也方便安装、接线。

按照 GB 50116—2013 的规定，消防水泵当采用总线编码模块控制时，还应在消防控制室联动控制台（盘）设置手动直接控制装置。联动控制台（盘）应经多线制线路传输至消防水泵控制箱，在联动控制台（盘）实现自动和手动直接启、停泵控制，并显示泵状态和供电电源信号。

5.5.2　火灾自动报警系统与气体灭火系统的配合

常用的气体灭火系统包括：CO_2 气体灭火系统、七氟丙烷惰性气体灭火系统等。根据结构形式又分为有管网型与无管网型。

有管网型气体灭火系统：在消防联动控制台（盘）上显示气体灭火系统的手动、自动工作状态；在报警、喷射各阶段，消防控制室应有相应的声光警报信号，并能手动切除声响信号；在延时阶段，应自动关闭对应的防火门窗，停止通风空调系统，关闭有关部位的防火阀；显示气体灭火系统防护区的报警、喷射及防火门（窗）、通风空调等设备的状态。报警、喷射阶段在消防控制室的声光警报信号可通过信号模块接入报警总线，在火灾报警控制器上发出声光警报信号；相关防火门、窗等设备的关闭可通过控制模块发出控制信号动作。在火灾报警后经过设备确认或人工确认方可启动气体灭火系统，为了准确可靠，应以保护区现场的手动启动为主。消防联动控制台（盘）上只要求显示气体灭火系统的手动和自动工作、故障状态，不要求在消防控制室控制灭火系统。

无管网型气体灭火系统，其气体喷雾、气瓶、火灾自动报警控制器结为一体，形成自动气体灭火柜，并具有声光报警及自动、手动控制，接报警探测器等功能。其装置自动化程度高，可靠性高，安装、维护方便，可作为柴油发电机房、燃气空调机房、图书馆、计算机房等空间的重要消防设施。目前规范没有明确规定无管网型气体灭火系统与火灾自动报警系统

的联动控制，建议参照有管网型气体灭火系统与火灾自动报警系统进行联动控制。从灭火柜的报警控制器引出联动信号线至消防控制室联动控制台（盘）显示灭火装置的状态信号，灭火的自动、手动控制应在灭火柜上控制。除用气体灭火系统自带的报警探测器灭火柜内报警控制器外，建议在保护区内另设火灾报警探测器，通过报警总线接至消防控制室火灾自动报警控制器，实现声光报警。

5.5.3 火灾自动报警系统与防烟和排烟系统的配合

防烟和排烟系统主要由防烟防火阀、防烟与排烟风机、管路、风口等组成。目前，防烟防火阀均具有当烟气温度上升到70℃时，强行打开或关闭，并输出电触点信号的功能。在工程中未设置有消防控制室的防烟和排烟系统设计时，可利用此电触点信号，直接引至相应的加压送风机和排烟风机的电控柜，强行开启防烟和排烟风机，停止有关部位的空调送风系统。当防烟和排烟风机总管道上的防烟防火阀温度达到280℃时，其阀门自动关闭，行程开关输出触点可直接联动防烟和排烟风机关闭。

设有消防控制室的工程，防烟和排烟系统的设计宜使用电动防火阀，按照GB 50116—2013规定，在电动防火阀处设置控制模块，火灾报警后开启相应防烟分区内的加压送风口或排烟口的电动防火阀，关闭有关部位的空调送风系统，并返回动作信号。防烟和排烟风机的开启，应将自动联动控制信号经联动控制线传输至联动控制台。

按照GB 50116—2013的规定，联动控制台上除设置自动控制外，还应设手动直接控制装置。联动控制台与防烟和排烟风机控制箱之间应设多线制联动控制线，起到在联动控制台能自动和手动控制防烟和排烟风机的启、停，显示风机状态信号，以及显示消防供电电源的工作状态。例如，在工程设计中，可将排风和排烟共用一套系统，平时排风，火灾时排烟。火灾报警后，应开启该防烟分区内的排烟口，同时关闭排风口，联动开启排烟（排风）机。

对于空调送风系统风管上的防火阀，一般在使用时，当风管处温度达到70℃时阀门自动关闭，并带有输出触点。在未设置火灾自动报警系统的工程中，可利用该触点去关闭空调送风机。而对设有火灾自动报警系统的工程，只需用控制模块联动关闭送风机即可。如送风管道上采用电动防火阀，则应在火灾报警后，用控制模块分别关闭相应部位送风管道上的电动防火阀，并关空调送风机。

按照GB 50116—2013对于防烟和排烟设施的规定，建筑物内的防烟楼梯间、消防电梯间前室或合用前室、避难区域等，都是建筑物着火的安全疏散通道。火灾时可通过开启外窗等自然排烟设施将烟气排出，也可采用机械加压送风的防烟设施，烟气不致侵入通道或疏散安全区内。

5.5.4 火灾自动报警系统与电梯的配合

根据GB 50116—2013规定，“消防控制室在确认火灾后，应能控制电梯全部停于首层，并接收其反馈信号。”《火灾自动报警系统施工及验收规范》（GB 50166—2007）规定，“强制消防电梯停于首层试验”对其他电梯不做试验。通过对GB 50116—2013的执行，现在较普遍的观点是，在确认火灾后控制消防电梯停于首层，客梯就近平层（因为电梯井道具有烟囱效应，客梯不能作为人员疏散使用。当下层发生火灾时，客梯恰好在失火层的上面层，如果要使客梯下降至底层，就必须穿过失火层，对于客梯轿厢内的人员是不安全的）。在客梯订货时，应注意带有自动平层功能。只有客梯具有自动平层功能装置，才能够在火灾和故障停电时，确保客梯轿厢内人员的安全，这是至关重要的。在确认火灾后，由消防联动控制台（盘）控制消防电梯停于首层，供消防人员扑救火灾使用；停客梯电源，使客梯就近平层，客梯的自动平层装置将轿厢内的人员迅速地撤离电梯，从最近处的疏散楼梯或安全出口疏散至安全地带。

消防电梯在首层设有紧急迫降按钮，消防电梯停于首层的联动线，可并联在消防电梯紧急迫降按钮的迫降控制和返回信号触点上，通过该触点信号控制消防电梯停于首层。

《火灾自动报警系统施工及验收规范》（GB 50166—2007）中规定了，消防电梯的功能验收应符合现行国家标准 GB 50116—2013 和设计的有关要求。检查方法：消防电梯应进行 1～2 次手动控制和联动控制功能检验，非消防电梯应进行 1～2 次联动返回首层功能检验。

《火灾自动报警系统施工及验收规范》（GB 50166—2007）中还规定了验收条款，“对消防电梯和非消防电梯的回降控制装置”的检验。

5.5.5　火灾自动报警系统与防火卷帘的配合

防火卷帘电动机电源一般为三相交流 380V，防火卷帘控制器的控制电源可接交流或直流 24V。在疏散通道上的防火卷帘应在卷帘两侧设感烟、感温探测器组，在其任意一侧感烟探测器动作后，通过报警总线上的控制模块控制防火卷帘降至距地面 1.8m，感温探测器动作后，防火卷帘下降到到底；作为防火分区分隔的防火卷帘，当任一侧防火分区内火灾探测器动作后，防火卷帘应一次下降到底。防火卷帘两侧都应设置手动控制按钮，在探测器组误动作时，能强制开启防火卷帘。当防火卷帘旁设有水幕喷水系统保护时，应同时启动水幕电磁阀和雨淋泵。设有消防控制室的工程，火灾探测器的动作信号及防火卷帘的关闭信号应送至消防控制室显示。

设置火灾探测器的许多场所，只适合采用一种类型的火灾探测器探测火灾。例如，《汽车库、修车库、停车场设计防火规范》（GB 50067—2014）指出：“由于汽车库内通风不良，又受车辆尾气的影响，设置感烟探测器经常发生故障。除开敞式汽车库外，一般的汽车库内采用感温探测器。”疏散通道通常属于开敞空间，温度不易集聚，不应采用感温探测器，只适合设置感烟探测器。因此，在设计实践中，采用一种类型探测器的“与”门信号控制防火卷帘的一次下降。疏散通道上的防火卷帘一次下降至距地面 1.8m，防火分隔的防火卷帘一次下降到底。疏散通道上防火卷帘的二次下降控制，则利用防火卷帘控制箱所带的时间继电器延时下降到底。实践证明，这种防火卷帘下降的控制方式，控制环节少，运行可靠，已得到认可和应用。

火灾自动报警系统设计与消防设备选择的配合，应结合消防产品的详细技术资料，与相关专业密切配合设计出安全、可靠、合理的火灾自动报警系统。

智能建筑消防系统方案设计过程

6.1 消防系统设计标准及依据

6.1.1 设计范围

下面以北方钢铁工程消防系统的设计为例，对其火灾自动报警系统、灭火自动控制系统进行整体方案的分析设计，并针对地下液压站、润滑油库、电缆隧道、主变压器室、电子计算机房等几个重点部位，分别进行火灾报警自动控制系统的设计。该消防系统设计分火灾自动报警系统和自动灭火系统两部分设计内容。

6.1.2 设计依据

6.1.2.1 国家标准与规范

(1)《建筑设计防火规范》(GB 50016—2014)。

(2)《火灾自动报警系统设计规范》(GB 50116—2013)。

(3)《火灾自动报警系统施工及验收规范》(GB 50166—2007)。

(4)《水喷雾灭火系统设计规范》(GB 50219—1995)。

(5)《自动喷水灭火系统施工及验收规范》(GB 50261—2005)。

(6)《高倍数、中倍数泡沫灭火系统设计规范》(GB 50196—2002)。

(7)《泡沫灭火系统施工及验收规范》。

(8)《高倍数泡沫灭火剂》(GB/T 15308—2006)。

(9)《二氧化碳灭火系统设计规范》(GB 50193—2010)。

(10)《气体灭火系统施工及验收规范》(GB 50263—2007)。

6.1.2.2 火灾危险性分析

根据对北方钢铁工程火灾危险性和钢铁企业火灾案例分析，认为该工程导致严重后果的火灾可能会发生在下列场所：

地下液压站和润滑油库电缆隧道、地下电气室和电缆夹层其他部位，如变压器等其中火灾危险性和危害性最大，造成后果最为严重的可能是前两者。火灾危险性分析主要是针对前两者。

(1) 设定消防安全目标。

1) 在防火区内，防止着火部位的火灾向周围空间蔓延和对周围的危害；

2) 防止火灾突破防火分区，扩大到其他区域，造成对生产系统的更大危害；

3）保证滞留于火灾区域内人员的安全；

4）保证消防灭火救援活动的安全。

（2）火灾自动报警、自动灭火系统方案确定。

1）液压站和润滑油库。对于液压站和润滑油库，要求准确可靠并及时地发现火情，迅速实施灭火。因此，选用防水型差定温探测器和防水型定温探测器，这样确保了探测系统的可靠性。对于液压站和润滑油库的火灾防护，只有选择高倍数（中倍数）泡沫系统才能达到消防安全目标。因该系统对于在不同位置、不同高度处油品和固体可燃物火灾有着良好的灭火效能，并能阻止和控制烟气的流动，可保障火灾区域内人员（滞留人员和施救人员）的安全，灭火后，几乎不产生次生灾害，泡沫容易清除，恢复生产快。

2）电缆隧道和地下电气室。对于电缆隧道的火灾探测报警，采用金属屏蔽防水型线型感温探测器和开关量缆式感温探测器的组合，以确保快速、可靠地报警，满足对电缆隧道快速喷雾灭火的要求。对于电缆隧道和地下电气室选用水喷雾系统，由于保护目标具体、明确，喷射距离短，是可以扑灭火灾的，但它对烟的控制能力较差，还是以灭火为第一位考虑。

3）变压器室。将每个变压器室作为一个防火分区。变压器室宜采用防爆型感温探测器和金属屏蔽型感温探测器进行探测。在主变压器器身、主变压器高压端、储油柜及散热器处选择缆式感温探测器。

4）主控楼计算机房。对于计算机房的火灾探测报警，考虑在室内和吊顶上，采用感烟和感温两种火灾探测器，以确保快速、可靠地报警，并启动灭火系统进行灭火。由于地板下空间比较小，且其中可燃物主要为线缆，因此设置两路开关量式感温电缆，以便达到快速报警的目的。

其他生产设施，采用常规火灾防护方法是可行的。

6.2 消防系统的设计方案

该工程火灾自动报警及自动灭火系统，采用相关安全技术股份有限公司的产品。由设在消防控制中心的 GSTCRT2001 图形控制中心和 GST5000 分布智能火灾报警控制器，设在消防监控子站的 GST5000 火灾报警控制器，设在连铸车间、轧钢车间、水系统变电楼内的各种现场设备及将所有设备联系在一起的 LONWORKS 总线协议的通信网络组成。消防报警控制联网系统示意见图 6-1 所示。

6.2.1 火灾自动报警控制系统的设计

6.2.1.1 火灾自动报警控制系统的设计原则

火灾自动报警控制系统，需按工业消防报警控制联网系统监控主站及子站二级监控方式设置，其中控制中心为中央级，在主厂房外设一个消防控制中心，负责整个工程的消防监控、消防广播、消防电话、消防电源供给及联动灭火控制等，实现对整个工程的消防集中监控管理。同时，在中央级设计时，预留 2 号连铸机部分的消防报警及控制系统。在连铸车间内，设一个消防监控子站，负责连铸区域内的消防报警探测及部分联动控制；在轧钢车间内，设一个消防监控子站，负责轧钢区域内的消防报警探测及部分联动控制；在水系统变电楼内，设一个消防监控子站，负责水处理区域内的消防报警探测及部分联动控制。

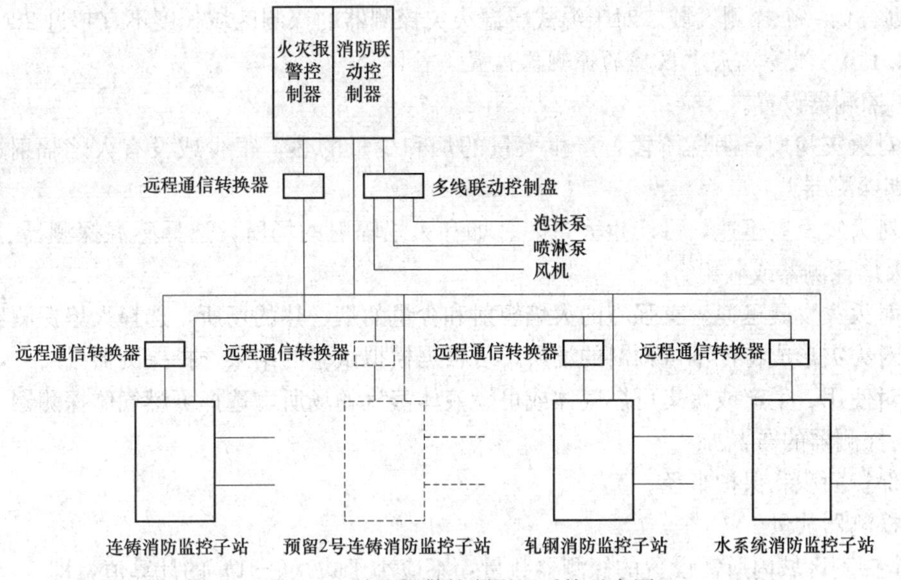

图 6-1 消防报警控制联网系统示意图

控制中心负责火灾自动报警控制系统的日常管理。子站级控制室负责监视火灾报警，确认火灾灾情，发出模式指令给机电设备监控系统，启动相应的消防联动设备，并报告控制中心。如果在规定时间内，子站级未确认火警，则控制中心应确认火警，并发出消防救灾指令至子站火灾报警控制器。

根据报警、灭火区的不同特点，可选择不同的探测方法，以达到及时发现火灾、及时报警、及时灭火的目的。

根据防护区的不同特点，在变压器室、重要配电室、仪表室、电缆夹层、电缆隧道设置水喷雾系统；在液压站、润滑油站、储油站等处设置泡沫灭火系统；在计算机房、监控室等处设置气体灭火系统。

6.2.1.2 火灾自动报警控制系统工作流程

考虑探测报警的可靠性，对设置自动灭火系统的区域，均采用预警、火警两级报警方式，即对某一保护对象而言，当区域内同种或两类探测器单回路报警时，系统发出一级报警（或称预报警），这需要人员作进一步确认；当双回路报警时，系统认为火灾发生，发出火灾警报，并通过消防控制系统，启动自动灭火系统进行灭火。

火灾自动报警控制系统工作流程如图 6-2所示。

6.2.1.3 探测报警分区

报警区域的分区原则是，根据防火分区或楼层划分，一个报警区域可以由一个或同层相邻的几个防火分区组成。

探测区域的划分，对于点型探测器按独立的房间划分，一般一个探测区域的面积不宜超过 500m²，如果从主要入口能看清其内部，且面积不超过 1000m² 的房间；

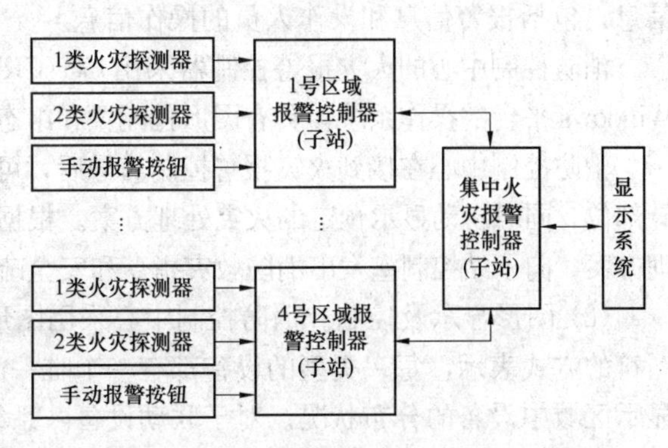

图 6-2 火灾自动报警控制系统工作流程

也可以划分为一个探测区域。对于缆式感温火灾探测器的探测区域长度不宜超过200m。

6.2.1.4 报警、灭火区域的探测器设置

(1) 探测器设置。

1) 对火灾初期有阴燃阶段，产生大量的烟和少量的热，很少或没有火焰辐射的场所，选择感烟探测器。

2) 对火灾发展迅速，可产生大量热、烟和火焰辐射的场所，选择感温探测器、感烟探测器、火焰探测器或其组合。

3) 对火灾发展迅速，有强烈的火焰辐射和少量的烟、热的场所，选择火焰探测器。

4) 对火灾形成特征不可预料的场所，可根据模拟试验的结果选择探测器。

5) 对使用、生产或聚集可燃气体或可燃液体蒸汽的场所，选择可燃气体探测器。

(2) 探测器的布置。

1) 保护面积和保护半径。

2) 探测器数量。

一个探测区域内所需设置的探测器数量，不应小于式(6-1)的计算值，即

$$N=\frac{S}{KA} \tag{6-1}$$

式中 N——探测器数量；

S——该探测区域面积(m^2)；

A——探测器的保护面积(m^2)；

K——修正系数，容纳人数超过10000人的公共场所宜取0.7～0.8，容纳人数为2000～10000人的公共场所宜取0.8～0.9，容纳人数为500～2000人的公共场所宜取0.9～1.0，其他场所可取1.0。

6.2.2 火灾自动报警控制系统对各灭火系统控制功能

6.2.2.1 消防控制中心

(1) 消防控制中心构成及功能。消防控制中心是火灾报警自动控制系统的核心部分，完成对其工程子站的集中监控管理。消防控制中心设有GST5000型火灾报警控制器(外形如图6-3所示)、图文服务器、多线制联动控制盘、消防广播设备和消防电话主机。控制中心可接收并存储全线消防设备的运行状态，接收各子站的火灾报警并显示报警部位；可完成火灾报警、监视报警、各类设备故障报警、各类网络故障报警；实现各种控制操作，记录各类信息，包括报警信息和操作人员的操作信息。

消防控制中心的火灾报警控制器采用GSTCRT2001型图文服务器。图文服务器采用基于Windows平台的操作系统，具有图形化配置和组态监控的功能。

消防控制中心在接到火灾报警控制信号后，可自动将报警设备所在的平面图弹出，显示报警部位，同时自动显示预定的火灾处理方案。根据具体情况，消防值班人员可通过操作选择处理方案，向子站控制室发出消防救灾指令和安全疏散命令，指挥救灾工作的开展。

(2) 图形显示及控制。消防控制中心采用图形显示控制模式。系统内的消防设备均采用图符的方式表示，每一类型的设备都有一个唯一的图形符号，在屏幕上可以清晰地反映当前显示区域中设备的分布状况。对于联动设备，系统采用图形或动画的方式反映设备的运行状态，因此现场设备的状态能够直观地在屏幕中显示。显示的区域可以选择设定，也可利用

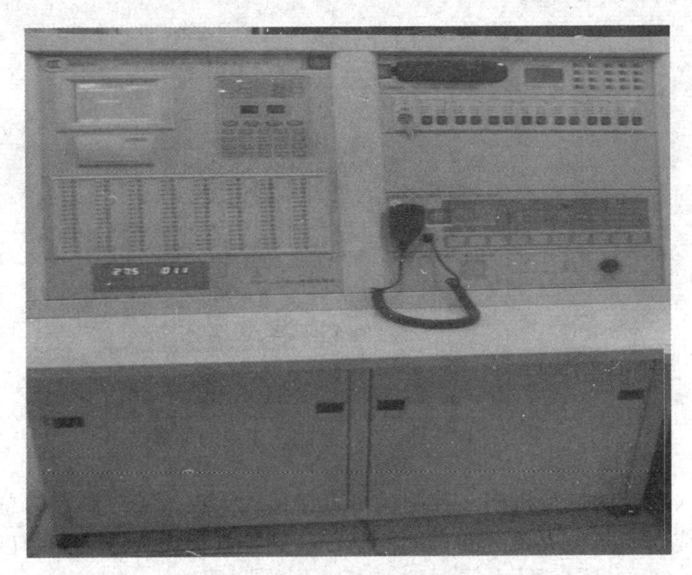

图 6-3 GST5000 型火灾报警控制器

“放大镜”对显示的图形进行缩放，了解区域中特定位置的配置及设备运行情况，获得预定平面的详细资料。对系统中联动设备的控制也可以通过图形界面来完成，系统在画面中提供工具，可完成对显示设备的直接控制。

(3) 数据存储。系统设运行数据库，可记录系统的网络配置、设备状况、消防联动控制的逻辑关系、设备运行数据及系统内的各种信息。系统设置有数据备份工具，可通过设置完成数据库的定期备份工作，也可以通过数据库访问工具对数据库的内容进行编辑整理，并输出至打印机或磁盘等记录媒体中。

(4) 图形控制中心与火灾报警控制器间的信息传递。控制中心与火灾报警控制器之间采用远程光纤通信接口进行联网，采用 LONWORKS 总线连接，通信速率为 1.25Mbit/s。火灾报警控制器与现场设备采用现场总线连接，通信速率为 16Kbit/s。当控制中心发出指令到火灾报警控制器时，现场设备的动作响应时间小于 1s。

6.2.2.2 控制中心与相关部件的连接

控制中心与相关专业的接口有以下几种连接方式。

(1) 控制中心与气体自动灭火系统的接口。LD-QKP06 型气体灭火控制盘可完成对气体自动灭火系统的监视和控制。控制盘可向控制器提供多个反馈信号，包括火灾预警信号、火灾确认信号、气体释放信号、手/自动状态信号、主/备控制信号、线路及设备故障信号等。

LD-QKP06 型气体灭火控制盘是一种根据工程实际要求而设计的气体灭火控制接口设备，用于监测气体自动灭火系统的状态，驱动气体自动灭火系统的执行机构。LD-QKP06 型气体灭火控制盘可挂接喷洒指示灯、紧急启动按钮等设备，在火灾报警控制器发生异常时，可独立控制联动多线制设备。

(2) 控制中心与水喷雾灭火系统的接口。火灾报警控制器采用 LD-8301 型编码单输入/单输出模块，作为与水喷雾灭火系统雨淋阀、电动兼手动控制阀及喷雾给水泵的接口。LD-8301型编码模块的外形如图 6-4 所示。

(3) 与泡沫灭火系统的接口。用 LD-QKP06 型气体灭火控制盘监测泡沫灭火系统的状

图 6-4 LD-8301 型编码模块的外形

态，驱动泡沫灭火系统的执行机构。控制盘可直接接入火灾报警控制器的总线上，与火灾报警控制器一同完成对泡沫灭火系统的自动控制，达到控制灭火泡沫喷洒的目的。

6.3 消防控制设备

消防控制中心的消防控制设备，由火灾报警联动控制器、自动灭火系统的控制装置、火灾应急广播系统的控制装置、火灾警报装置的控制装置、消防电话系统的控制装置等控制装置组成。

6.3.1 火灾报警联动控制器

GST5000 型火灾报警控制器采用先进的 LONWORKS 现场总线技术，实现了系统的真正分布式控制，开放的协议保障此系统与其他控制系统的良好衔接，网络系统具有良好的容错能力，提高了网络系统运行的可靠性；分布式的网络特性保障了各子站系统运行的相对独立性，耦合关系降低到了最小限度，降低了由于工程环境的复杂性导致的火灾报警网络的复杂性。控制器到现场设备的数字化总线不仅将现场更多的信息传递给控制器，而且自动识别编码技术、重码校验功能为工程调试带来了很大的方便。环形总线结构增强了系统的容错能力，当总线出现单点故障时不影响系统的正常运行。

该系统各组成部分均具有完备的自诊断功能，能够定期对系统内的重要部件及数据存储区进行故障诊断；具有强大的数据备份能力，可实现系统内重要数据的备份，使得系统在故障后进行自动修复，恢复系统正常运行。系统提供图形、文本的编辑能力，并设计有多种配置功能，保障用户能够按照需求灵活设置系统功能，对显示及记录进行编辑整理。用户可在线修改，也可以离线编辑，方式灵活，手法简单，界面友好，易于使用。

系统主网络速度为 1.25Mbit/s，网络响应速度小于 1s；数字化报警总线网络速度为 16Kbit/s，报警回路响应时间小于 0.5s；采用 Manchester 编码技术，总线传输距离为 1800m。控制室所设的接地汇流排用铜线接入火灾自动报警控制系统时，接地电阻不大于 1Ω。

6.3.2 自动灭火系统的控制装置

6.3.2.1 自动灭火系统

水喷雾灭火系统、泡沫灭火系统，火灾报警联动控制器通过双输入/双输出模块控制喷

淋泵和泡沫泵的启动和停止，并将喷淋泵和泡沫泵的启动信号反馈回火灾报警控制器，通过单输入/单输出模块，控制每个防护区电动阀的动作。气体灭火系统是在每个防护区设置灭火控制器，用来自动或手动控制防护区灭火系统的启动和停止。

6.3.2.2 火灾应急广播系统

消防广播设备作为建筑物的消防指挥系统，在整个消防控制管理系统中起着极其重要的作用。因此，在消防控制中心设置一套总线制消防广播系统。总线制消防广播系统由消防控制中心的广播设备、配合使用的总线制火灾报警控制器、消防广播模块及现场的广播扬声器组成。

6.3.2.3 消防电话系统

消防电话系统是消防专用的通信系统，通过这个系统可迅速实现对火灾的人工确认，并可及时掌握火灾现场情况及进行其他必要的通信联络，便于指挥灭火及恢复工作，因此在消防控制中心设置一套总线制消防电话系统。总线制消防电话系统由设置在消防控制中心的总线制消防电话主机和火灾报警控制器、现场的消防电话模块和电话插孔及消防电话分机构成。

6.3.3 消防控制中心对各灭火系统的控制功能

6.3.3.1 火灾报警功能

(1) 系统一般工作模式。当火灾报警控制器处于网络模式时，控制器作为网络的一个节点，与网络进行实时的数据交换。一方面控制器将其内部的各种信息传输到网络上；另一方面接收网络命令，完成系统控制规定的任务。控制器实时监听网络状态，一旦发现网络模式失败，控制器将自动转入独立运行模式，完成控制区域内的火灾报警及联动控制功能。

正常情况下，控制器处于监视状态；当发生异常时，控制器将显示异常状态的详细信息，并发出报警声音。此时，值班人员可通过消声键停止报警声响，对异常状态进行处理。设备恢复正常后，可通过复位键清除所有异常状态信息，复位后，屏幕将显示系统工作正常。如果现场设备未恢复正常，控制器将继续保持异常状态。

控制器具备自诊断功能，能够定时对关键器件及重要数据进行自诊断。当关键器件出现异常时，系统将显示故障部位，并做相应的数据备份。

控制器设有运行记录器，可对系统操作、异常信息进行记录，便于分析查询。

控制器最多可存储512个火警事件及512个故障事件。

控制器设有后备电源，备电工作时间为8h监视和1h报警。

(2) 火警处理模式。火灾报警是控制器最高级别的报警信息。当发生火灾后，控制器将在100s内显示接收到的火警信息，并发出火灾报警声；LED指示灯中的火警指示灯闪烁，指示有火灾发生。LCD显示屏显示报警设备的编码、火警发生时间、设备类型、发生火灾的地点等信息，并可显示报警处理方案，提醒值班人员执行正确的操作。

报警发生后，值班人员可先按下消声键再进行报警确认操作。可按照预先设置的报警处理方案进行处理，也可根据实际情况有所取舍。首先，可通过闭路电视监控系统对现场情况进行确认，然后根据现场情况进行处理。当所有报警被确认后，火警状态指示灯常亮，表示火警已经确认完毕。此时，蜂鸣器停止工作，显示器上将显示系统设备状况，同时显示系统中存在的各种异常信息。

(3) 故障模式。当系统设备发生故障后，控制器将在1s内显示接收到的火警信息，并发出故障报警声；LED故障指示灯闪烁，指示系统内有故障发生。LCD显示屏显示报警设备的编码、故障发生的时间、设备类型、发生故障的地点等信息。同时，图形监视计算机将在1s内将报警平面图弹出，直观指示故障发生的位置。

报警发生后，值班人员可先按下消声键再对故障进行处理操作。若系统中尚存在未恢复的故障设备，并且控制器处于消声状态，控制器蜂鸣器将按照设定的时间间隔发出提示声，提示系统上存在故障设备、局部报警或控制处于失效状态。时间间隔及发声模式可通过控制器提供的菜单进行设置。

6.3.3.2 自动灭火系统的控制装置

控制器通过监视模块、控制模块、消火栓手动报警按钮、气体灭火控制器等接口设备，完成对系统内消防联动设备的监视与控制。同时，控制器也可向机电设备控制系统发出控制命令，指挥其进行相应的联动控制。

控制器可通过LD-8300、LD-8301、LD-8302及LD-8303模块对消防泵、排烟/送风机、防火阀等进行启停控制及状态监视，并可将状态信号上传至控制中心。

联动控制分手动和自动两种模式。手动控制模式是通过主控键盘及控制器配置的手动消防启动控制盘在控制器上完成的直接控制；自动联动是通过控制器内部预置的联动控制逻辑，在火灾确认后自动执行设备控制的方式。

设计中自动灭火系统包括水喷雾灭火系统、泡沫灭火系统和气体灭火系统，消防控制中心的消防控制设备分别对这些系统有下列控制、显示功能。消防控制设备对泡沫灭火系统有下列控制、显示功能：

(1) 控制泡沫泵及消防水泵的启、停。

(2) 显示系统的工作状态。

消防控制设备对水喷雾灭火系统有下列控制、显示功能：

(1) 控制系统的启、停。

(2) 显示消防水泵的工作、故障状态。

(3) 显示水流指示器、报警阀、安全信号阀的工作状态。

消防控制设备对气体灭火系统有下列控制、显示功能：

(1) 显示系统的手动、自动工作状态。

(2) 在报警、喷射各阶段，控制室应有相应的声光报警信号，并能手动切除声响信号。

(3) 在延时阶段，应自动关闭防火门、窗，停止通风空调系统，关闭有关部位防火阀。

(4) 显示气体灭火系统防护区的报警、喷放及防火门、通风空调等设备的状态。

6.3.3.3 火灾应急广播系统的控制装置

利用广播切换模块LD-8305，可将现场的广播喇叭接入控制器的总线上，由广播设备送来的广播音频信号，也要通过LD-8305模块无源动合触点（消防广播）及动断触点（正常广播）加到扬声器上，一个广播区域可由一个LD-8305模块来控制。LD-8305模块外形如图6-5所示。

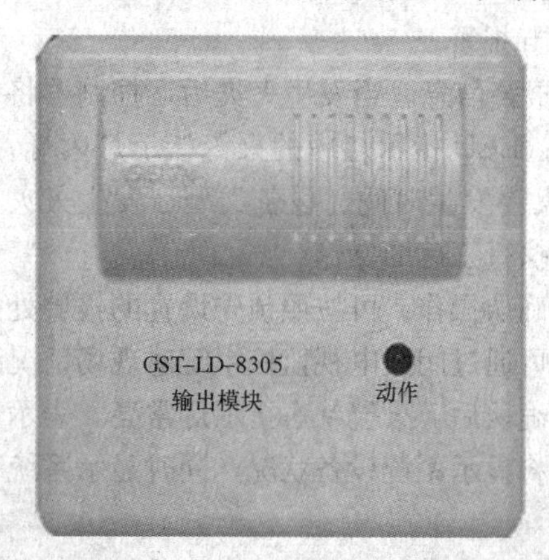

图6-5 LD-8305模块的外形

消防控制中心设置的火灾应急广播系统控制装置，其控制程序应符合下列要求：

(1) 二层及以上的楼房发生火灾，应先接通着火层及其相邻的上、下层。

(2) 首层发生火灾，应先接通本层、二层及地下各层。

(3) 地下室发生火灾，应先接通地下各层及首层。

(4) 含多个防火分区的单层建筑，应先接通着火的防火分区及其相邻的防火分区。

消防广播系统原理示意图如图 6-6 所示。

6.3.3.4 消防电话系统的控制装置

消防控制中心设总线制消防电话主机，它和火灾报警控制器一起完成对现场的电话插孔及消防电话分机的控制。一个防火分区的电话插孔由一个消防电话模块控制，消防电话模块直接与火灾报警控制器总线连接，并接上 DC 24V 电源总线。另外，为实现电话语音信号的传送，还需要接入消防电话总线。对于消防电话分机，每一个分机均需配置一个消防电话模块，每一部电话分机均有一个固定的地址编码。消防电话系统原理示意图如图 6-7 所示。

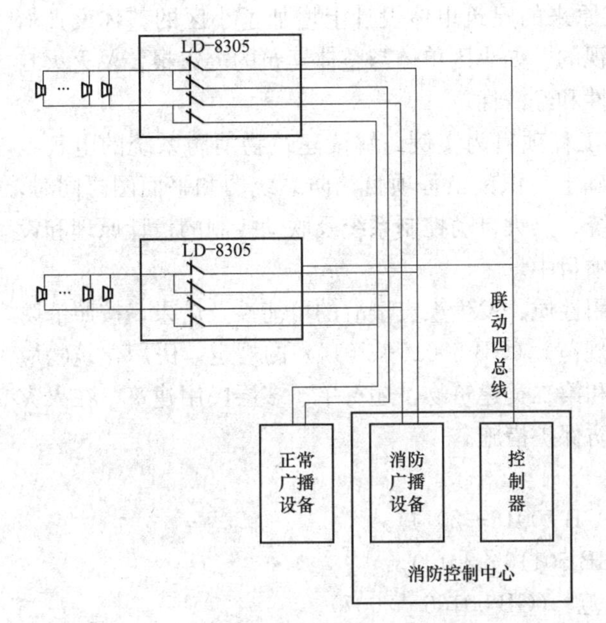

图 6-6 消防广播系统原理示意图

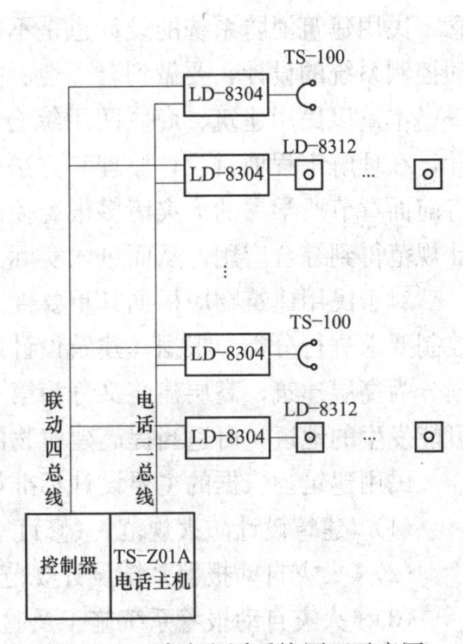

图 6-7 消防电话系统原理示意图

民用建筑消防系统的电气设计与识图

近几年来，民用建筑的规模不断扩大，住宅小区也是由若干多层和高层建筑组合而成，同时还建有集中或相对集中的汽车库及其他商业服务等配套设施。住宅小区规划趋向于更具人性化的多层次住宅组合，这不再仅仅追求立面和平面的美观和合理，而是追求空间上布局的流畅和设计中贯彻以人为本的理念，在原来的建筑单体设计上增加了小区的整体设计概念。民用建筑消防系统的设计也是不容忽视的，如小区单体与整体建筑的火灾报警及灭火自动控制系统的设计，要做到合理性、完整性和经济性。

本章以民用建筑、商住两用综合楼等工程项目为实例，解读建筑物消防系统的电气设计，在理解工程项目设计原理和方法的基础上，识读工程项目消防系统图和平面图。同时，将前面章节所学习的火灾诸多报警控制系统、灭火自动控制系统及联动控制的设计原理和设计规范得到综合应用，从而进入实际工程项目中。

对于民用建筑物应根据其重要性、使用性质、发生火灾事故的可能性及后果，按照消防控制要求进行分类。根据《建筑设计防火规范》（GB 50016—2014）的规定，民用建筑物应划分为高层建筑，高层建筑又分为第一类和第二类建筑物，还有单、多层民用建筑。在火灾可能发生的地区，可适当提高建筑物的消防保护措施。

民用建筑物依据的主要设计标准如下：

(1)《建筑设计防火规范》（修订本）（GB 50016—2014）。

(2)《火灾自动报警系统设计规范》（GB 50116—2013）。

(3)《火灾自动报警系统施工及验收规范》（GB 50166—2007）。

(4)《建筑设计防火规范图示》（13J811—1）。

(5)《建筑物防雷设计规范》（GB 50057—2010）。

(6)《防雷接地工程与等电位联结》（12D10）。

(7)《建筑电气工程施工质量验收规范》（GB 50303—2002）。

(8)《住宅设计规范》（GB 50096—2011）。

(9)《低压配电设计规范》（GB 50054—2011）。

(10)《供配电系统设计规范》（GB 50052—2009）。

7.1 职工宿舍楼消防系统电气设计识图

7.1.1 工程概况

工程为某工业园区职工宿舍楼的消防自动化系统电气设计，建筑物共五层，总建筑面积 $4525m^2$，建筑高度 18.7m。该建筑属于民用建筑，为框架结构，首层主要为食堂、活动室、消防控制室、消防泵房等用房，二层～五层均为职工宿舍。

7.1.2 消防系统电气设计解读

该建筑属民用建筑物，为五层宿舍楼，为早期发现和通报火灾，防止和减少人员伤亡及财产损失。应设计一套集中型火灾自动报警及联动控制系统。

7.1.2.1 消防系统组成

消防系统主要由两部分组成：火灾自动报警系统（感烟机构）和灭火及联动控制系统（执行机构）。

(1) 火灾自动报警系统。由触发器件（火灾探测器）、手动报警按钮、火灾报警控制器、火灾报警及具有其他辅助功能的装置组成。其作用是完成检查火情并及时报警。消防自动报警系统按二总线设计。

(2) 灭火系统。灭火方式分为液体灭火和气体灭火两种。根据建筑物功能选择灭火方式。灭火系统是当接到火灾信号后执行灭火任务。因该建筑有厨房，所以选用二氧化碳灭火器。

(3) 联动系统。联动系统包括火灾事故照明和疏散指示标志、消火栓泵及防排烟设施等，其作用是保证发生火灾时人员能及时疏散，较少伤亡。

该建筑主要设置火灾自动报警系统及消防联动系统，包括火灾报警探测器、消防广播、带电话插孔的手动报警按钮、消火栓启泵按钮、声光报警器、楼层显示器、自动喷淋系统及消防切非等联动控制。

7.1.2.2 消防控制室的设计

根据建筑物防火规范，设有火灾自动报警和消防联动控制系统的建筑物应设消防控制室。消防控制室用于接收、显示报警信号，控制有关消防设备。

该建筑物消防控制室设于一层出入口处，在消防控制室设集中报警控制器，并有专人值班。由于每层面积小，因此每层为一防火分区，均设区域报警器。消防控制室的设备有室内消火栓系统的控制与显示，自动喷洒灭火系统的控制与显示，防排烟系统的控制和显示，普通照明、插座等的切非控制，火灾广播设备的控制装置，消防通信设备，应急照明及疏散照明的监视等。

7.1.2.3 火灾自动报警系统

(1) 探测器的选择原则及确定。目前常用的探测器有感烟、感温、光电式、复合式及可燃气体探测器。按如下原则选择探测器：

1) 对火灾初期阴燃阶段，产生大量的烟和少量的热，很少或没有火焰辐射的场所，应选择感烟探测器，它对异常温度、温升速率及温差有响应。

2) 对火灾发展迅速，可产生大量热、烟和火焰辐射的场所，可选择感温探测器、感烟探测器、火焰探测器或其组合。

3) 对使用、生产或聚集可燃气体或可燃液体蒸汽的场所或部位，应选择可燃气体探测器。

该建筑物属一般职工宿舍，内有活动室、小卖部、食堂、备餐室、走道及楼梯前室均应设置感烟探测器。而厨房需设置感温探测器和可燃气体探测器。

(2) 探测器的选择。

1) 探测区域内每个房间至少设置一只火灾探测器。

2) 感烟、感温火灾探测器的保护面积 A 和保护半径 R 与其他参量的相互关系见表 7-1。

表 7-1　感烟、感温火灾探测器的保护面积和保护半径与其他参量的相互关系

火灾探测器种类	地面面积 S (m^2)	房间高度 h (m)	探测器的保护面积 A 和保护半径 R					
			屋顶的坡度 θ					
			$\theta \leqslant 15°$		$15° < \theta \leqslant 30°$		$\theta > 30°$	
			A (m^2)	R (m)	A (m^2)	R (m)	A (m^2)	R (m)
感烟探测器	$S \leqslant 80$	$h \leqslant 12$	80	6.7	80	7.2	80	8.0
	$S > 80$	$6 < h \leqslant 12$	80	6.7	100	8.0	120	9.9
		$h \leqslant 6$	60	5.8	80	7.2	100	9.0
感温探测器	$S \leqslant 30$	$h \leqslant 8$	30	4.4	30	4.9	30	5.5
	$S > 30$	$h \leqslant 8$	20	3.6	30	4.9	40	6.3

(3) 火灾探测器个数的确定。火灾探测器的个数可查表 7-1，根据式 (7-1) 进行计算，但探测区域的每个房间内至少应设置一个火灾探测器。

探测器个数的计算公式如下

$$N \geqslant \frac{S}{KA} \tag{7-1}$$

式中　N——一个探测区域内所需设置的探测器数量，N 取整数；

S——一个探测区域的面积，m^2；

A——探测器的保护面积，m^2；

K——修正系数，根据 GB 50116—2013 对系统设备的设置中定为其他场所可取 1.0，重点保护建筑取 0.7～0.9，非重点保护建筑取 1。

该职工宿舍选择感烟探测器，现计算探测器的数量，其中修正系数 K 取1。宿舍长 $L=5.7$m，宽 $W=3.75$m。

1) 确定感烟探测器的保护面积 A 和保护半径 R。

地面面积 $S=5.7\times3.75=27.38m^2$。

房间高度 $h=3.6$m，即 $h\leqslant12$m。

顶棚坡度 $\theta=0°$，即 $\theta\leqslant15°$。

查表 7-1 可得，感烟探测器：

保护面积 $A=80m^2$。

保护半径 $R=6.7$m。

2) 计算所需探测器数 N。根据《建筑设计防火规范》(GB 50016—2014)，取 $K=1$，则有

$$N \geqslant \frac{S}{KA} = \frac{27.38}{1\times80} = 0.34$$

取 $N=1$

3）因此需布置一个探测器，现校验如下

$$r=\sqrt{\left(\frac{a}{2}\right)^2+\left(\frac{b}{2}\right)^2}=\sqrt{\left(\frac{5.7}{2}\right)^2+\left(\frac{3.75}{2}\right)^2}=3.14\text{m}$$

其中 a、b 为房间长宽，因为 $r<R$，所以满足要求。

各房间的探测器数量见表 7-2。

表 7-2 各房间的探测器数量

房间名称	房间面积（m^2）	房间高度	探测器种类	探测器保护面积（m^2）	探测器保护半径（m）	探测器数量
食堂	149.06	3.6	感烟探测器	80	6.7	3
备餐	19.13	3.6	感烟探测器	80	6.7	1
活动室 1	85.46	3.6	感烟探测器	80	6.7	2
活动室 2	21.38	3.6	感烟探测器	80	6.7	1
消防控制室	21.38	3.6	感烟探测器	80	6.7	1
管理室	21.38	3.6	感烟探测器	80	6.7	1
小卖部	21.38	3.6	感烟探测器	80	6.7	1
厨房	65.59	3.6	感温探测器	30	4.4	3

因建筑物一楼有厨房，需设置可燃气体探测器，所以探测器应设置位于气体最高可能聚集点上方。

在宽度小于 3m 的走道设置探测器时宜居中布置，且安装间距不应小于 15m，距走道末端不能小于其保护半径及不能有保护死区。职工宿舍走道长 46.8m 和 17.4m，分别布置 3 个和 2 个感烟探测器。另外，还需在各层楼梯前室布置感烟探测器。

（4）线路的敷设。

1）设计一般原则。

a. 火灾自动报警系统的传输线路和 50V 以下供电控制线路，应采用电压等级不低于交流 250V 的铜芯绝缘导线或铜芯电缆，采用交流 220V/380V 供电，控制线路应采用电压等级不低于交流 500V 的铜芯绝缘导线或铜芯电缆。

b. 火灾自动报警系统传输线路的线芯截面选择，除应满足自动报警装置技术条件的要求外，还应满足机械强度的要求。

2）布线要求。

a. 火灾自动报警系统的传输线路应采用穿金属管、经阻燃处理的硬质塑料管或封闭式线槽保护方式布线。

b. 火灾自动报警系统用的电缆竖井，宜与电力、照明用的低压配电线路电缆竖井分别设置。

该职工宿舍中，只有一部强弱电竖井。所以，火灾自动报警线路与电力、照明线路应分别布置在竖井的两侧。火灾自动报警线路采用阻燃型电线或电缆穿薄壁金属管，沿竖井接到各层的层接线箱，再由层接线箱，引出到房间及走道的各个火灾探测器。

7.1.2.4 火灾应急广播系统

当发生火灾时，为确保在场的人员第一时间得到火灾情况并安全撤离，建筑物应设置应急广播系统。

对应急广播系统的设置要求：

(1) 走道、活动室、食堂等公共场所，扬声器的设置数量，应能保证从本层任何部位到最近一个广播的步行距离不超过25m，且在走道交叉处、拐弯处均应设置扬声器。走道末端最后一个扬声器距墙不应大于8m。

(2) 设置在空调、泵房、娱乐场所和车库等有噪声干扰场所的扬声器，在其播放范围内最远点处的分贝数应高于背景噪声15dB，并确定扬声器功率在此安装的功率数。

(3) 每个防火分区至少应设一个火灾警报装置，其位置宜设在各楼层走道靠近楼梯出口处。因建筑面积小，可每层为一防火分区。

根据建筑物的特点，需在一楼走道、食堂和活动室等公共场所设置应急广播，走道布置4个扬声器，食堂布置2个扬声器，活动室等各房间均布置1个扬声器。宿舍楼的二层～五层只需在走道设置应急广播，每层布置4个扬声器。

7.1.2.5 手动报警按钮

一般的编码手动报警按钮分两种，即带电话插孔和不带电话插孔。该设计采用带电话插孔的手动报警按钮。手动报警按钮应设置在人员密集的公共场所，如走道、楼梯口等。当现场人员确认发生火灾时，按下报警按钮，可将报警信号发送到消防控制中心，消防控制中心接到信号后会显示报警按钮的编号，快速判断出火灾发生的地方，系统联动响应，发出声光报警及应急广播。

发生火灾时，火灾应急广播发出报警时，不能使整个建筑物火灾应急广播系统全部开启，应根据起火楼层，选择相关楼层进行广播。如火灾层在二层及以上，应广播着火灾层及其上下各一层；如火灾层在一层，应广播一层及二层。

火灾应急广播系统设计要求：每个防火分区，应至少设置一只手动报警按钮，其位置应便于人员操作，安装于墙上距地1.4m处。从一个防火分区内的任何位置到最近的一个手动报警按钮的步行距离，不应大于30m。

该设计在各个楼层的走道及一层食堂、活动室等人员密集场所设置手动报警按钮。每层走道均设置4个手动报警按钮，食堂和活动室均设置1个手动报警按钮。

7.1.2.6 消防专用电话系统

当发生火灾时，消防专用电话是最方便快捷的通信方式，所以其网络系统应为独立的消防通信系统。

消防泵房等重要设备房间及消防控制室应设置消防专用电话。该设计中在消防泵房、管理室和消防控制室设置消防专用电话，且消防控制室应设置可直接报警的外线电话。消防电话线采用耐火RVS双绞线穿薄壁金属管沿竖井敷设。

7.1.2.7 消防联动控制

该工程消防联动控制对象应包括：各类自动灭火设施，通风及防、排烟设施，切除非消防电源（普通照明、普通插座及空调插座回路），火灾应急广播、声光报警、应急照明、疏散指示标志及自动喷淋系统等的控制。

(1) 消火栓泵控制。消防水泵的启、停，运行及故障状态的显示，启泵按钮的位置及防火分区均可在消防控制室显示。消火栓按钮总线自动控制消防水泵的启、停，也可直接手动控制消防水泵的启、停。当发生火灾时，消火栓泵可以根据火灾自动报警器的报警联动消火

栓泵的启动，也可当人员发现火灾时，远程启动消火栓泵。

(2) 排烟防火阀的联动控制。当发生火灾时，温度升高，烟气蔓延，火灾探测器探测到火情，将火警信号传输到消防控制室，消防控制室联动信号传给排烟防火阀将阀门开启（关闭），并将阀门动作信号再返回消防控制室，排烟风机启动。

建筑物设置排烟防火阀，排烟防火阀平时处于关闭状态，当发生火灾时温度持续升高，达到280℃时，排烟阀中温度熔断器动作，将阀门关闭，阻断外部气流，防止烟气扩散。

(3) 消防切非设计。在确认火灾发生后，消防控制系统应能及时切断有关非消防电源，并接通火灾报警装置，启动火灾应急照明灯和疏散指示灯。

在消防系统中，消防报警系统通过控制模块与照明各层配电箱相连，以保证在火灾发生时能够及时切断有关部位的非消防电源（包括普通照明、普通插座、空调插座）。

7.1.3 工程图例

该职工宿舍消防系统工程图中，图7-1为职工宿舍消防系统图；图7-2为职工宿舍消防系统首层平面图；图7-3为职工宿舍消防系统二层平面图；图7-4为职工宿舍消防系统三～五层平面图。

7.2 复兴花园消防系统电气设计识图

7.2.1 工程概况

该工程为复兴花园商业A区：地下一层，地上十二层。地下一层设有配电室、水泵房。一至三层为底商，四至十一层为写字楼，顶层为电梯机房、水箱间，建筑物高48.22m，建筑面积约为6000m^2，按规范划分，属二类高层建筑。

7.2.2 消防系统电气设计解读

该建筑为二类高层建筑，依据规定属二级保护对象，采用集中报警系统。

7.2.2.1 设计范围及要求

(1) 在首层设消防控制中心，负责对楼火灾监测及消防联动控制。

(2) 消防报警及联动系统采用专业公司的配套设备。

(3) 报警回路为二总线制，线路沿耐火桥架经过电井引至各层，各层联动控制线、消防广播线均穿钢管暗敷。

(4) 探测器部分采用感烟探测器或感温探测器，吸顶安装，手动报警按钮暗装，下皮距地1.5m，按“步行距离不大于30m”的原则设置，消防模块现场定位。

(5) 按规范设置消防广播系统，并与正常广播结合。发生火情时，强切至火灾广播。火灾发生时，按本层以上、下层进行广播。消防广播扬声器均为3W，有吊顶处用嵌入式，无吊顶处壁挂，下皮距地2.5m。

(6) 设置消防电话。

(7) 凡是消防用电均采用双路供电，末端切换，使用耐火或阻燃电缆，穿钢管暗敷设。

(8) 设应急照明系统，包括疏散指示灯、出口指示灯和备用照明。均采用双路电源切换，末端自投或自带蓄电池。

(9) 联动控制：用手动或自动方式控制所有的消防联动设备，其中消火栓泵、喷淋泵、正压送风机、排烟机在控制中心设置多线制的直接手动控制。火灾时按要求启动各类消防设

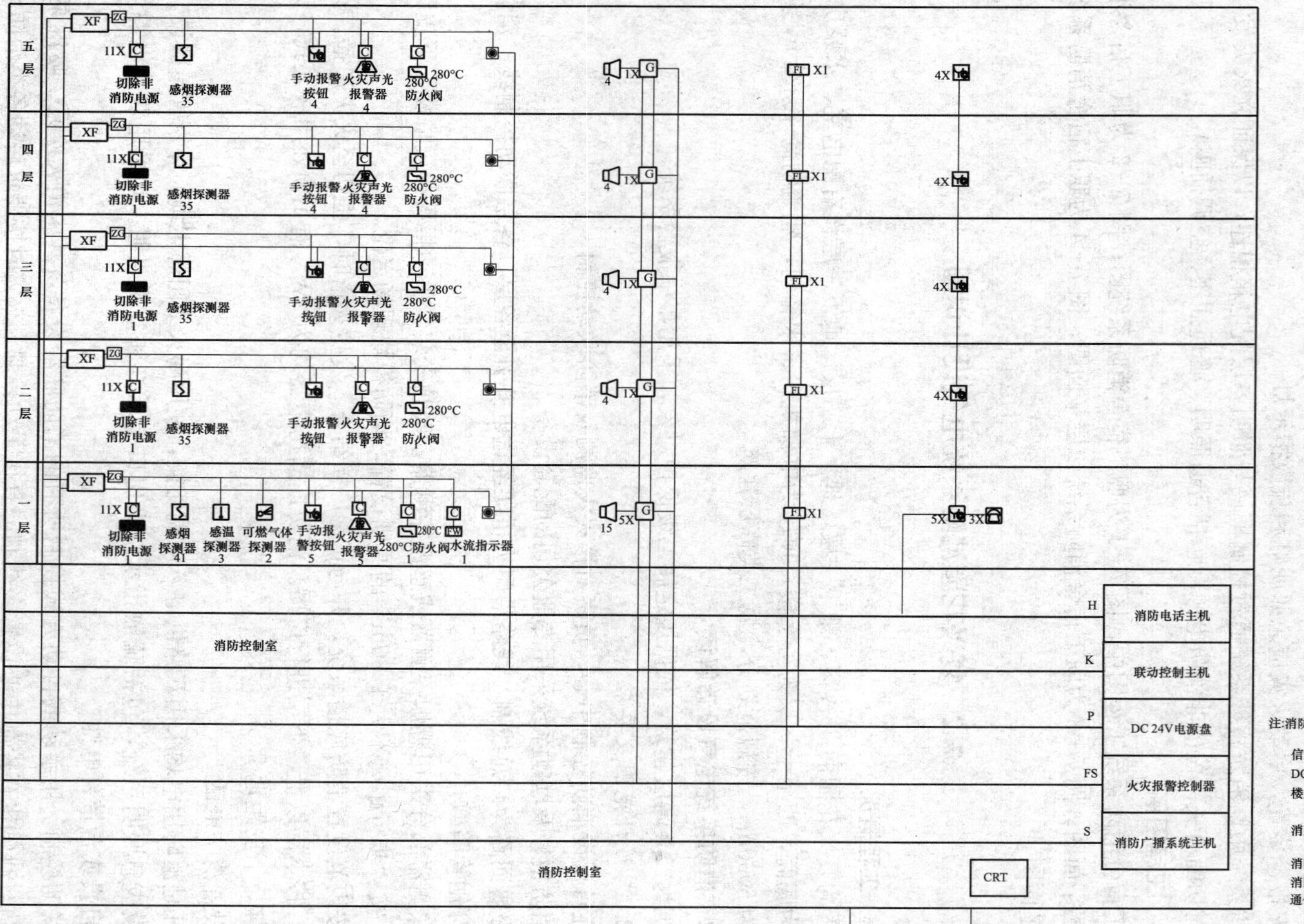

图 7－1 职工宿舍消防系统图

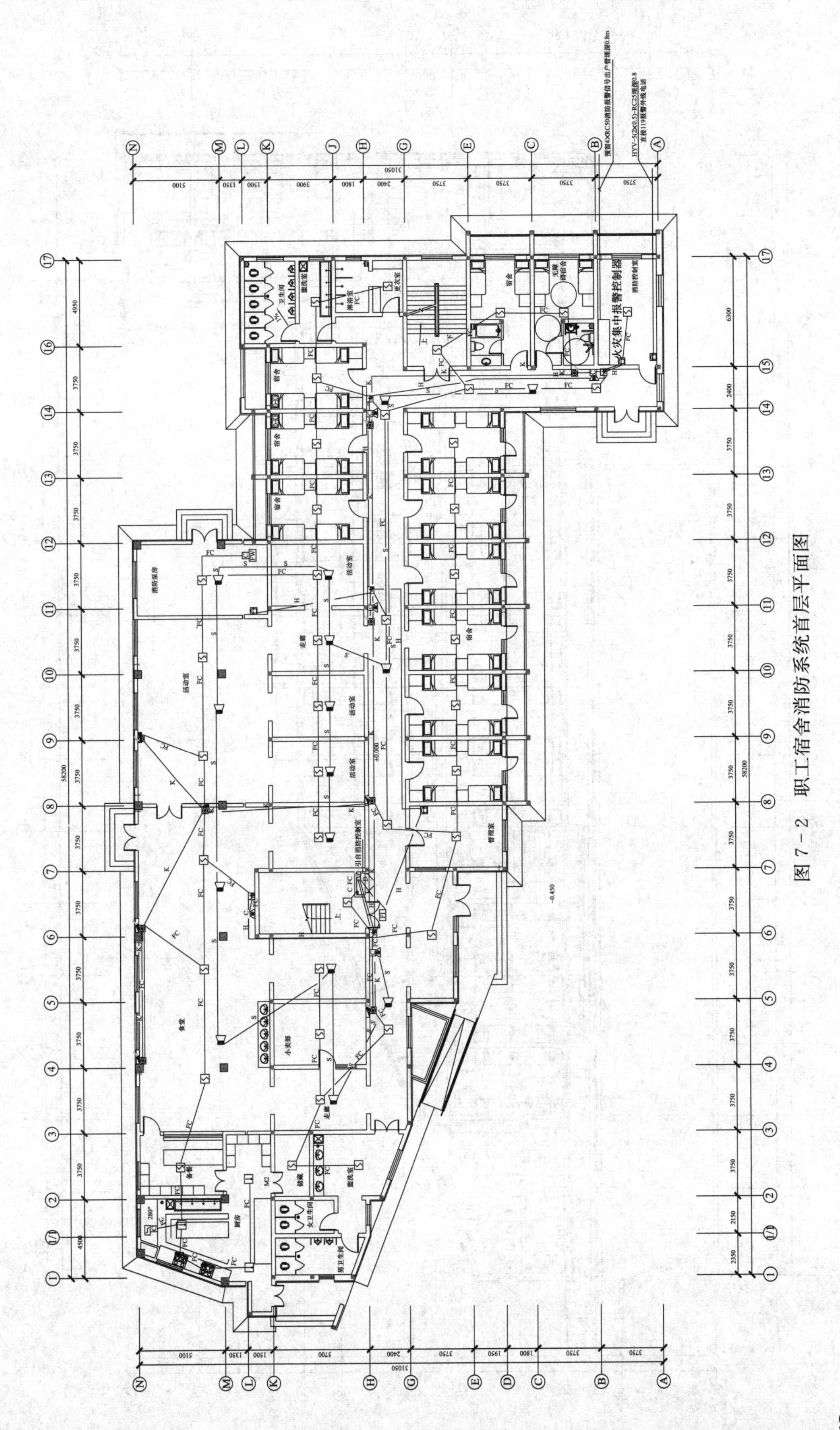

图 7-2 职工宿舍消防系统首层平面图

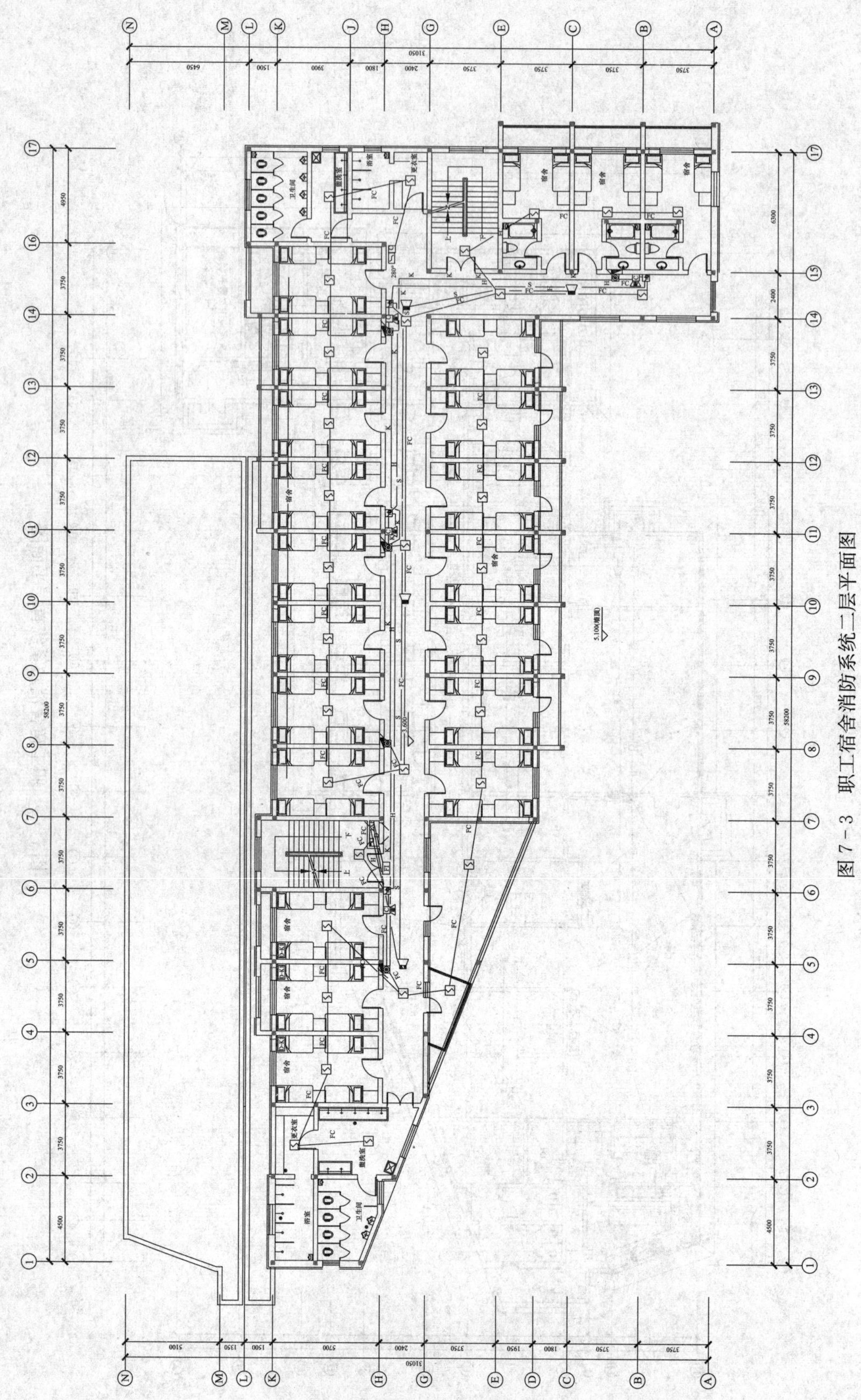

图7-3　职工宿舍消防系统二层平面图

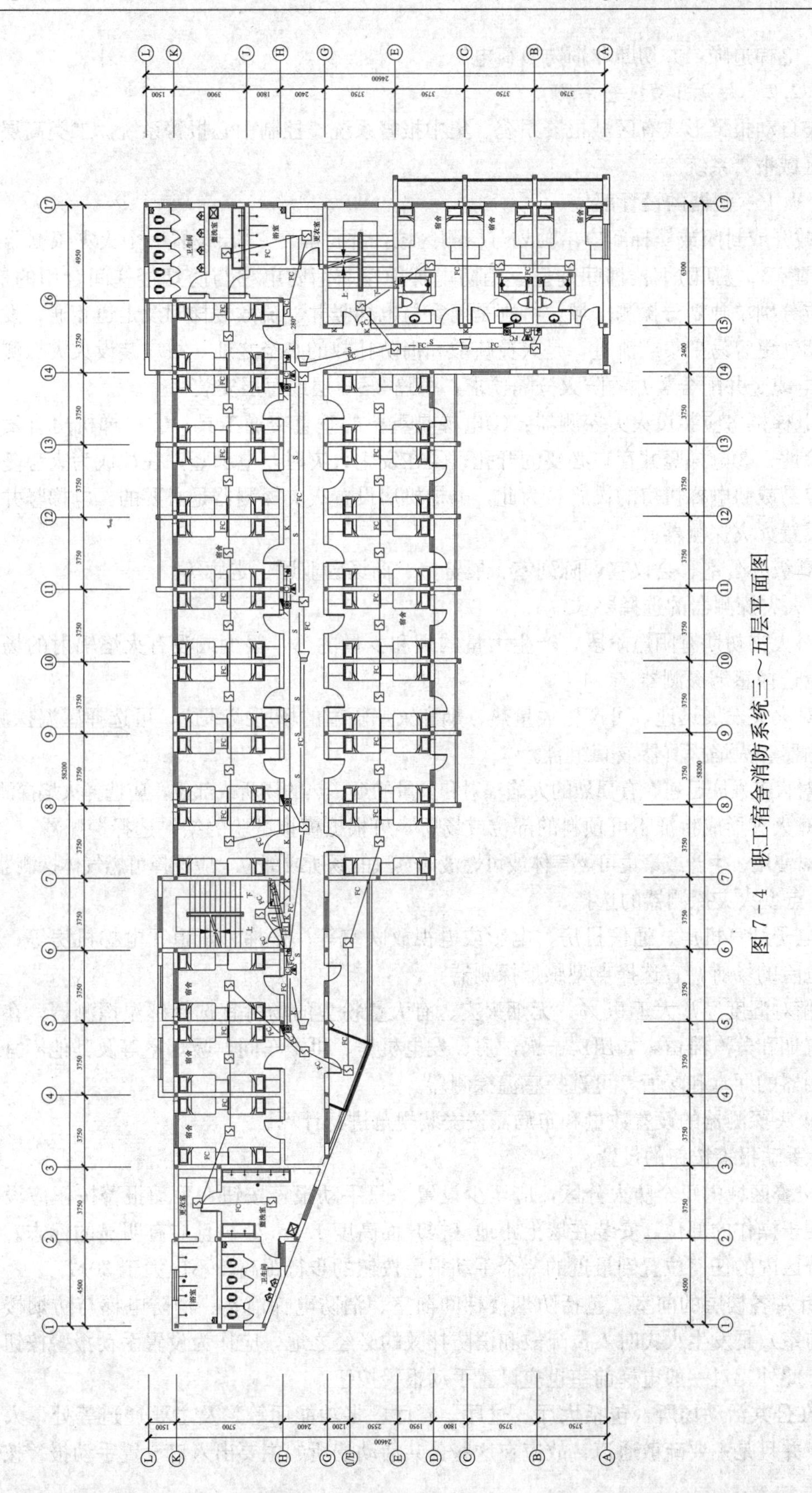

图 7-4 职工宿舍消防系统二～五层平面图

备，执行电梯迫降，并切断非消防负荷电源。

7.2.2.2 火灾自动报警系统

火灾自动报警形式有区域报警系统、集中报警系统、控制中心报警系统。二类高层建筑可采用区域报警系统。

(1) 火灾探测器的设置部位。

1) 敞开或封闭或楼梯间应单独划分探测区域，并每隔2～3层设置一个火灾探测器。

2) 前室（包括防烟楼梯间前室、消防电梯前室、消防电梯与防烟楼梯间合用的前室）和走道应分别单独划分探测区域，特别是前室与电梯竖井、疏散楼梯间及走道相通，发生火灾时的烟气更容易聚集或流过，是人员疏散和消防扑救的必经之地，故应装设火灾探测器。

3) 电缆竖井配合竖井的防火分隔要求，每隔2～3层或每层安装一个。

4) 电梯机房应装设火灾探测器：①电梯是重要的垂直交通工具；②电梯机房有发生火灾的危险性；③电梯竖井存在必要的开孔；④在发生火灾时，电梯竖井往往成为火势蔓延的通道，容易威胁电梯机房的设施。为此，电梯机房设置火灾探测器是必要的，电梯竖井之顶部也宜设置火灾探测器。

5) 高级办公室、会议室、陈列室、展览室、商场营业厅、走廊等。

(2) 火灾探测器的选择要求。

1) 对火灾初期有阴燃阶段，产生大量的烟和少量的热，很少或没有火焰辐射的场所或部位，应选择感烟探测器。

2) 对火灾发展迅速，可产生大量热、烟和火焰辐射的场所或部位，可选择感温探测器、感烟探测器、火焰探测器或其组合。

3) 对火灾发展迅速、有强烈的火焰辐射和少量的烟、热的场所或部位，应选择火焰探测器。

4) 对火灾形成特征不可预料的部位或场所，可根据模拟试验的结果选择探测器。

5) 对使用、生产或聚集可燃气体或可燃液体蒸汽的场所或部位，应选择可燃气体探测器。

(3) 点型火灾探测器的选择。

1) 电子计算机房、通信机房、电影或电视放映室等；楼梯、走道、电梯机房等；有电气火灾危险的场所，宜选择点型感烟探测器。

2) 相对湿度经常大于95%、无烟火灾、有大量粉尘的场所宜选择感温探测器。在正常情况下有烟和蒸汽滞留，如厨房、锅炉房、发电机房、烘干车间，吸烟室等及其他不宜安装感烟探测器的厅堂和场所，可选择感温探测器。

3) 火灾探测器的设置数量和布局需按安装规范进行计算。

(4) 手动报警按钮的设置。

1) 报警区域内每个防火分区，应至少设置一只手动报警按钮，手动报警按钮应设置在明显和便于操作的部位。安装在墙上距地（楼）面高度1.5m处，且应有明显的标志。从一个防火分区内的任何位置到最近的一个手动报警按钮的步行距离，不应大于30m。

2) 针对各楼层的前室（包括防烟楼梯间前室、消防电梯前室、消防电梯与防烟楼梯间合用的前室）是发生火灾时人员疏散和消防扑救的必经之地，应作为设置手动报警按钮的首选部位。此外，对一般电梯前室也应设置手动报警按钮。

3) 在公共活动场所（包括大厅、过厅、餐厅、多功能厅等）及主要通道等处，人员都很集中，并且是主要疏散通道，故应在这些公共活动场所的主要出入口设置手动报警按钮。

该建筑地下层设3个手动报警按钮，底商一层设6个手动报警按钮，二层商场设5个，三层设4个。四层至十一层写字楼部分每层设6个手动报警按钮，设备层设有5个手动报警按钮。

7.2.2.3 消防广播

火灾应急广播扬声器的设置：

(1) 走道、大厅、餐厅等公共场所人员都很集中，并且是主要疏散通道，故应在这些公共场所按“从一个防火分区内任何部位到最近的一个扬声器的距离不大于25m”及“走道内最后一个扬声器至走道末端的距离不应大于12.5m”设置火灾应急广播扬声器。

(2) 在公共卫生间的场所也应设置火灾应急广播扬声器。

(3) 前室（包括防烟楼梯间前室、消防电梯前室、消防电梯与防烟楼梯间合用的前室）是发生火灾时人员疏散和消防扑救的必经之地，且有防火门分隔及人声嘈杂，故应设置火灾应急广播扬声器。一般电梯前室也应设置火灾应急广播扬声器。疏散楼梯间也是发生火灾时人员疏散和消防扑救的必经之地，且人声嘈杂，故应设置火灾应急广播扬声器，以利于火灾应急播放疏散指令。

广播功放的选择：广播功放的额定输出功率应是广播扬声器总功率的1.3倍左右；

系统设置紧急广播功放，根据要求，紧急广播功放的额定输出功率应是广播扬声器容量最大的三个分区中扬声器容量总和的1.5倍。

该建筑消防广播与背景音乐广播相结合，按层分区，每层为一个分区，火灾时利用广播控制模块强行切至消防广播，火灾发生时，马上向全楼广播。

7.2.2.4 消防电话

对消防电话的要求：

(1) 装设消防专用电话分机，应位于与消防联动控制有关且经常有人值班的机房（包括消防水泵房、备用发电机房、配变电室、主要通风和空调机房、排烟机房、消防电梯机房及其他）、灭火控制系统操作装置处或控制室、消防值班室、保卫办公用房等部位。

(2) 消防电梯和普通电梯的轿厢内都应设专用电话，要求电梯机房与电梯轿厢、电梯机房与消防控制室、电梯轿厢与消防控制室三者组成可靠的对讲通信电话系统。

(3) 设有手动报警按钮、消火栓按钮等位置也应装设消防专用电话塞孔。

7.2.2.5 消防联动控制系统

(1) 非消防电源断电及电梯应急控制。当火灾确认后，应能在消防控制室或配电间（室）切除相关区域的非消防电源，并接通报警装置及火灾应急照明灯和标志灯。火灾发生后，根据火情强制所有电梯依次停于首层，并切断其电源，但消防电梯除外。

(2) 消防控制设备对消防系统或设备应有以下控制显示功能：

1) 消防控制设备对室内消火栓系统的控制、显示功能；控制消防水泵的启、停；显示消防水泵的工作、故障状态；显示启泵按钮的位置。消防控制设备对自动喷水和水喷雾灭火系统的控制、显示功能：

2) 控制喷淋泵的启、停。

3) 显示喷淋泵的工作、故障状态。

4) 显示水流指示器、报警阀、信号阀的工作状态。

(3) 火灾报警后，消防控制设备对防烟、排烟设施应有下列控制、显示功能：

1) 停止有关部位的空调送风，关闭电动防火阀，并接收其反馈信号。

2）启动有关部位的防烟、排烟风机、排烟阀等，并接收其反馈信号。

3）对水池、水箱的水位也应进行显示监测。

7.2.2.6　线路的敷设

1. 设计一般原则

（1）火灾自动报警系统的传输线路和50V以下供电控制线路，应采用电压等级不低于交流250V的铜芯绝缘导线或铜芯电缆，采用交流220V/380V的供电，控制线路应采用电压等级不低于交流500V的铜芯绝缘导线或铜芯电缆。

（2）火灾自动报警系统传输线路的线芯截面选择，除应满足自动报警装置技术条件的要求外，还应满足机械强度的要求。铜芯绝缘导线和铜芯电缆线芯的最小截面面积不应小于表7-3的规定。

表7-3　　铜芯绝缘导线和铜芯电缆线芯的最小截面面积

序号	类　别	线芯的最小截面面积（mm^2）
1	穿管敷设的绝缘导线	1.00
2	线槽内敷设的绝缘导线	0.75
3	多芯电缆	0.50

2. 屋内布线要求

（1）火灾自动报警系统的传输线路应采用穿金属管、经阻燃处理的硬质塑料管或封闭式线槽保护方式布线。

（2）消防控制、通信和警报线路采用暗敷设时，宜采用金属管或经阻燃处理的硬质塑料管保护，并应敷设在不燃烧体的结构层内，且保护层厚度不宜小于30mm。当采用明敷设时，应采用金属管或金属线槽保护，并应在金属管或金属线槽上采取防火保护措施。

（3）采用经阻燃处理的电缆时，可不穿金属管保护，但应敷设在电缆竖井或吊顶内有防火保护措施的封闭式线槽内。

（4）火灾自动报警系统用的电缆竖井，宜与电力、照明用的低压配电线路电缆竖井分别设置。当受条件限制必须合用时，两种电缆应分别布置在竖井的两侧。

（5）从接线盒、线槽等处引到探测器底座盒、控制设备盒、扬声器箱的线路均应加金属软管保护。

（6）火灾探测器的传输线路，宜选择不同颜色的绝缘导线或电缆。正极“+”线应为红色，负极“−”线应为蓝色。同一工程中相同用途导线的颜色应一致，接线端子应有标号。

（7）接线端子箱内的端子宜选择压接或带锡焊触点的端子板，其接线端子上应有相应的标号。

（8）火灾自动报警系统的传输网络不应与其他系统的传输网络合用。

该次设计的消防联动控制、自动灭火控制、通信、应急照明及紧急广播等线路，应穿金属管保护，并暗敷在非燃烧体结构内，其保护层厚度不应小于30mm。当必须明敷时，应在金属管上采取防火措施。

7.2.3　工程图例

某花园消防系统工程图中，图7-5为某花园消防系统图；图7-6为某花园消防系统地下一层平面图；图7-7为某花园消防系统首层平面图；图7-8为某花园消防系统二层平面图；图7-9为某花园消防系统三～十一层平面图；图7-10为某花园消防系统机房层平面图。

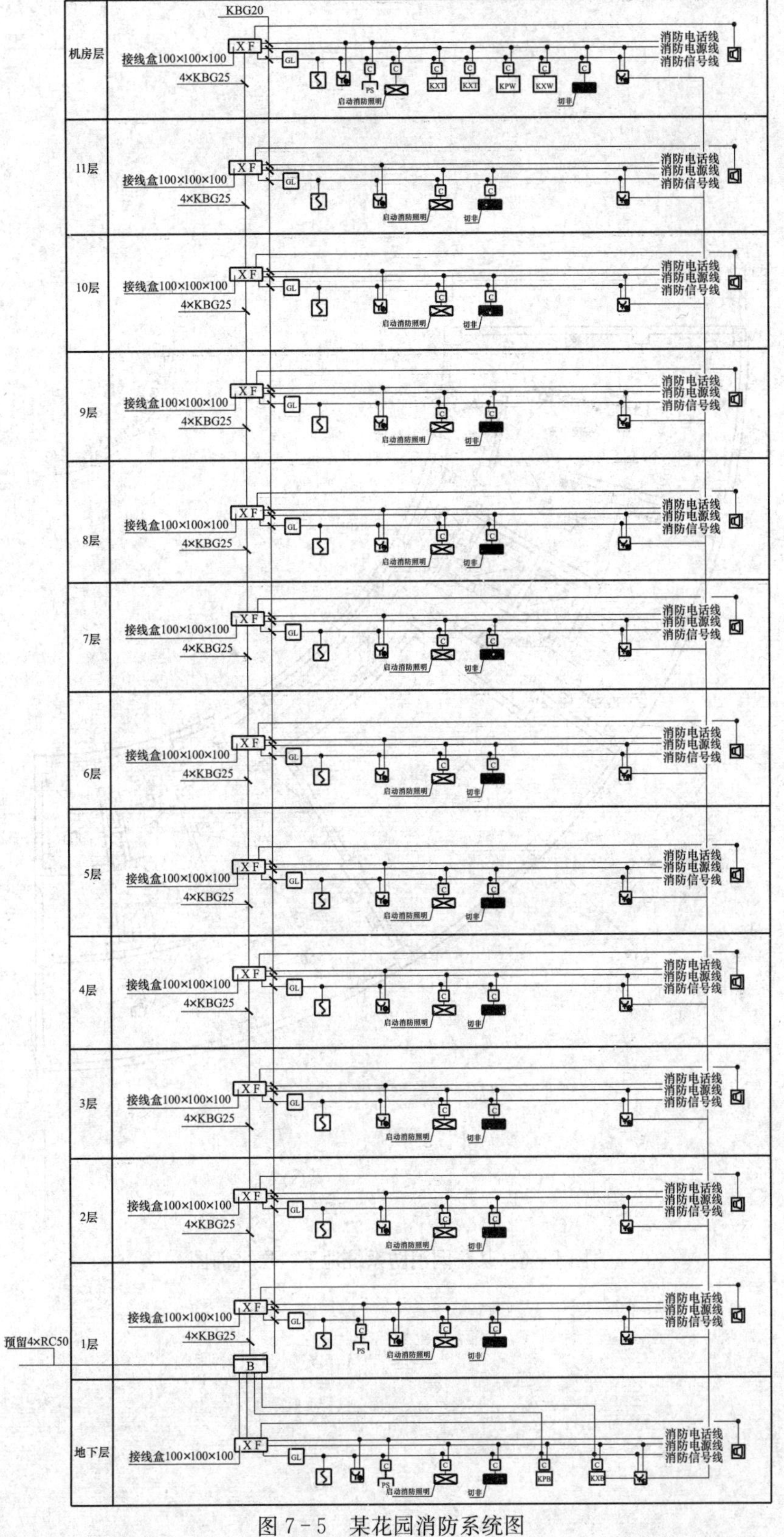

图 7-5 某花园消防系统图

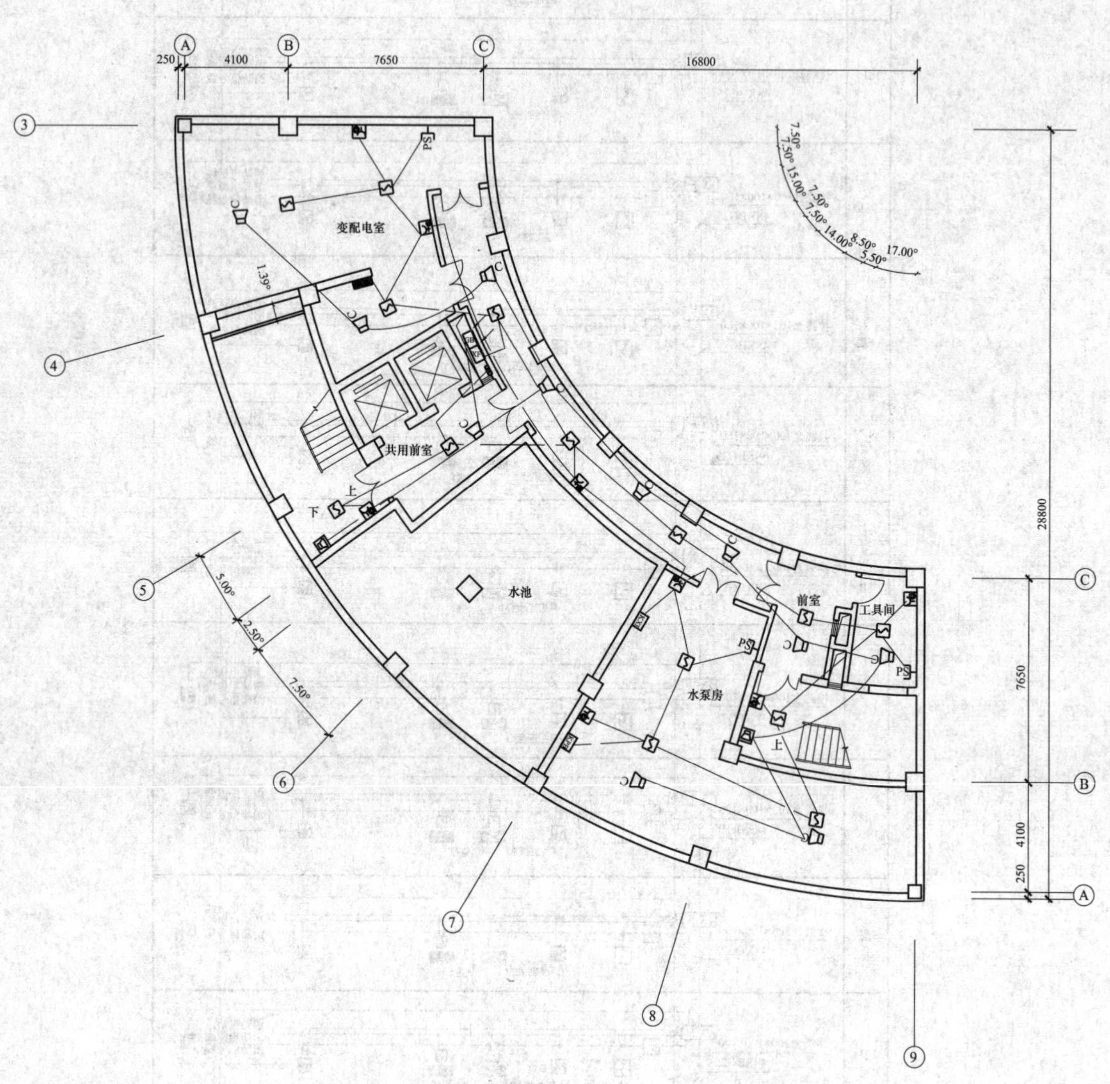

图 7-6　某花园消防系统地下一层平面图

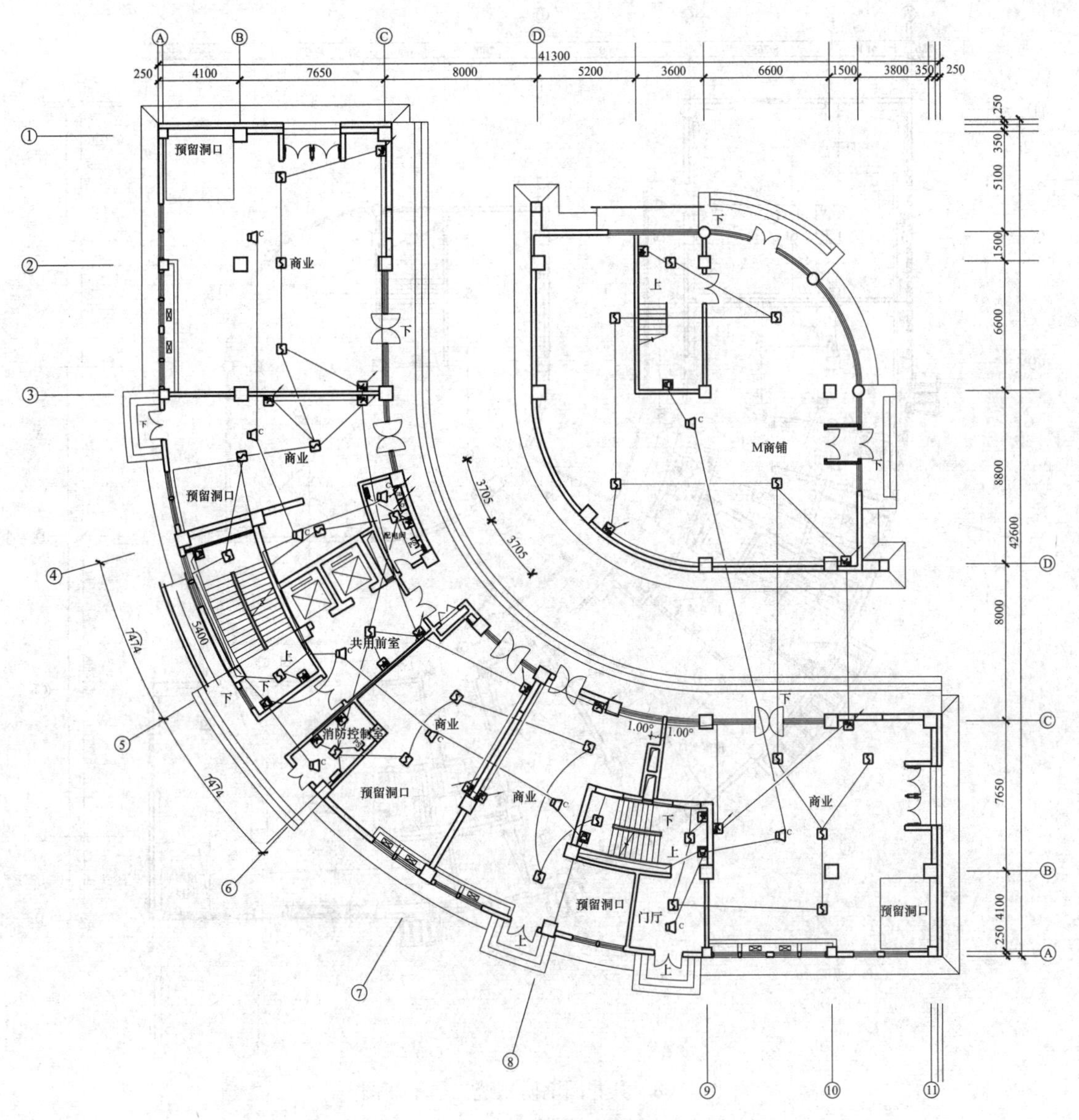

图 7-7 某花园消防系统首层平面图

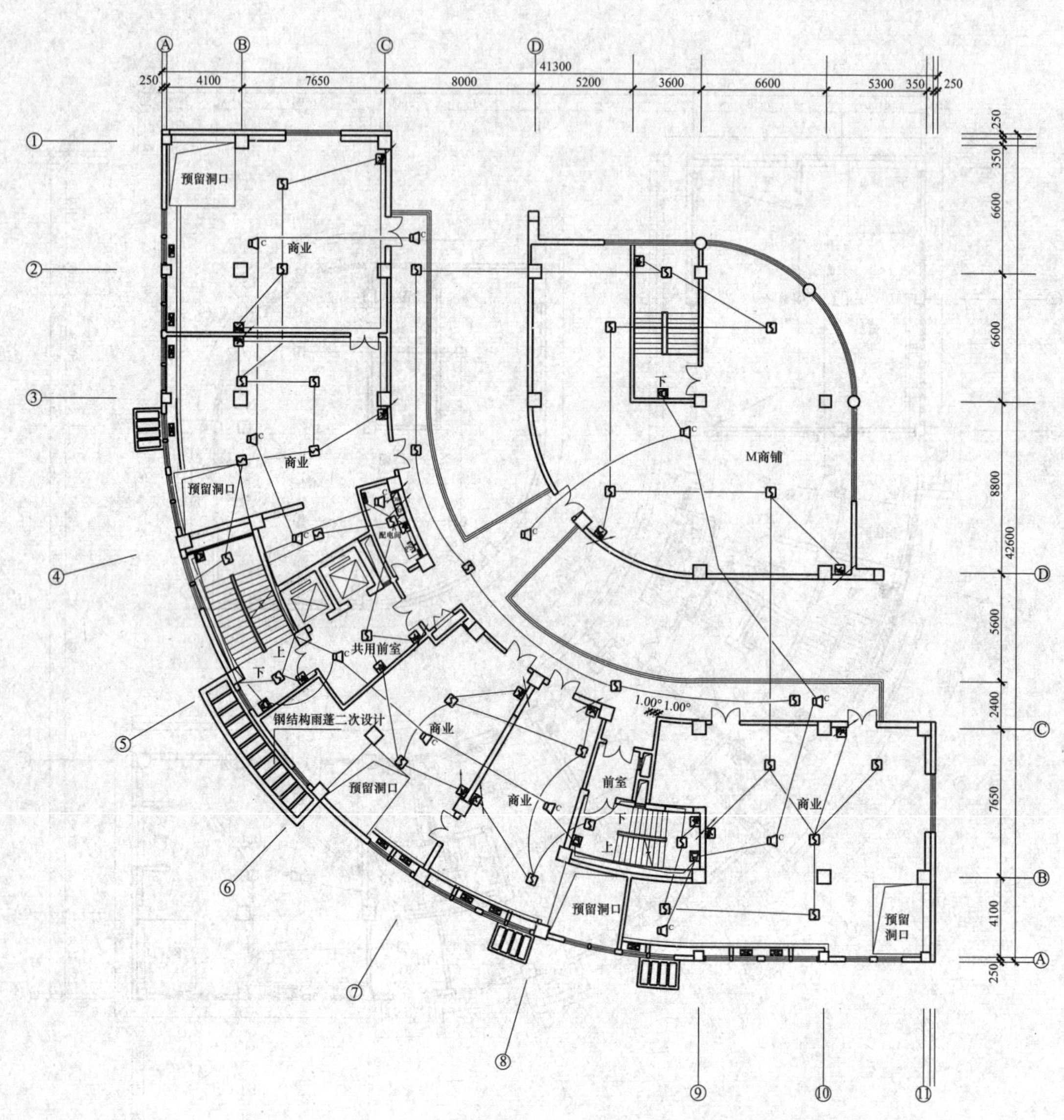

图 7-8　某花园消防系统二层平面图

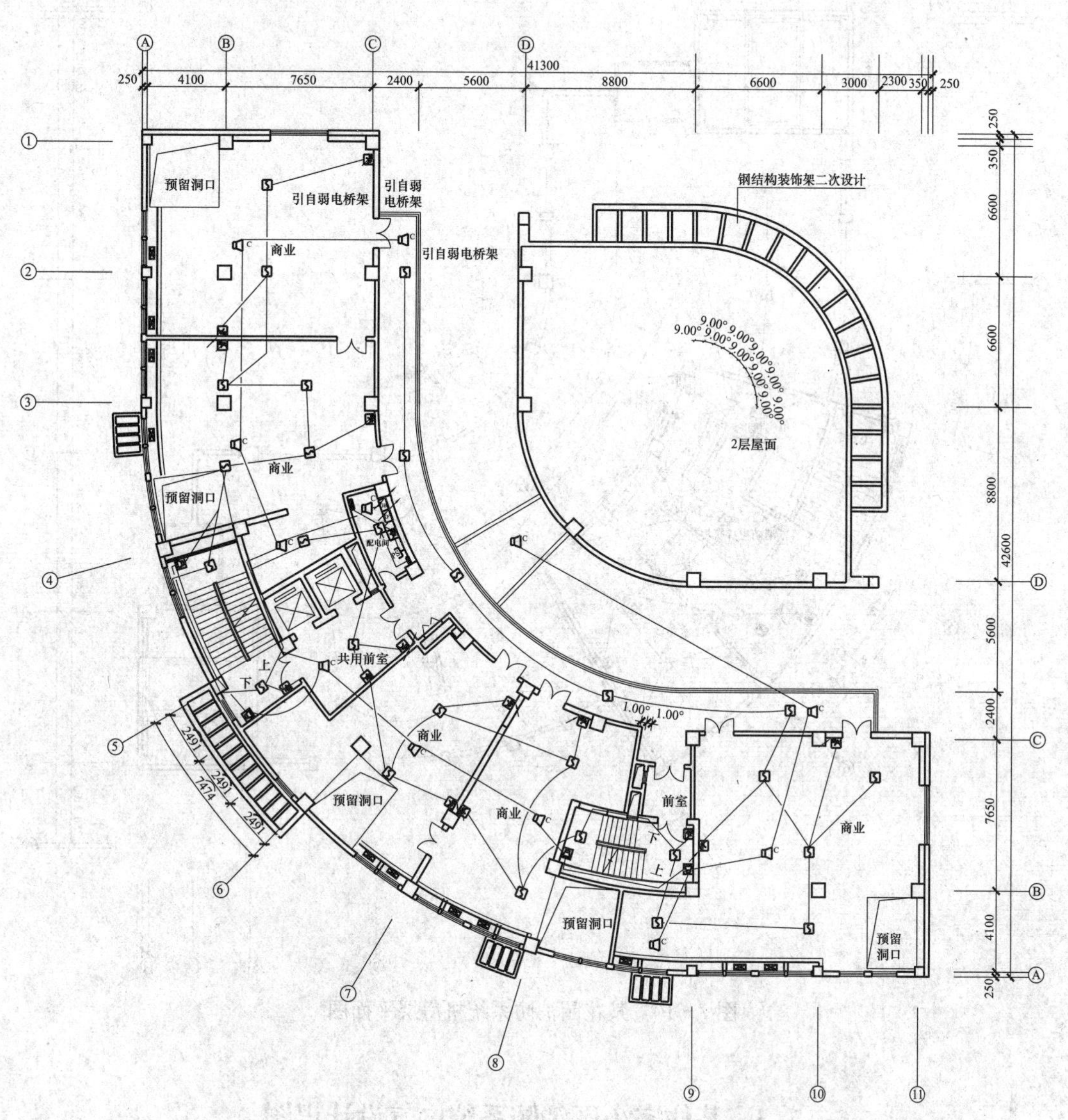

图 7-9 某花园消防系统三～十一层平面图

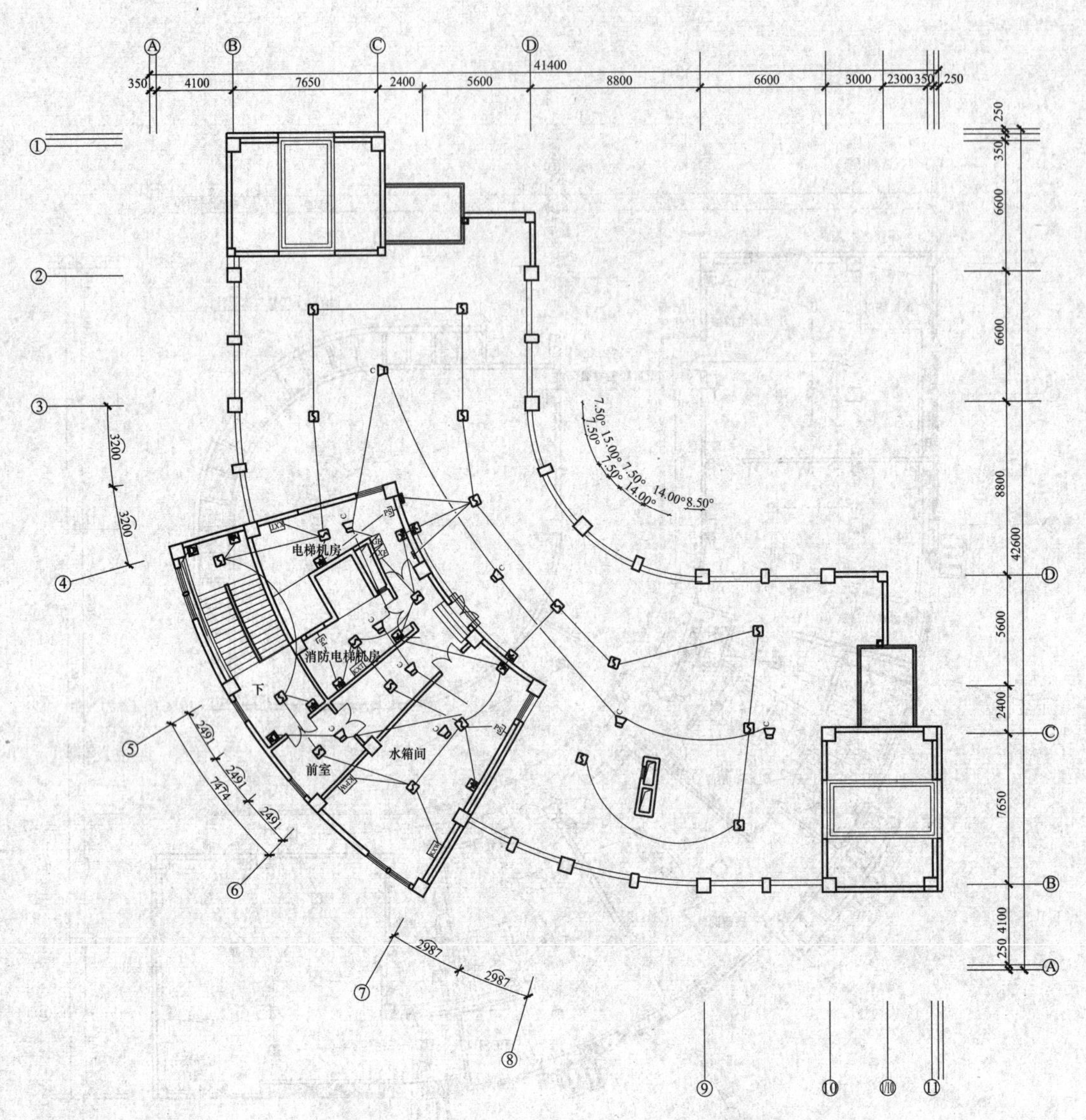

图 7－10　某花园消防系统机房层平面图

7.3　某住宅小区消防系统电气设计识图

7.3.1　工程概况

该工程为住宅小区住宅楼的消防系统设计，建筑物均为高层住宅，地上楼层共十六层。地下一层，地下一层为设备用房和车库。地上十六层，每层高 3m，屋顶设有电梯机房、设备间，建筑主体高度为 48m，建筑面积为 11 546.8 m^2。该建筑物属于二类高层建筑，最高电力负荷等级为二级。

7.3.2 消防系统电气设计解读

住宅楼消防控制系统设计的主要内容包括：防火等级的确定，火灾探测器、火灾事故广播的设置，火灾报警装置、消火栓启泵按钮的设置，与非消防电源、消防备用电源的切非与联动控制等。

7.3.2.1 对消防控制室的要求

该住宅小区采用集中报警控制，设置消防控制报警室，并设置应急广播设备、消防直通对讲电话设备、电梯监控盘和电源设备等。消防控制室可显示消防水池、消防水箱水位、消防设备电源及运行情况，并可联动控制所有与消防有关的设备。

消防控制室内严禁与其无关的电气线路及管路穿过。

7.3.2.2 火灾自动报警系统

该建筑群采用控制中心报警控制系统，消防自动报警按总线设计。

在走道、车库、楼梯间及较大场所等设置感烟探测器，各楼层配电间设置感烟探测器，所有探测器均自带隔离功能。

设置手动报警按钮即消防对讲电话插孔；在消防栓箱内设消防栓报警按钮，接线盒设于消防栓的开门侧。

火灾自动报警系统总线设计，根据《火灾自动报警系统设计规范》(GB 50116—2013)，系统总线上应设置总线隔离器，每只总线短路隔离器保护的火灾探测器、手动报警按钮和模块等消防设备的总数不应超过 32 点，总线穿越防火区时，应在穿越处设置总线短路隔离器。

7.3.2.3 消防联动控制

消防联动控制器应按设定的控制器逻辑向相关的受控设备发出联动控制信号，并接受相关设置的联动反馈信号。各受控设备接口的特性参数应与消防联动控制器发出的联动控制信号匹配。

消防泵、防烟和排烟风机的控制设备，除应采用联动控制方式外，还应在消防控制室设置手动直接控制装置。需要火灾自动报警系统联动控制的消防设备，其联动触发信号应采用两个独立的报警触发装置报警信号的“与”逻辑组合。

火灾报警后，消防控制室根据火灾控制情况，控制相关层的正压送风口排烟阀、电动防火阀，并启动相应加压送风机、排烟风机，风机要与相应的阀联动，风机的动作信号要反馈至消防控制室。在消防控制室，对消防火栓、自动喷淋泵、加压送风机、排烟风机等，即可通过现场模块进行自动控制，也可在联动控制台上通过硬件手动控制，并接收其反馈信号。

7.3.3 工程图例

某住宅小区住宅楼消防自动化系统工程图中，图 7-11 为消防系统图；图 7-12 为消防系统地下一层平面图；图 7-13 为消防系统首层平面图；图 7-14 为消防系统二～十五层平面图；图 7-15 为消防系统机房层平面图。

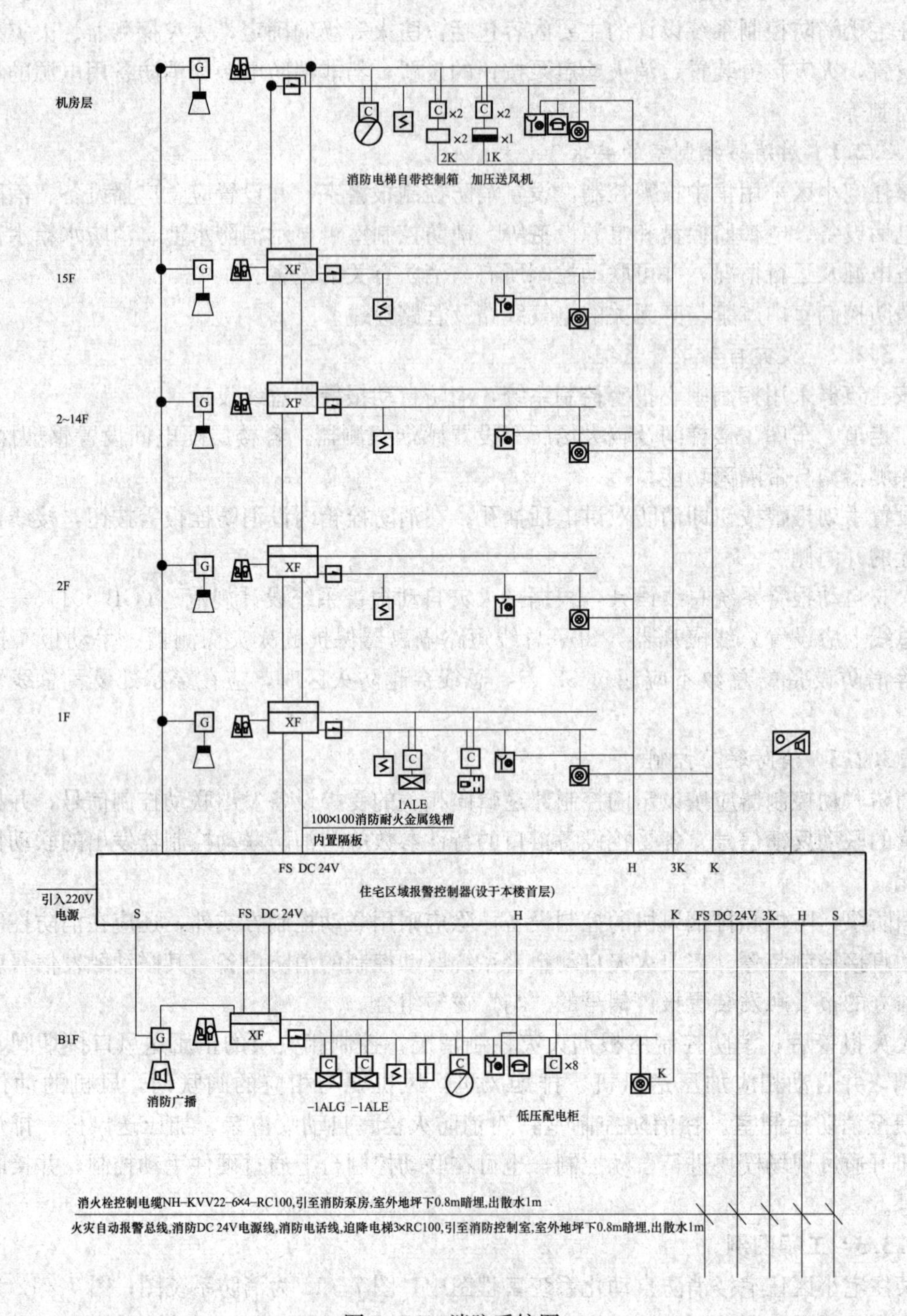

图 7－11　消防系统图

注：1. 本工程供电系统图在设备定货及安装前请与当地供电部门协商，并按当地供电部门要求进行调整。

2. 配电箱，弱电箱尺寸暂定，具体箱体尺寸以已中标厂家尺寸为准。

3. 所有设备型号作为技术标准仅供参考，具体型号以已中标厂家为准。

4. 本工程消防风机，消防水泵控制原理图详见二次原理图，具体待设备厂家确定后，由中标厂家根据自身设备对控制电路进行完善，并与设计及甲方进行沟通。

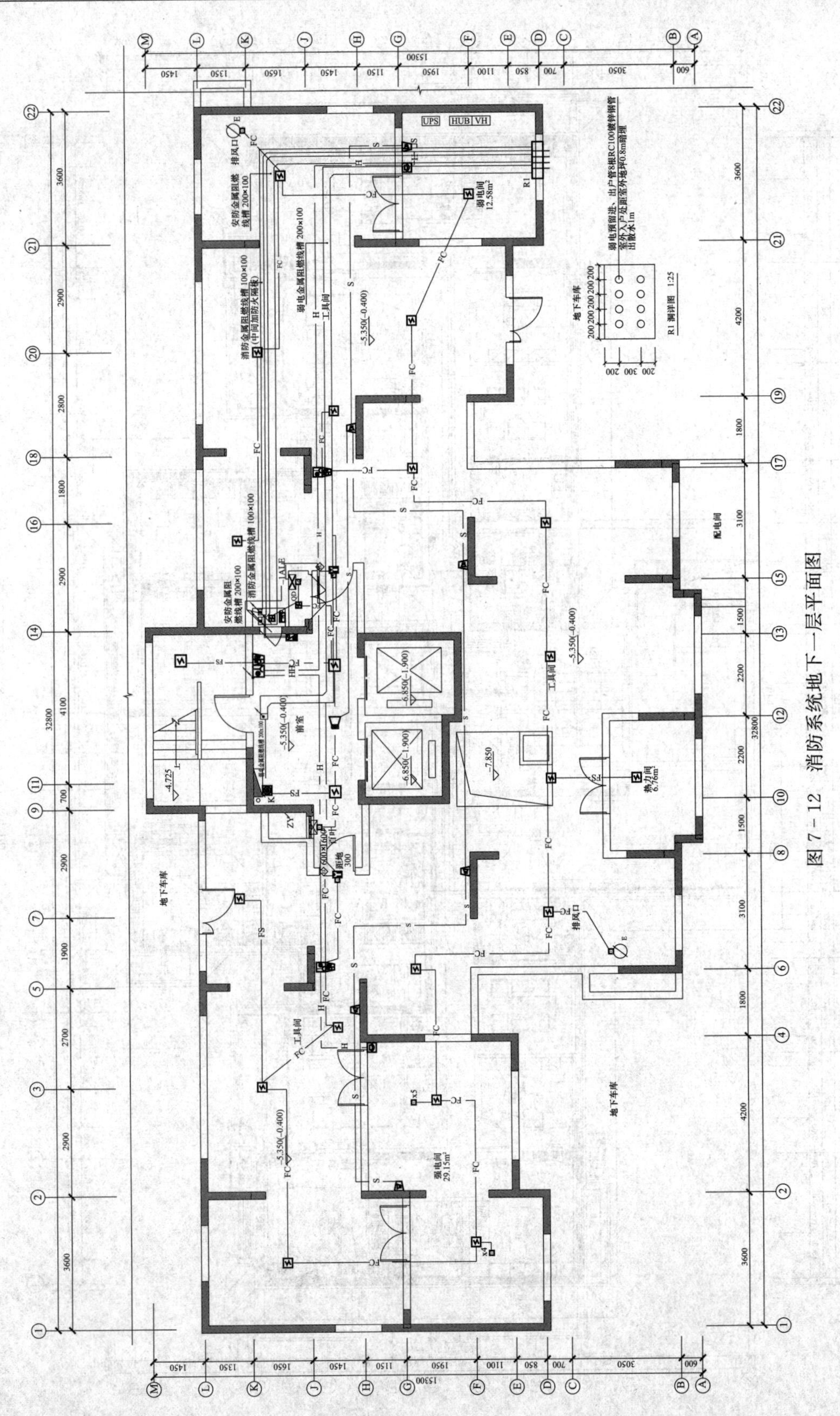

图 7－12 消防系统地下一层平面图

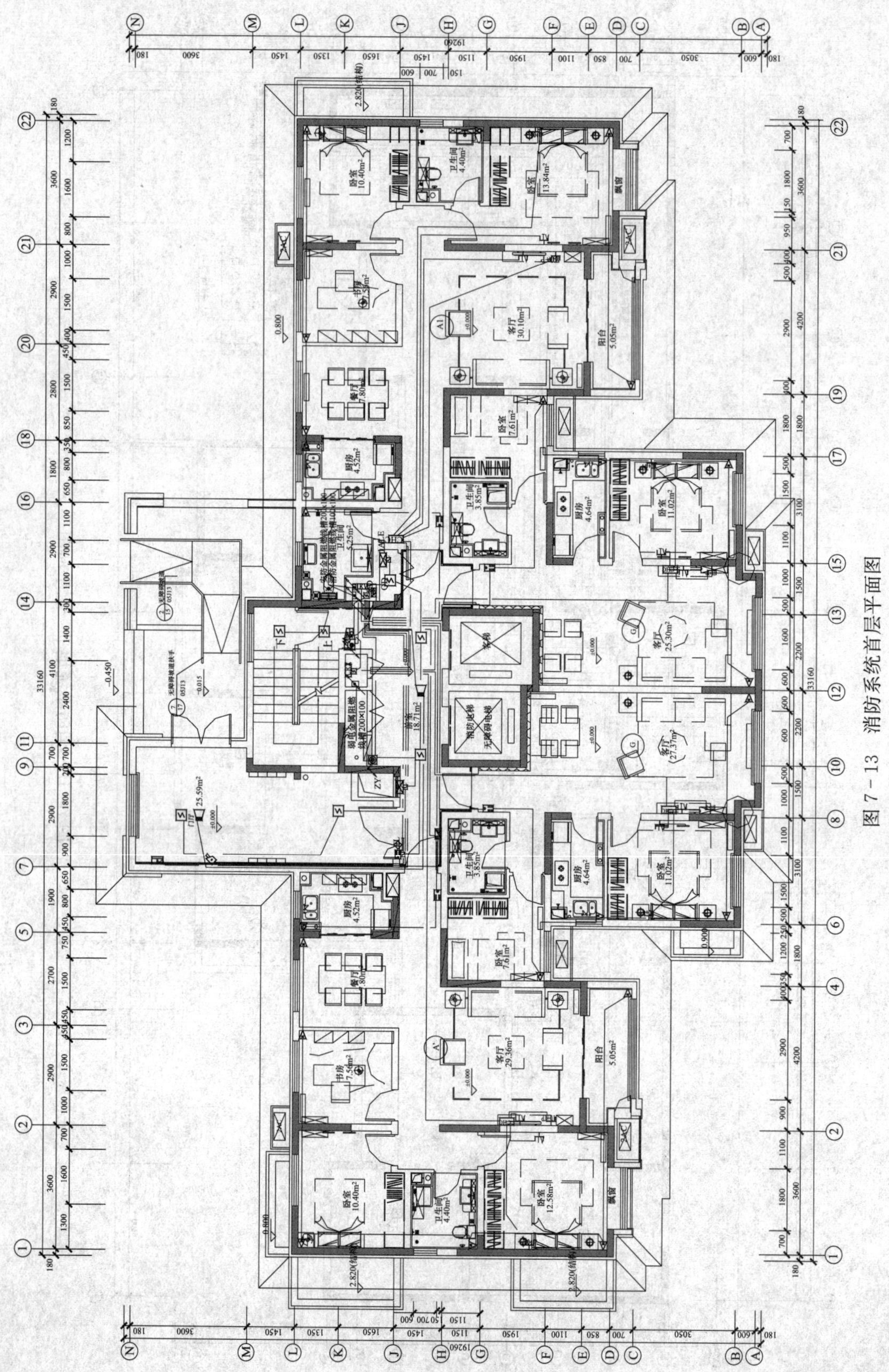

图 7-13　消防系统首层平面图

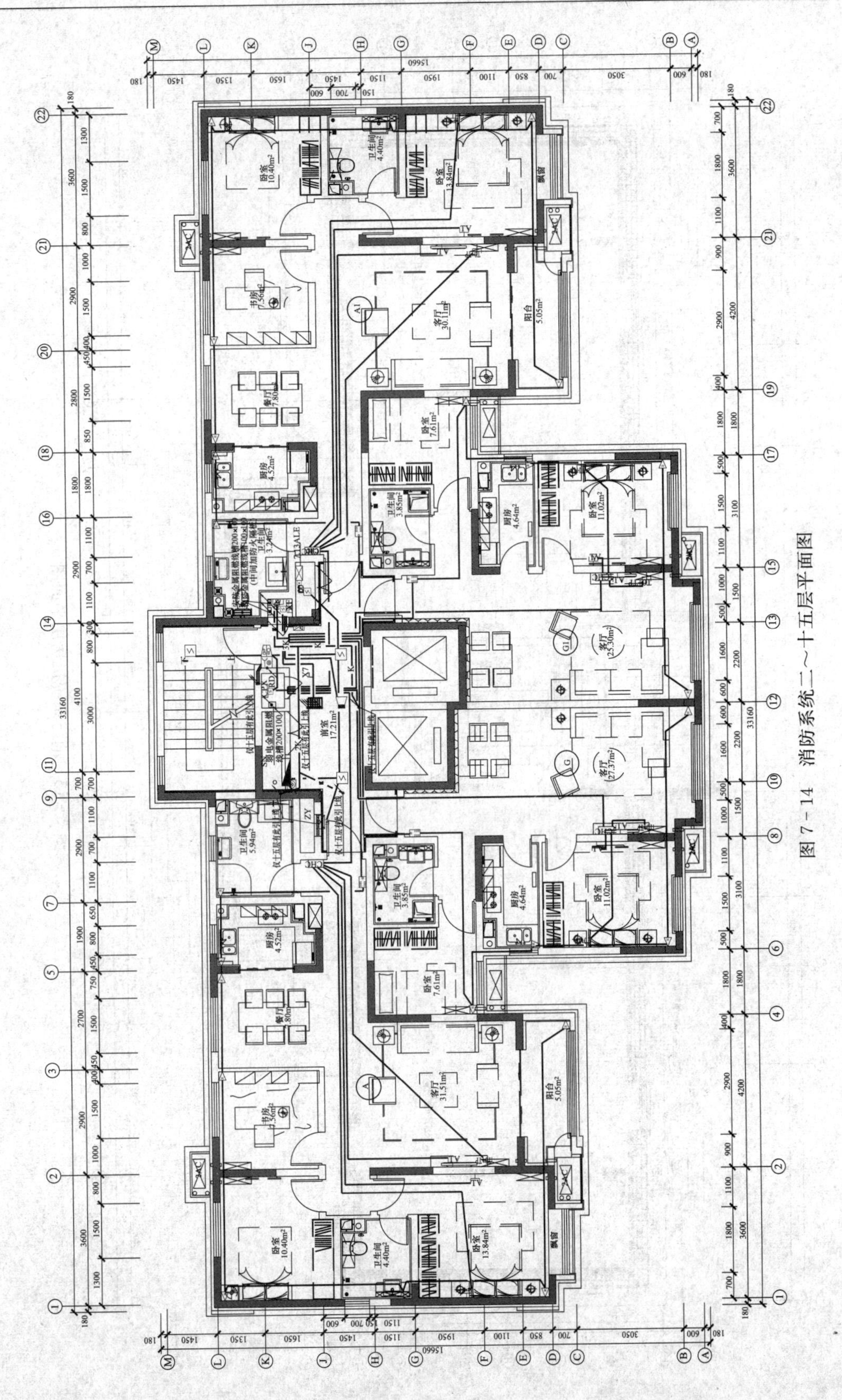

图 7-14 消防系统二～十五层平面图

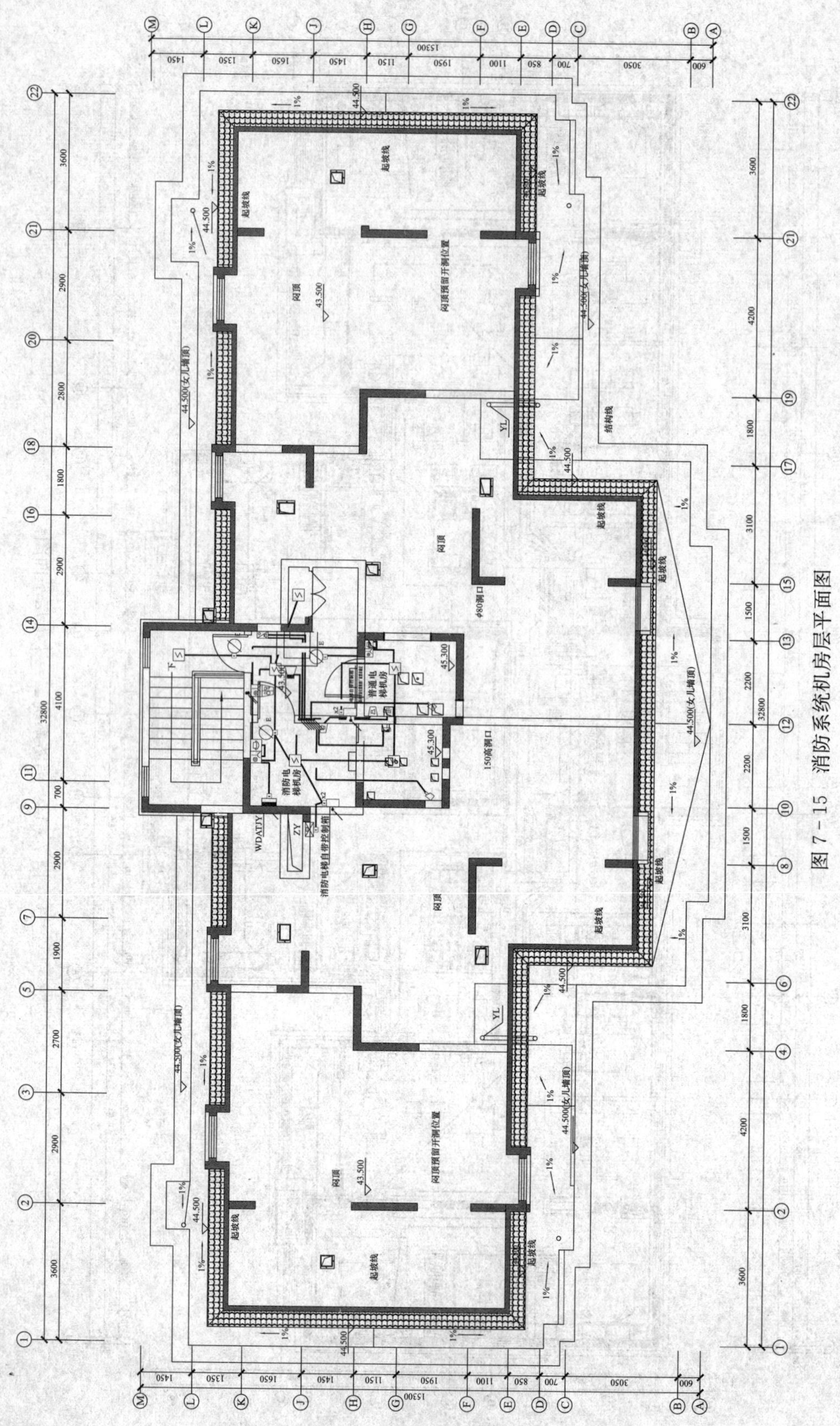

图 7-15 消防系统机房层平面图

7.4 普通居民住宅楼消防系统电气设计识图

7.4.1 工程概况

该项目为普通居民住宅小区住宅楼群消防系统的电气设计，住宅楼均为小高层建筑，楼层高为十三层。每栋楼的建筑结构及消防系统设计相同。因住宅小区中各楼结构相似，所以以小区中一栋楼的消防系统电气设计进行分析解读及识图。

7.4.2 消防控制系统电气设计解读

对于普通居民住宅小区住宅楼群消防系统的电气设计，基本遵循住宅火灾自动报警系统和住宅建筑防火设计规范的规定进行设计。控制中心报警系统的集中报警控制器，设置在居民楼群中，小区专设的消防与安防控制室内。报警控制器与应急广播设备、消防直通对讲电话设备、电梯监控盘和电源设备等组成小区的消防控制系统。消防控制室可显示消防防水池、消防水箱水位、消防设备电源及运行情况，并可联动控制所有与消防有关的设备。

该居民楼采用控制中心报警系统，消防控制系统按总线设计，在楼道及公共场所等设置感烟探测器，厨房设置感温探测器或可燃气体探测器，具体数量根据规范标准计算。

火灾报警后，消防控制室根据火灾情况控制相关火灾区域及对应层的正压送风口、排烟机、电动防火阀，并启动相应加压送风机、排烟风机等。同时，风机对应的阀联动，将其动作信号反馈至消防控制室。在消防控制室，对各消防栓泵、自动喷淋泵、加压送风机、排烟机进行自动控制，也可实现手动控制。

7.4.3 工程图例

普通住宅楼消防系统工程图中，图 7-16 为住宅楼消防系统图；图 7-17 为住宅楼消火栓控制系统图；图 7-18 为住宅楼消防系统照明配电系统图；图 7-19 为住宅楼消防系统首层平面图；图 7-20 为住宅楼消防系统二～十三层平面图。

7.5 商住两用消防系统电气设计识图

7.5.1 工程概况

工程项目为商住两用高层楼的防雷接地系统电气设计，由 3 栋带底商高层住宅楼单体组成。1 号楼地下一层，地上十层，建筑高度为 39.3m；2、3 号楼地下一层，地上十三层，建筑高度为 48m。

1 号楼地下层主要为配电室、生活水泵房、消防水泵房、水箱间；首层及二、三层主要为商店；四～十层为住宅。2、3 号楼地下层主要为：弱电中心、车库等；首层及二、三层主要为商店；四～十三层为住宅。

2 号楼地下层主要为弱电中心、设备间等；首层及二、三层主要为商店；四至十三层为住宅。

3 号楼地下层为车库；首层主要为消防控制室、商场；二、三层为商场。

首层标高 4.5m，其他层为 3.6m，各层商店、商场、走道、门厅等均吊顶，首层吊顶距地 3.6m，其他层吊顶距地 2.7m；配电室、生活水泵房、消防水泵房、弱电中心、设备房、车库等功能性房间不吊顶。该建筑结构为框架结构，基础为桩基。本节主要以 1 号楼的消防控制系统设计为例，识读其消防设计的系统图及平面图等。

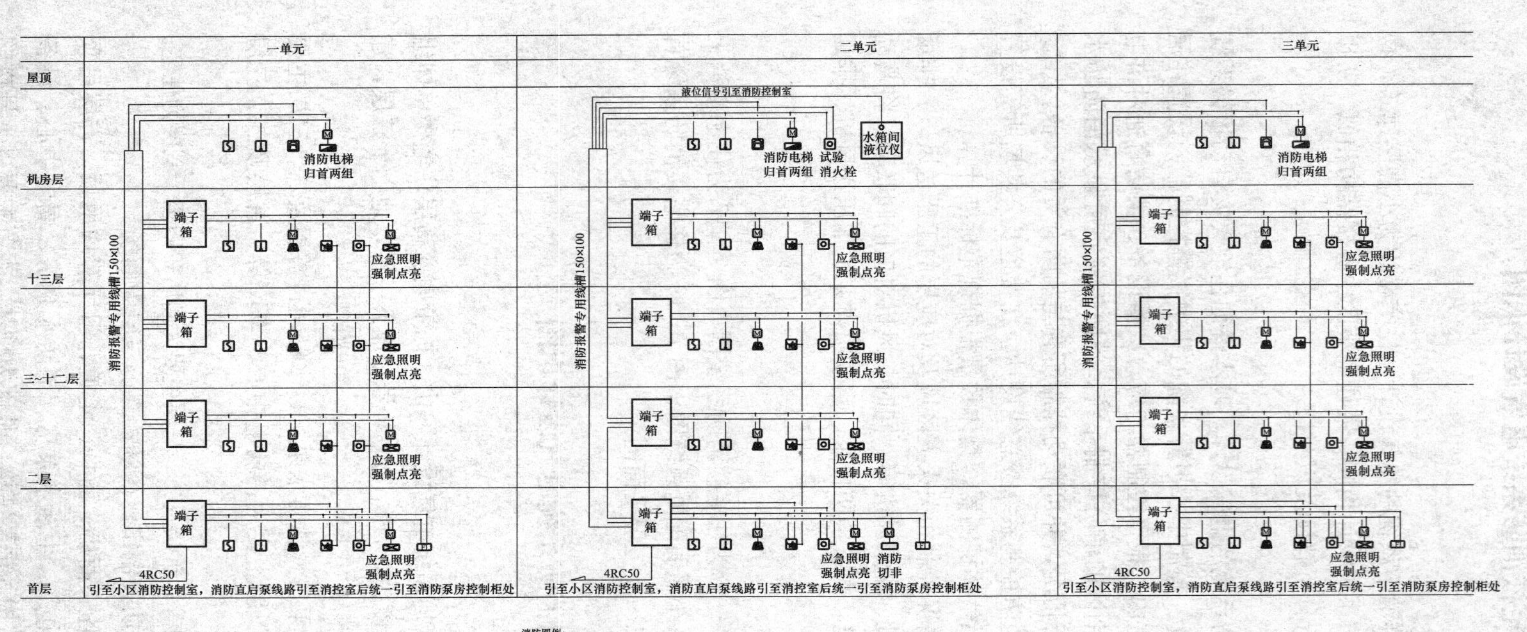

消防管线：

FS 消防报警二总线
ZR–RVS–2×1.5mm²,干线截面为
ZR–RVS–2×2.5mm²

D +24V电源线
ZRBV–2×1.5mm²;干线截面为
ZRBV–2×4mm²

信号二总线+24V电源线
(ZR–RVS–2×1.5mm²+ZR–BV–2×1.5mm²)
–KBG25

FH 电话线
ZRRVS–2×1.0mm²–KBG20

K 消火栓直起泵及反馈灯线
ZRBV–6×2.5mm²–KBG20

液位仪信号线
由厂家配套

消防控制室直启线
ZRKVV–6×1.0–KBG32–CE.WE

联动控制线路
ZRKVV–4×1.0–KBG32–CE.WE

消防图例：

符号	设备名称	安装高度	备注
	手动报警按钮(带电话插孔)	下皮距地1.4m暗装	
	模拟式光电感烟探测器(带自动测试功能)	吸顶	
	感温探测器(带自动测试功能)	吸顶	
	消火栓按钮		消火栓箱内
	消防模块(模块形式及数量由现场确定)	吊顶内或楼板、梁下0.2m	
	消防电话	下皮距地1.4m暗装	
	应急照明配电箱		详相应电气图纸
	动力配电箱(柜)		详相应电气图纸
	一般照明配电箱		详相应电气图纸
	声光报警装置(自带输入、输出模块)	竖井明装	
	消防端子箱	竖井明装	

图 7-16　住宅楼消防系统图

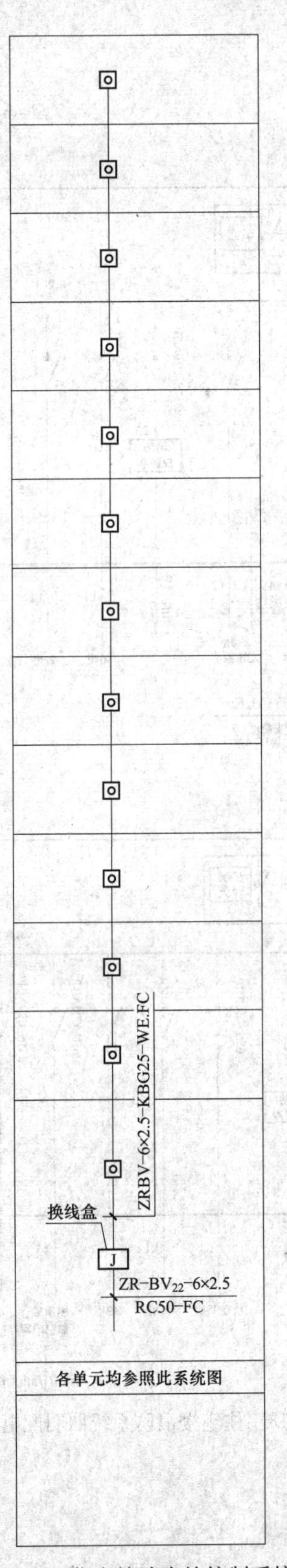

图 7-17 住宅楼消火栓控制系统图

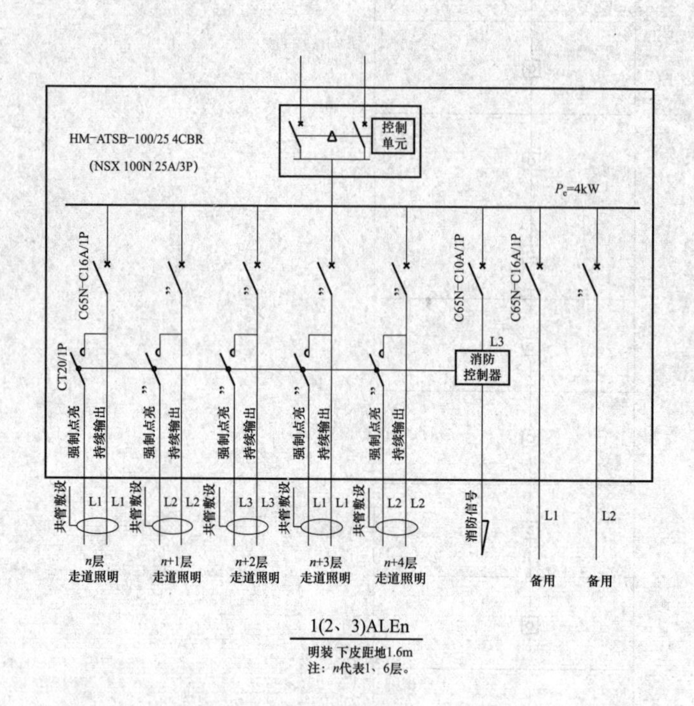

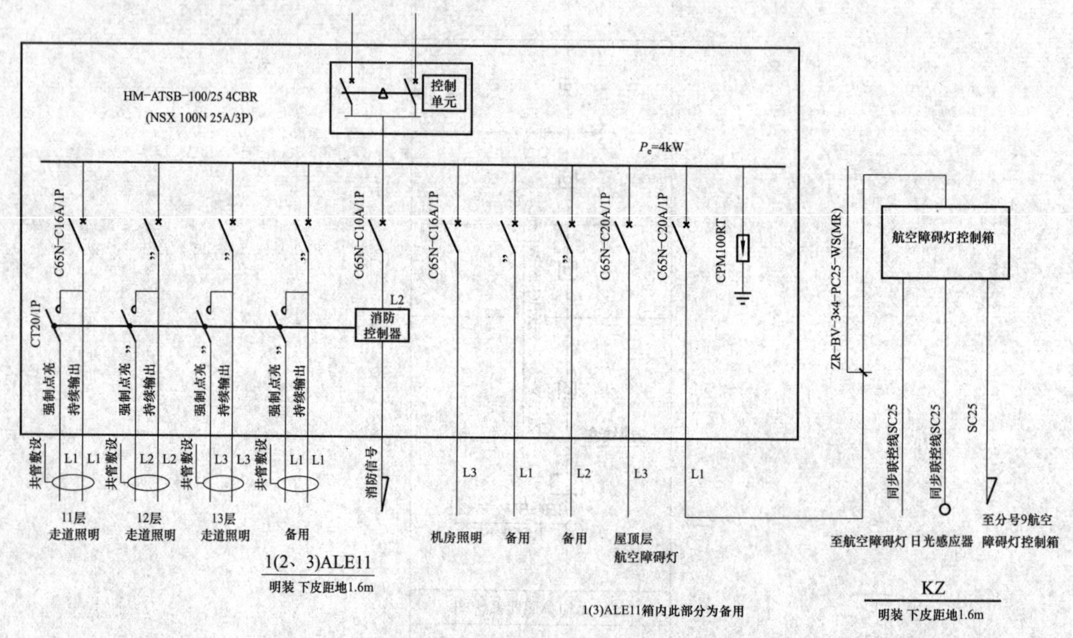

图 7－18　住宅楼消防系统照明配电系统图

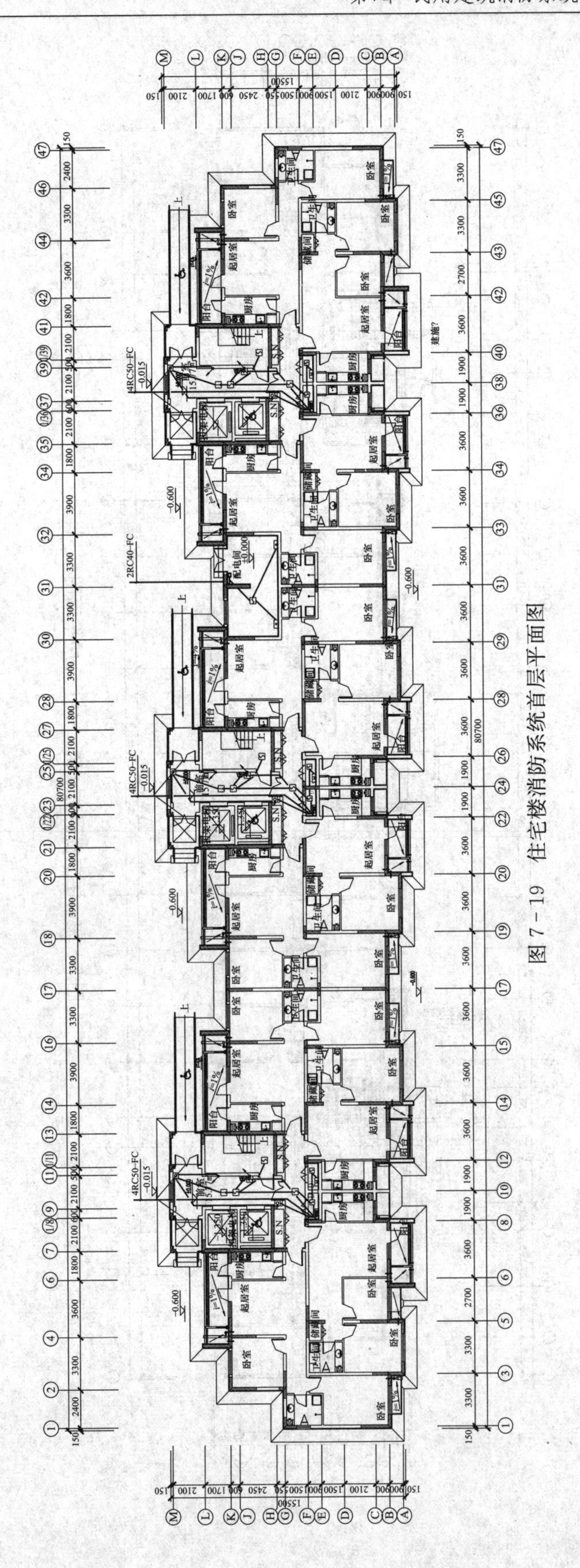

图 7-19 住宅楼消防系统首层平面图

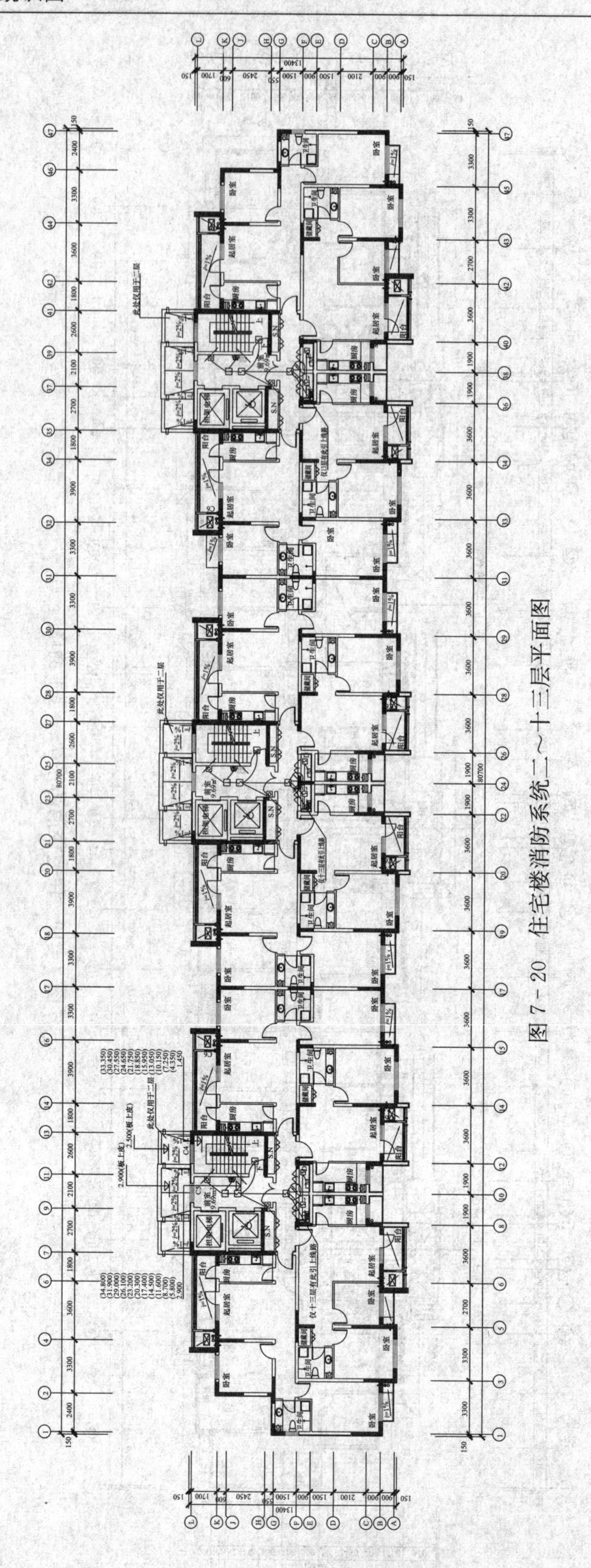

图 7－20　住宅楼消防系统二～十三层平面图

7.5.2 消防系统电气设计解读

该工程为二类高层建筑，根据建筑物及各方面的要求，选择智能型总线制火灾自动报警及联动控制系统，并与其他相关系统联网。

7.5.2.1 设计方案及要求解读

(1) 消防控制中心设在 3 号楼一层消防控制中心内。每层设置重复显示屏、手动报警按钮（带专用通信接口）、声光报警；根据规范设置感温感烟探测器，商场、电梯厅、走道等场所采用感烟探测器，厨房、车库等场所采用感温探测器；此外，在消火栓箱内设有直接启动消防泵的控制按钮。

(2) 报警系统具有自动灭火与联动控制功能。火警发生后，消防中心在接到管道压力信号或手动自动报警信号后，能自动（或手动）启动喷淋泵，启动消火栓泵，启动正压风机及排烟风机，启闭有关阀门，启动防火卷帘，强制电梯降至首层。关闭空调机组、通风机、动力、普通照明等非消防电源，接通相关区域警报装置，并通过智能照明控制系统开启应急照明及疏散诱导灯。消防水泵、防烟和排烟风机的控制设备在采用总线编码模块控制时，在消防控制室设置手动直接控制装置。

(3) 在消防中心设置消防广播（与公共广播合用）机柜，各区域扬声器与消防应急广播系统兼用。平时，可通过系统实现有选择的区域公共广播，火灾时可由消防中心控制实施全楼的火灾应急广播。消防中心值班人员可根据火灾发生的区域，自动或手动进行火灾广播，及时指挥疏导人员撤离火灾现场。

(4) 火灾声光警报装置应符合下列规定：

1) 在设置火灾应急广播的建筑物内，也应设置火灾警报装置。此时应采用分时播放控制（先鸣警报 1min，后播放应急广播）。

2) 每个防火分区至少应设一个火灾报警装置，其位置宜设在各楼层走道靠近楼梯出口处。报警装置宜采用手动或自动控制方式。

3) 在环境噪声大于 60dB 的场所设置火灾报警装置时，其声警报器的声压级应高于背景噪声 15dB。

(5) 在消防中心设置消防专用电话总机，除在手动火灾报警按钮处设置电话插孔外，还在消防水泵房、配电室、排烟机房、消防电梯机房、主要的空调机房及管理值班室等处设置消防专用电话分机。

(6) 在消防中心设置电梯监控盘，除显示各电梯运行状态、层楼显示外，还设置正常、故障、开门、关门等状态显示。楼宇自动化系统（BA）系统由此采集信号。火灾时，根据火灾情况及场所，由消防中心电梯监控盘发出指令，指挥电梯按消防程序运行，除消防电梯保持运行外，其余电梯均强制返回一层并开门。

(7) 消防中心显示消防水池和屋顶水箱的液位状态。

(8) 报警及联动控制系统的布线原则上采用金属管暗敷，应敷设于不燃烧体结构内，且保护层厚度不宜小于 30mm，如必须明敷，应在金属管上采取防火保护措施。

(9) 工程设置漏电火灾报警系统，漏电火灾报警监控主机设于消防控制中心，在各楼层照明配电箱的总开关处设置漏电报警监控器。该系统能探测漏电电流、过电流等信号，发出声光信号报警，准确报出故障线路地址，监视故障点的变化；储存各种故障和操作试验信号，信号存储时间不少于 12 个月；切断漏电线路上的电源，并显示其状态；显示系统电源

状态。

7.5.2.2 消防系统设计与说明

下面以1号楼首层为例，分析各设备的选取及布置。

(1) 火灾探测器的布置。该建筑为二级保护对象，应采用总体保护方式，即在建筑物中，商场区在主要的场所和部位都应设置火灾探测器保护；住宅区在楼梯走道设置火灾探测器保护，在厨房设置气体探测器。该工程除了厕所等不易发生火灾的场所以外，其余场所根据规范要求均设置感烟探测器。

下面以1号楼首层商店2为例，对每个探测区域布置探测器个数的计算：

1) 确定感烟探测器的保护面积A和保护半径R。

因保护区域面积$S=13.9\times4.5=62.55\text{m}^2$

房间高度$H<6\text{m}$

顶棚坡度$\theta=0°$，即$\theta\leqslant150$

查表7-1可得，感烟探测器：保护面积$A=80\text{m}^2$；保护半径$R=6.7\text{m}$。

2) 计算所需探测器数N，取$K=0.9$。

由式(7-1)得

$$N\geqslant\frac{S}{KA}=\frac{62.55}{0.9\times80}=1\quad(\text{只})$$

3) 确定探测器安装距离。查GB 50116—2013中附录E，探测器的安装间距定为：$a=14\text{m}$，$b=5.7\text{m}$。

4) 校核。探测器之间保护的距离

$$r=\sqrt{\left[\left(\frac{a}{2}\right)\right]^2+\left[\left(\frac{b}{2}\right)\right]^2}=\sqrt{\left[\left(\frac{14}{2}\right)\right]^2+\left[\left(\frac{5.7}{2}\right)\right]^2}=7.6\text{m}>6.7\text{m}$$

不满足保护半径R的要求，故选2只探测器。

查GB 50116—2013中附录E，探测器的安装间距定为：$a=10\text{m}$，$b=8\text{m}$。

探测器之间保护的距离$r=\sqrt{\left[\left(\frac{a}{2}\right)\right]^2+\left[\left(\frac{b}{2}\right)\right]^2}=\sqrt{\left[\left(\frac{10}{2}\right)\right]^2+\left[\left(\frac{8}{2}\right)\right]^2}=6\text{m}<6.7\text{m}$

$A>=a\times b=80\text{m}^2$，满足保护半径$R$的要求。

根据平面图实际情况将2只探测器均匀布置于屋顶即可。

(2) 消防应急广播的布置。消防应急广播的设置要求：

1) 走道等公共场所，扬声器的设置数量，应能保证从本层任何部位到最近一个扬声器的步行距离不超过25m。走道末端最后一个扬声器距墙不大于8m。

2) 走道等公共场所装设的扬声器，额定功率不应小于3W，实配功率不应小于2W。

3) 房内扬声器额定功率不应小于1W。

4) 设置在空调等处，有背景噪声干扰场所内的扬声器，在其播放范围内最远点的播放声压级应高于背景噪声15dB，并据此确定扬声器功率。

依此要求并根据平面图实际情况在各房间及走道和楼梯间共布置14个事故广播扬声器。

(3) 消防专用电话的布置。消防专用电话是用于消防控制室与消防专用电话分机设置点

的火情通话，其设置要求如下：

1）建筑物内消防泵房、通风机房、主要变配电室、电梯机房、区域报警控制器及卤代烷等管网灭火系统应急操作装置处，以及消防值班、警卫办公用房等处应装设火警专用电话分机。

2）电话总机应为人工交换机，且设于消控室内。

3）消防火警电话用户话机或送受话器的颜色宜采用红色，在墙上安装时，底边距地高度为1.5m。

4）火警电话布线不应与其他线路同管或同线束布线。

5）消防控室内，除有专用的火警电话总机外，还应设有拨打“119”火警电话的电话机。

6）根据建筑物的实际情况，1号楼首层不需要布置消防对讲专用电话。

（4）手动报警按钮的布置。在适当位置布置手动报警按钮，每个防火分区至少设置一只手动报警按钮，从一个防火分区内的任何位置到最邻近的一个手动报警按钮的步行距离，不大于25m。手动报警按钮需设置电话插孔。依此要求并根据平面图实际情况，在公共走道共布置6个带消防对讲通话插孔的手动报警按钮；在每个商店布置1个带消防对讲通话插孔的手动报警按钮。1号楼首层共布置14个带消防对讲通话插孔的手动报警按钮。

（5）声光报警器的布置。在适当位置布置声光报警器，每个防火分区至少设置一个声光报警器，从一个防火分区内的任何位置到最邻近的一个声光报警器的步行距离，不大于25m。依此要求并根据平面图实际情况，在公共走道共布置6个声光报警器。

（6）消火栓启泵按钮的布置。在适当位置布置消火栓启泵按钮，每个消火栓设置一个消火栓启泵按钮，从一个防火分区内的任何位置到最邻近的一个消火栓启泵按钮的步行距离，不大于30m。依此要求并根据平面图实际情况，在公共走道共布置6个消火栓启泵按钮。

（7）楼层显示器的布置。根据设置要求：在走道、消防电梯前室等公共场所设置楼层显示器。依此要求并根据平面图实际情况，在公共走道共布置2个楼层显示器。

（8）消防联动控制系统。火灾发生时，消防中心的火灾报警控制器可对非消防用电设备进行断电控制，并接通报警装置，发出火警声光信号及自动转换到事故照明状态（火灾应急照明、疏散指示标志灯、楼层显示器），并对消火栓进行联动控制，开启消防泵以保障救火。设于空调通风管道上的防排烟阀，是在各个防火分区之间通过的风管内装设的（一般在70℃时关闭，这些阀是为防止火焰经风管串通而设置的）。宜采用定温保护装置直接动作阀门关闭。只有必须要求在消防控制室远方关闭时，才采取远方控制。关闭信号要反馈至消防控制室，并停止有关部位风机。水流指示器报警阀报警信号的接收主要目的是打开喷淋泵，其过程是：喷水→水流指示器动作→报警器接收报警→发出声光信号→管网水压下降→压力开关动作→报警器接收报警→启动喷淋泵。

（9）公共广播系统。该工程设置公共广播系统，包括背景广播和消防应急广播，消防应急广播系统全部利用背景广播系统的扩声设备、馈电线路和扬声器等装置，背景广播主机设在1号楼地下室弱电中心内，消防应急广播主机在3号楼一层消防控制中心内。

（10）背景广播。

1）系统设计按照防火分区划分广播回路，在每个防火分区内按照功能用房细分广播回路。

2）在商店、门厅、电梯厅、楼梯、走道等处均设置扬声器。小商店扬声器设置音量开关就地控制，采用三线制接线，以确保消防强切控制线路的简洁可靠；车库及设备大房间设置消防应急扬声器，采用二线制接线，作消防专用。该系统根据背景广播和消防应急广播的要求对扬声器分区，每区可以根据需要关闭或开启，并在有火警时，根据消防报警系统发来的信号，自动分区切换到紧急广播。

3）广播传输线路的敷设按照消防防火要求进行敷设；采用金属管敷设在非燃烧体的结构层内，保护层厚度不小于 30mm。采用明敷时，金属管及金属线槽应采取涂防火涂料保护。

（11）消防应急广播。火灾应急广播扬声器的设置应符合下列要求：

1）走道、大厅、商场等公共场所，扬声器的设置数量，应能保证从一个防火分区内的任何部位到最近一个扬声器的距离不超过 25m。在走道交叉处、拐弯处均应设扬声器。走道末端最后一个扬声器至走道末端的距离不大于 12.5m。

2）走道、大厅等公共场所装设的扬声器，额定功率为 5W。

3）商店内扬声器额定功率为 3W。

4）设置在通风机房、设备房和车库等处，有背景噪声干扰场所内的扬声器，在其播放范围内最远点的播放声压级应高于背景噪声 15dB。

消防应急广播系统在 3 号楼一层消防控制中心内设置专用的播放设备，扩音机容量按扬声器计算总容量的 1.3 倍确定，应符合下列规定：

1）火灾时应能在消防控制室将火灾疏散层的扬声器和广播音响扩音机，强制转入火灾应急广播状态。

2）商店内设置的扬声器，应有火灾广播功能。

3）采用射频传输集中式音响播放系统时，商店内扬声器有紧急播放火警信号功能。

7.5.3 工程图例

该商住两用高层楼消防系统工程图中，图 7－21 为商住两用高层楼消防系统图；图 7－22 为商住两用高层楼各消防系统干线图；图 7－23 为商住两用高层楼消防系统首层平面图；图 7－24 为商住两用高层楼消防系统二层平面图；图 7－25 为商住两用高层楼消防系统三层平面图。

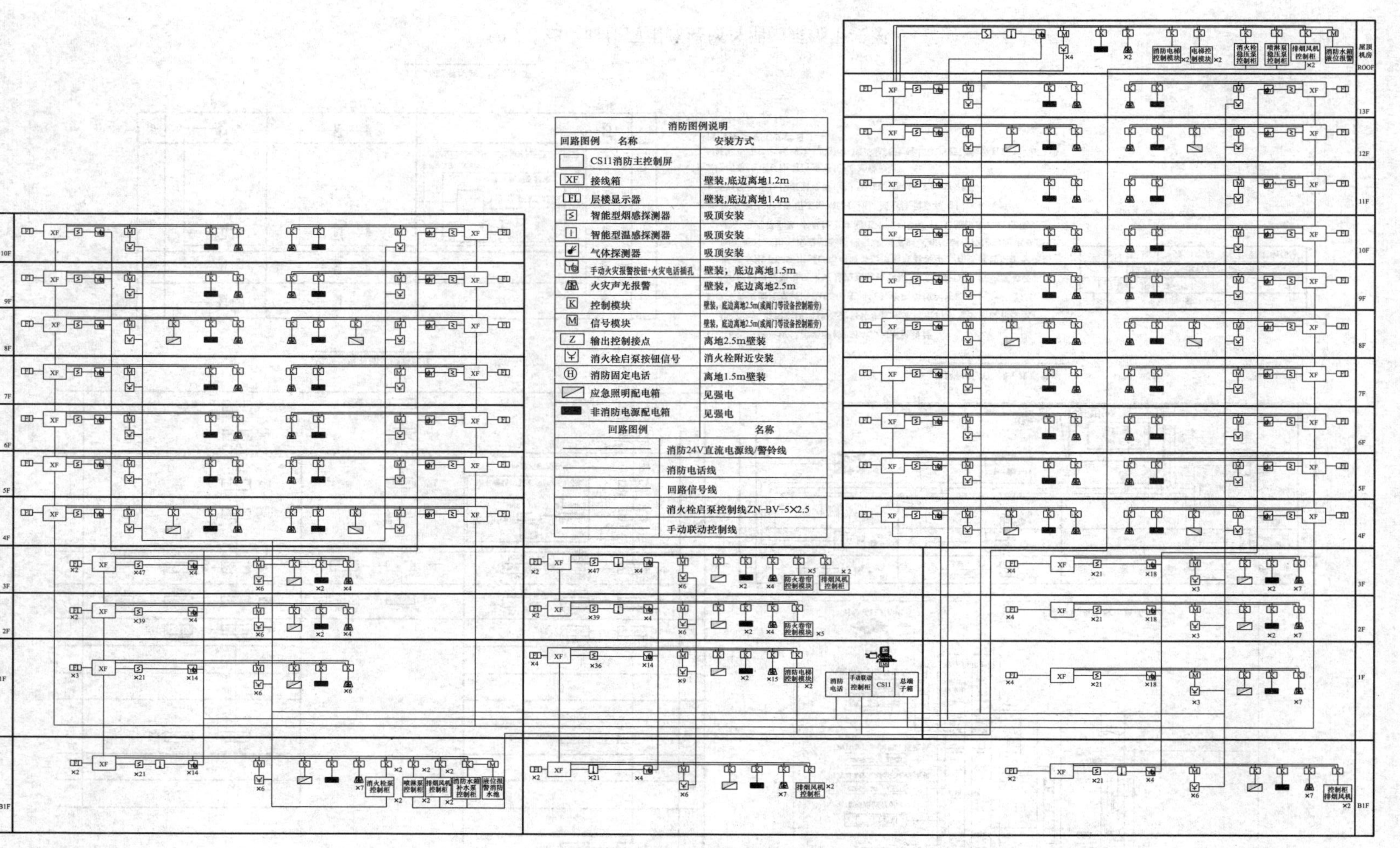

图7-21 商住两用高层楼消防系统图

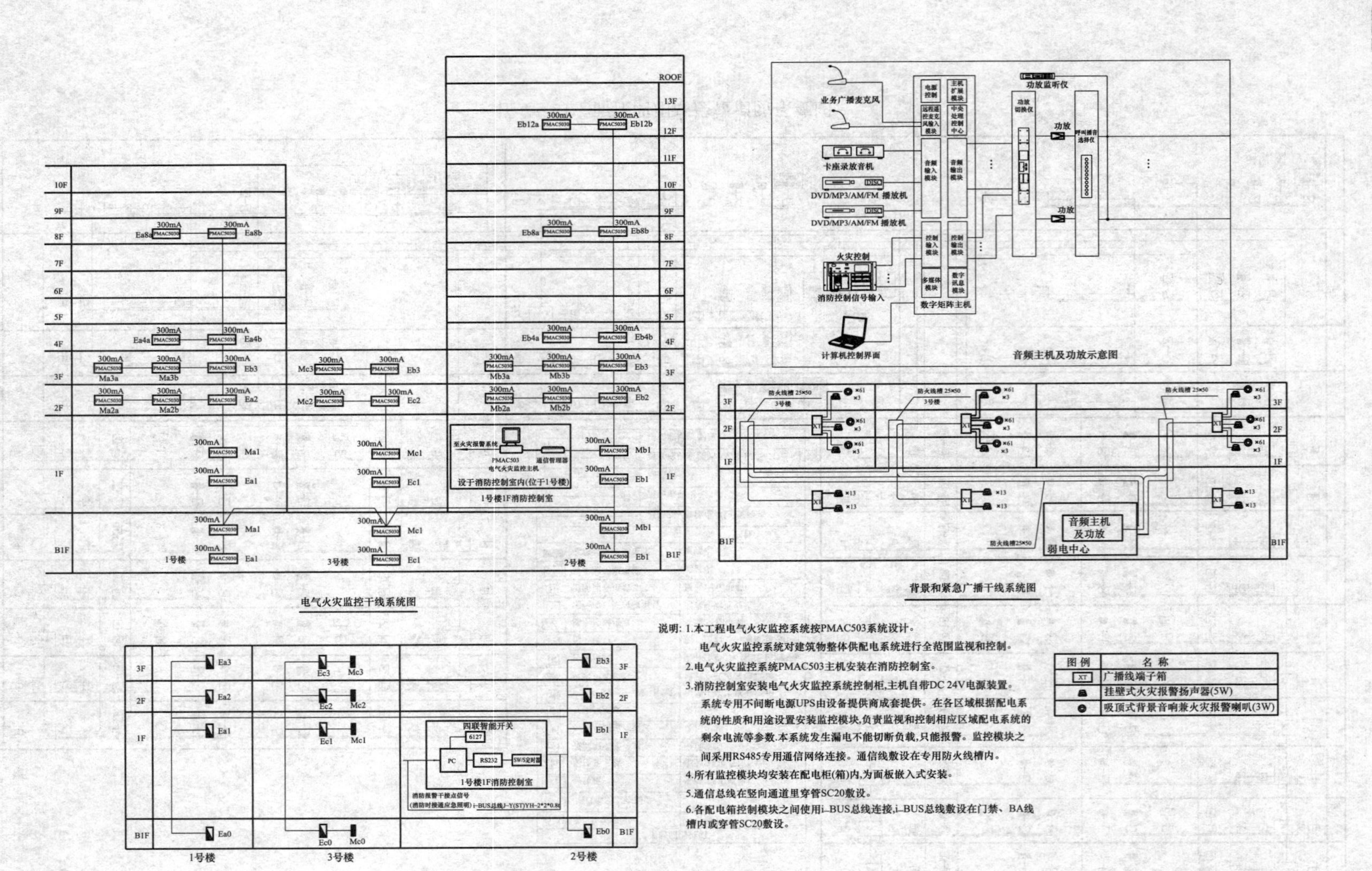

图 7-22　商住两用高层楼各消防系统干线图

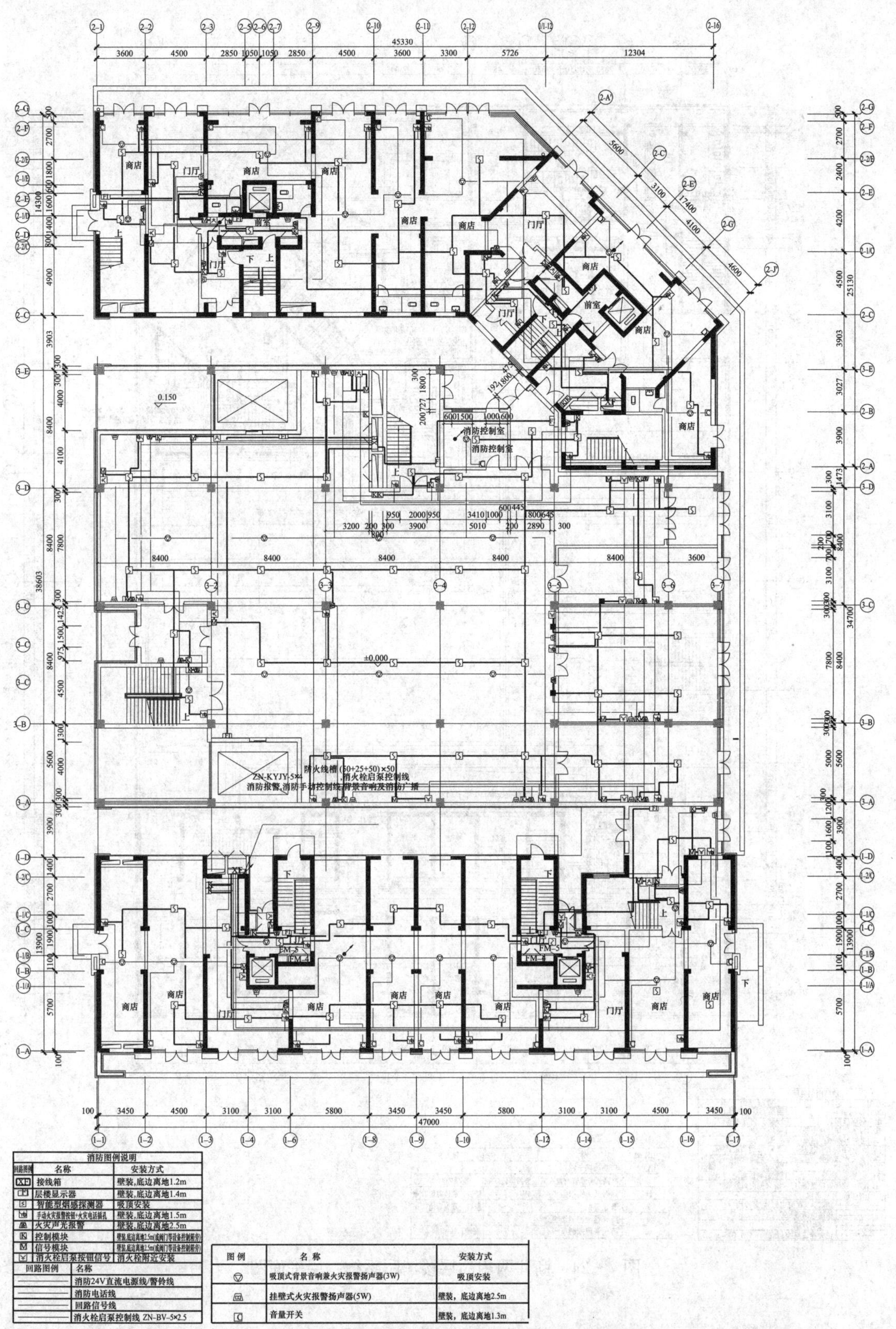

消防图例说明		
回路图例	名称	安装方式
XF	接线箱	壁装,底边离地1.2m
F	层楼显示器	壁装,底边离地1.4m
S	智能型烟感探测器	吸顶安装
	手动火灾报警按钮+火灾电话插孔	壁装,底边离地1.5m
	火灾声光报警	壁装,底边离地2.5m
K	控制模块	壁装,底边离地2.5m(或阀门等设备控制箱旁)
M	信号模块	壁装,底边离地2.5m(或阀门等设备控制箱旁)
Y	消火栓启泵按钮信号	消火栓附近安装

回路图例	名称
	消防24V直流电源线/警铃线
	消防电话线
	回路信号线
	消火栓启泵控制线 ZN-BV-5×2.5

图例	名称	安装方式
	吸顶式背景音响兼火灾报警扬声器(3W)	吸顶安装
	挂壁式火灾报警扬声器(5W)	壁装，底边离地2.5m
C	音量开关	壁装，底边离地1.3m

图 7-23 商住两用高层楼消防系统首层平面图

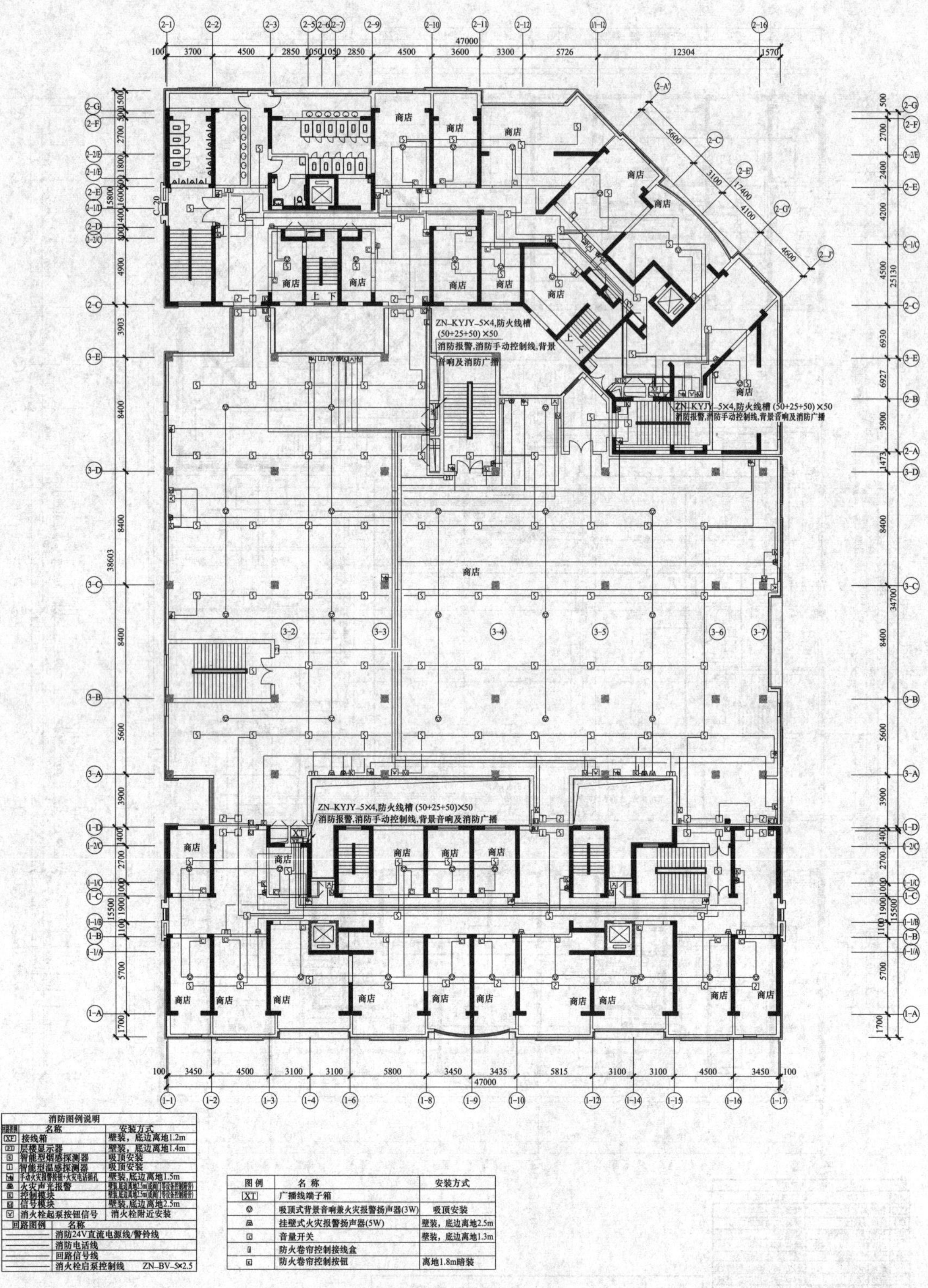

回路图例	名称	安装方式
XF	接线箱	壁装，底边离地1.2m
FI	层楼显示器	壁装，底边离地1.4m
S	智能型烟感探测器	吸顶安装
I	智能型温感探测器	吸顶安装
Y	手动火灾报警按钮+火灾电话插孔	壁装,底边离地1.5m
	火灾声光报警	壁装,底边离地2.5m(或阀门等设备控制箱旁)
K	控制模块	壁装,底边离地2.5m(或阀门等设备控制箱旁)
M	信号模块	壁装,底边离地2.5m
Y	消火栓起泵按钮信号	消火栓附近安装

回路图例	名称
——	消防24V直流电源线/警铃线
——	消防电话线
——	回路信号线
——	消火栓启泵控制线　ZN-BV-5×2.5

图 例	名 称	安装方式
XT	广播线端子箱	
	吸顶式背景音响兼火灾报警扬声器(3W)	吸顶安装
	挂壁式火灾报警扬声器(5W)	壁装，底边离地2.5m
C	音量开关	壁装，底边离地1.3m
J	防火卷帘控制接线盒	
K	防火卷帘控制按钮	离地1.8m暗装

图 7-24　商住两用高层楼消防系统二层平面图

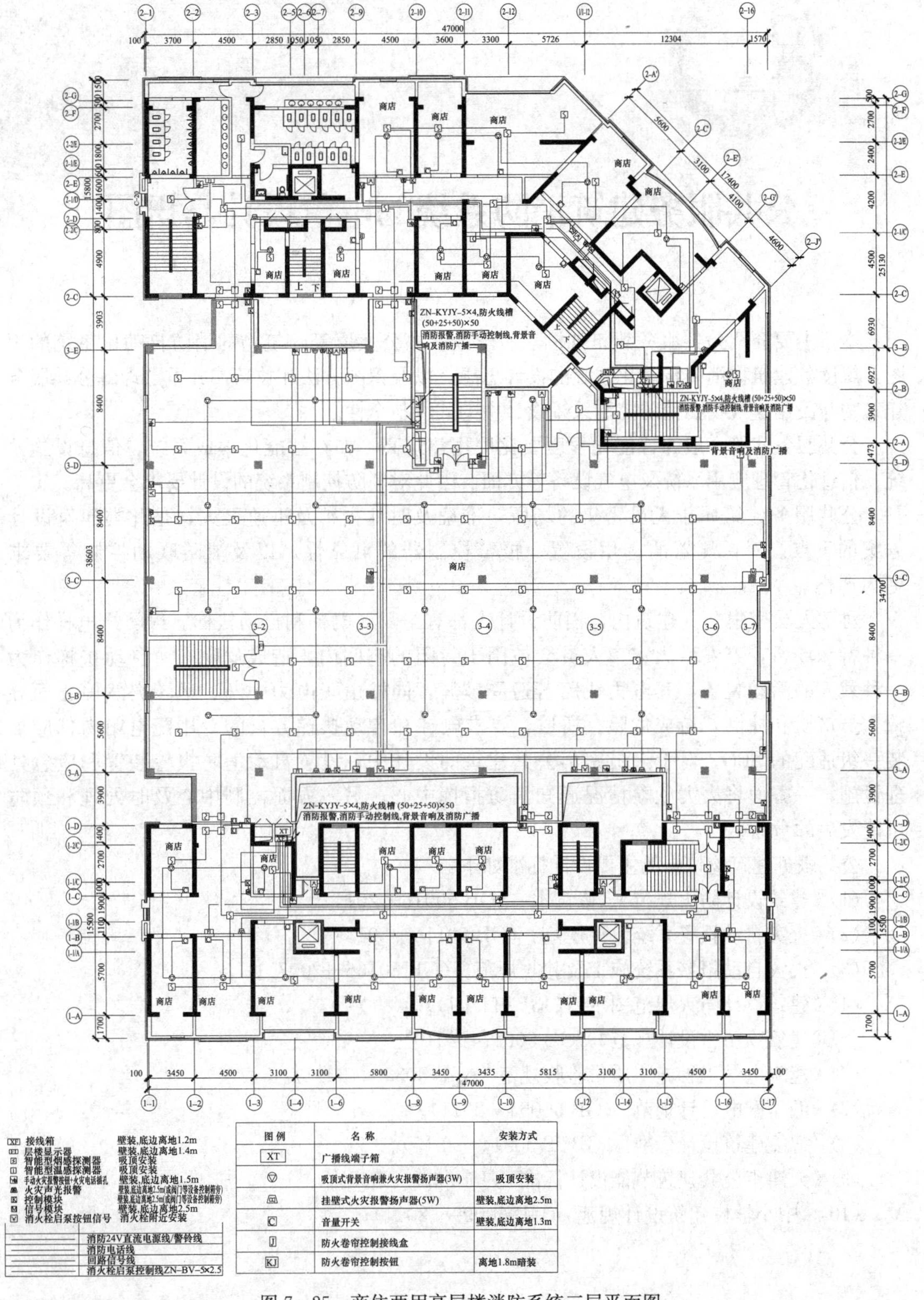

图 7-25 商住两用高层楼消防系统三层平面图

公共服务建筑消防系统的电气设计与识图

本章主要介绍公共服务建筑如酒店、学校、办公大厦等建筑物的消防自动化系统的识图，解读各建筑物消防自动化系统的设计思想，以及识图方法和技巧，并重点理解公共服务建筑物与民用建筑物在消防控制系统设计中的共性与个性。

公共服务建筑一般的智能化程度要比民用建筑高，如在智能化集成系统、信息设施系统、信息化管理应用系统及电气设备等方面。因此对消防控制系统的设计要求会更高。

公共服务建筑属于人员密集的场所，准确及时地报警及迅速灭火，是此类建筑设计方案的重点。对探测器的选用设置、报警控制器的可靠性，以及消防联动控制等要求更为严格。

对于人员密集公共建筑内，消防设计大都有封闭式电梯和自动扶梯。封闭式电梯作为一种特殊场所，若发生火灾，人员会被困于封闭的空间内，造成危险。而自动扶梯作为一种载人的活动装置，其电力线路若遭受破坏，同样由于电力中断、运转突然停止而导致人员挤压和摔倒，造成危险。所以，要求电梯和自动扶梯各自的专用配电箱内都应加装一级适配的SPD。对于人员密集公共建筑的设计中，设置自动消防报警装置和应急处理设施，一方面将火灾危险情况通知消防指挥中心；另一方面控制中心及时处理和预防可能发生的危害。

公共服务建筑物依据的主要设计标准如下：

(1)《建筑设计防火规范》(修订本)(GB 50016—2014)。

(2)《火灾自动报警系统设计规范》(GB 50116—2013)。

(3)《火灾自动报警系统施工及验收规范》(GB 50166—2007)。

(4)《建筑设计防火规范图示》(13J 811-1)。

(5)《建筑物防雷设计规范》(GB 50057—2010)。

(6)《建筑电气工程施工质量验收规范》(GB 50303—2011)。

(7)《低压配电设计规范》(GB 50054—2011)。

(8)《智能建筑设计标准》(GB/T 50314—2015)。

(9)《天津市公共建筑节能设计标准》(J 10633—2008)。

(10)《中小学校建筑设计规范》(GB 50099—2011)。

8.1 政法大楼消防系统电气设计识图

8.1.1 工程概述

工程总建筑面积约为10 000m²，地上建筑高度为40.5m。工程属二类高层建筑，建筑物共十一层，地上十层，第一层高2.8m，二～八层高3.8m，九～十层高4.2m。建筑内地上一层为弱电机房、储藏、设备用房及配电室等；二～九层为办公用房；十层为职工餐厅和大会议室，地下一层为独立停车场。

8.1.2 消防系统电气设计解读

该工程消防控制室设置在一层，内设消防控制器，消防控制系统应具有以下功能：

(1) 控制消防设备的启动和停止，并显示其工作状态。

(2) 消防水泵、喷淋泵、防烟和排烟风机、消防送风机等消防设备的启动和停止，既能自动控制，又能手动控制。

(3) 能显示火灾报警、故障报警部位；显示系统供电电源的工作状态。

(4) 消防广播与背景音乐共用传输线路及扬声器，在正常情况下，线路传输业务广播，在火灾情况下，业务广播切除，强切至消防广播，消防广播和业务广播切换系统集中设于消防控制室内。

(5) 消防控制室应设置火灾报警装置与应急广播的控制装置。

(6) 消防控制室在确认火灾后，应能切断有关部位的非消防电源，并接通报警装置及火灾应急照明灯，并强制启动各设备的应急照明。

(7) 消防控制室在确认火灾后，应能控制电梯全部迫降至首层，并接收其反馈信号。

(8) 消防控制室对室内消火栓系统，自动喷水系统应具有控制功能。

(9) 设备安装及布线。

1) 探测器吸顶明装，指示灯朝向门，手动报警按钮挂墙明装，下沿离地1.4m，声光报警器挂墙明装，报警器及控制模块地下沿离地2.3m，短路隔离器安装在接线端子箱内，或附近其余模块安装在其设备附近。

2) 系统布线可对照消防控制系统图及平面图分析和识读。

8.1.3 工程图例

该建筑消防系统工程图中，图8-1为政法大楼消防系统图及说明；图8-2为政法大楼消防系统首层平面图；图8-3为政法大楼消防系统第二层平面图；图8-4为政法大楼消防系统第三层平面图；图8-5为政法大楼消防系统第十层平面图；图8-6为政法大楼消防系统机房层平面图。

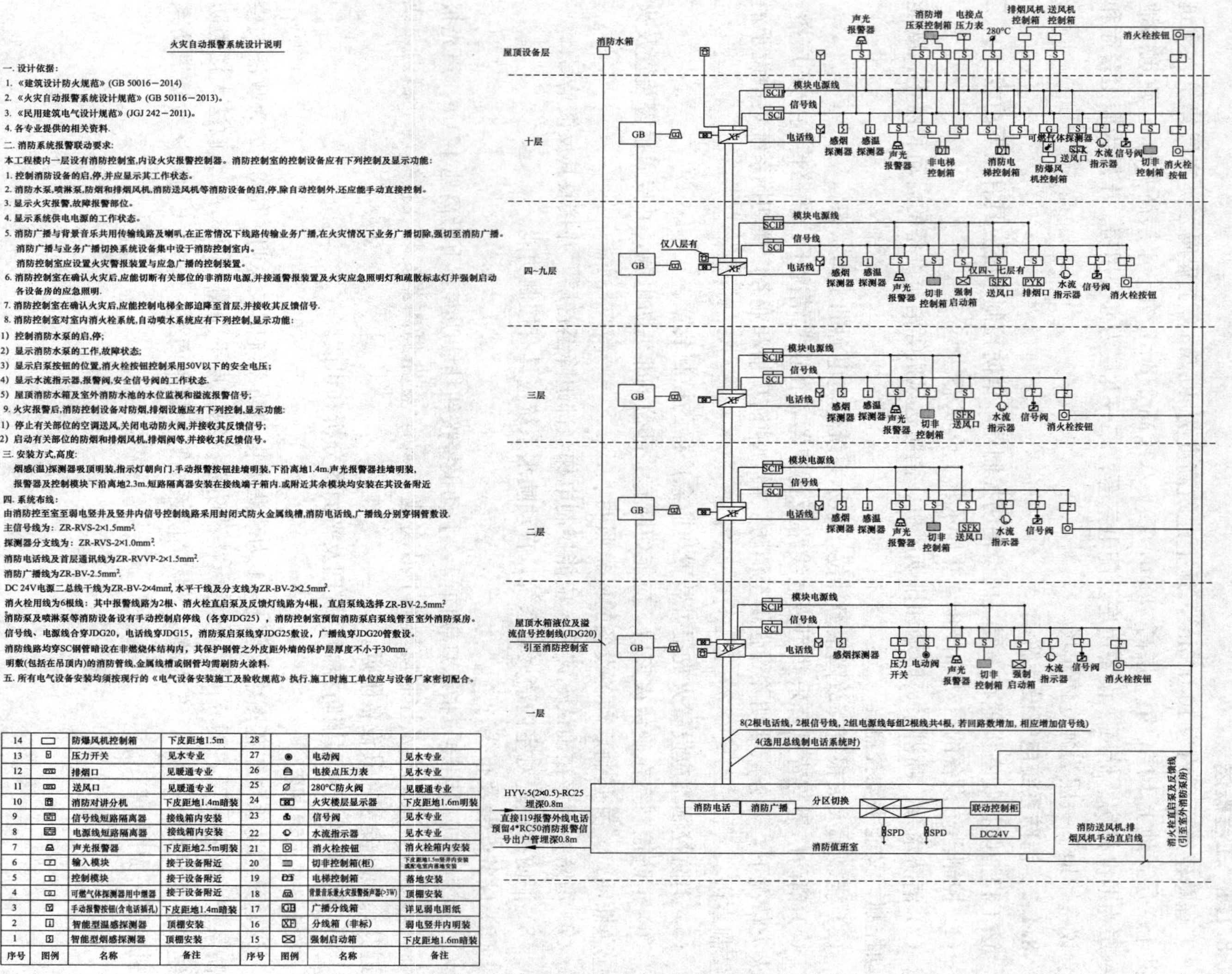

火灾自动报警系统设计说明

一. 设计依据:

1. 《建筑设计防火规范》(GB 50016－2014)
2. 《火灾自动报警系统设计规范》(GB 50116－2013)。
3. 《民用建筑电气设计规范》(JGJ 242－2011)。
4. 各专业提供的相关资料.

二. 消防系统报警联动要求:

本工程楼内一层设有消防控制室,内设火灾报警控制器。消防控制室的控制设备应有下列控制及显示功能:

1. 控制消防设备的启,停,并应显示其工作状态。
2. 消防水泵,喷淋泵,防烟和排烟风机,消防送风机等消防设备的启,停,除自动控制外,还应能手动直接控制。
3. 显示火灾报警,故障报警部位。
4. 显示系统供电电源的工作状态。
5. 消防广播与背景音乐共用传输线路及喇叭,在正常情况下线路传输业务广播,在火灾情况下业务广播切除,强切至消防广播。
   消防广播与业务广播切换系统设备集中设于消防控制室内。
   消防控制室应设置火灾警报装置与应急广播的控制装置。
6. 消防控制室在确认火灾后,应能切断有关部位的非消防电源,并接通警报装置及火灾应急照明灯和疏散标志灯并强制启动各设备房的应急照明.
7. 消防控制室在确认火灾后,应能控制电梯全部迫降至首层,并接收其反馈信号.
8. 消防控制室对室内消火栓系统,自动喷水系统应有下列控制,显示功能:

1) 控制消防水泵的启,停;
2) 显示消防水泵的工作,故障状态;
3) 显示启泵按钮的位置,消火栓按钮控制采用50V以下的安全电压;
4) 显示水流指示器,报警阀,安全信号阀的工作状态.
5) 屋顶消防水箱及室外消防水池的水位监视和溢流报警信号;

9. 火灾报警后,消防控制设备对防烟,排烟设施应有下列控制,显示功能:

1) 停止有关部位的空调送风,关闭电动防火阀,并接收其反馈信号;
2) 启动有关部位的防烟和排烟风机,排烟阀等,并接收其反馈信号。

三. 安装方式,高度:

烟感(温)探测器吸顶明装,指示灯朝向门.手动报警按钮挂墙明装,下沿离地1.4m.声光报警器挂墙明装,报警器及控制模块下沿离地2.3m.短路隔离器安装在接线端子箱内.或附近其余模块均安装在其设备附近

四. 系统布线:

由消防控至室至弱电竖井及竖井内信号控制线路采用封闭式防火金属线槽,消防电话线,广播线分别穿钢管敷设.

主信号线为: ZR-RVS-2×1.5mm².

探测器分支线为: ZR-RVS-2×1.0mm².

消防电话线及首层通讯线为ZR-RVVP-2×1.5mm².

消防广播线为ZR-BV-2.5mm².

DC 24V电源二总线干线为ZR-BV-2×4mm², 水平干线及分支线为ZR-BV-2×2.5mm².

消火栓用线为6根线：其中报警线路为2根、消火栓直启泵及反馈灯线路为4根，直启泵线选择ZR-BV-2.5mm²。

消防泵及喷淋泵等消防设备设有手动控制启停线（各穿JDG25），消防控制室预留消防泵启泵线管至室外消防泵房。

信号线、电源线合穿JDG20，电话线穿JDG15，消防泵启泵线穿JDG25敷设，广播线穿JDG20管敷设。

消防线路均穿SC钢管暗设在非燃烧体结构内，其保护钢管之外皮距外墙的保护层厚度不小于30mm.

明敷(包括在吊顶内)的消防管线,金属线槽或钢管均需刷防火涂料.

五. 所有电气设备安装均须按现行的《电气设备安装施工及验收规范》执行.施工时施工单位应与设备厂家密切配合。

序号	图例	名称	备注	序号	图例	名称	备注
14		防爆风机控制箱	下皮距地1.5m	28			
13		压力开关	见水专业	27		电动阀	见水专业
12	PYK	排烟口	见暖通专业	26		电接点压力表	见水专业
11	SFK	送风口	见暖通专业	25		280°C防火阀	见暖通专业
10		消防对讲分机	下皮距地1.4m暗装	24		火灾楼层显示器	下皮距地1.6m明装
9	SCI	信号线短路隔离器	接线箱内安装	23		信号阀	见水专业
8	SCIP	电源线短路隔离器	接线箱内安装	22		水流指示器	见水专业
7		声光报警器	下皮距地2.5m明装	21		消火栓按钮	消火栓箱内安装
6		输入模块	接于设备附近	20		切非控制箱(柜)	下皮距地1.5m竖井内安装或配电室内落地安装
5	S	控制模块	接于设备附近	19	DT	电梯控制箱	落地安装
4	G	可燃气体探测器用中继器	接于设备附近	18		背景音乐兼火灾报警扬声器(>3W)	顶棚安装
3		手动报警按钮(含电话插孔)	下皮距地1.4m暗装	17	GB	广播分线箱	详见弱电图纸
2		智能型温感探测器	顶棚安装	16	XF	分线箱（非标）	弱电竖井内明装
1		智能型烟感探测器	顶棚安装	15		强制启动箱	下皮距地1.6m暗装

图 8－1　政法大楼消防系统图及说明

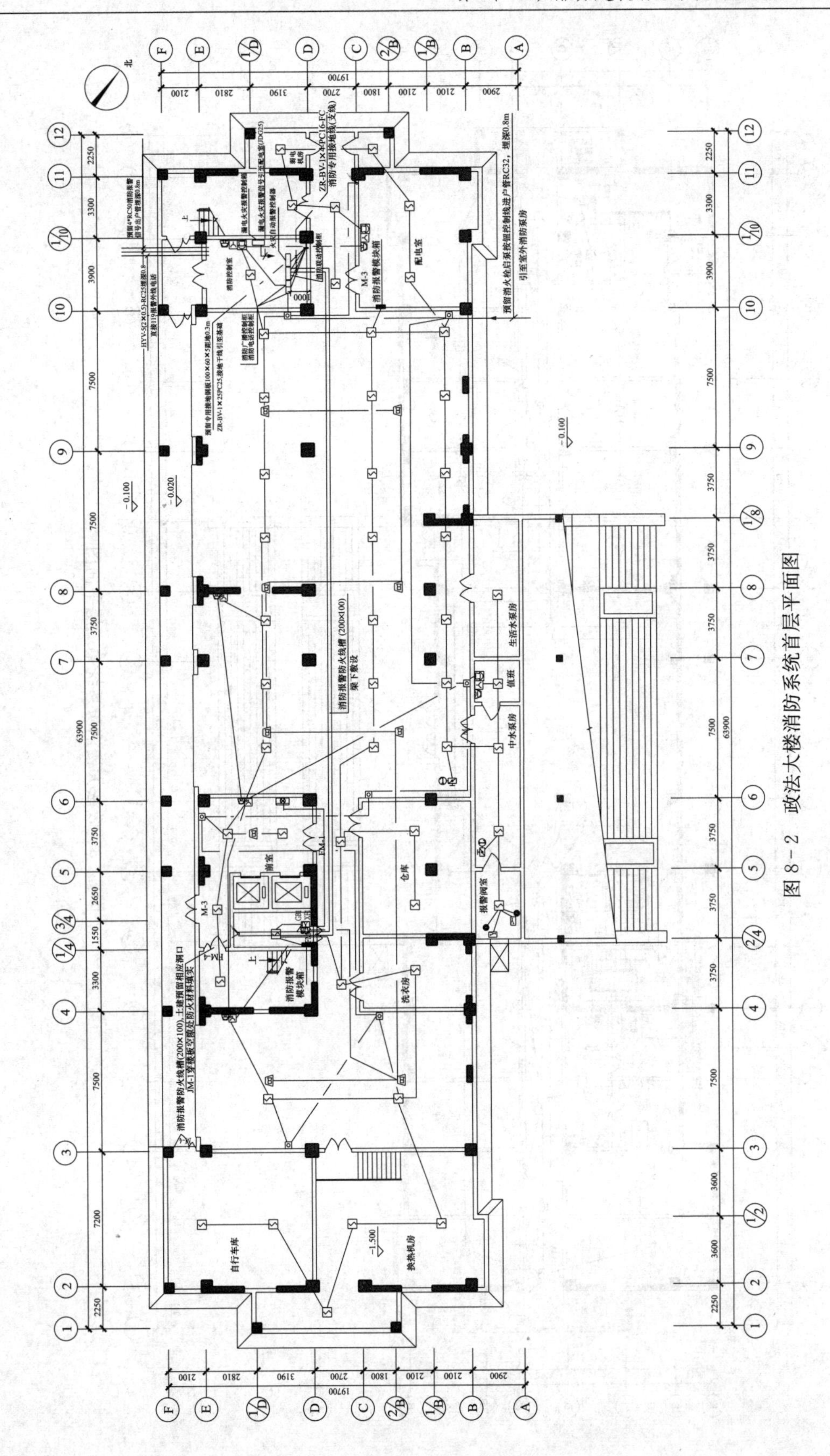

图 8－2 政法大楼消防系统首层平面图

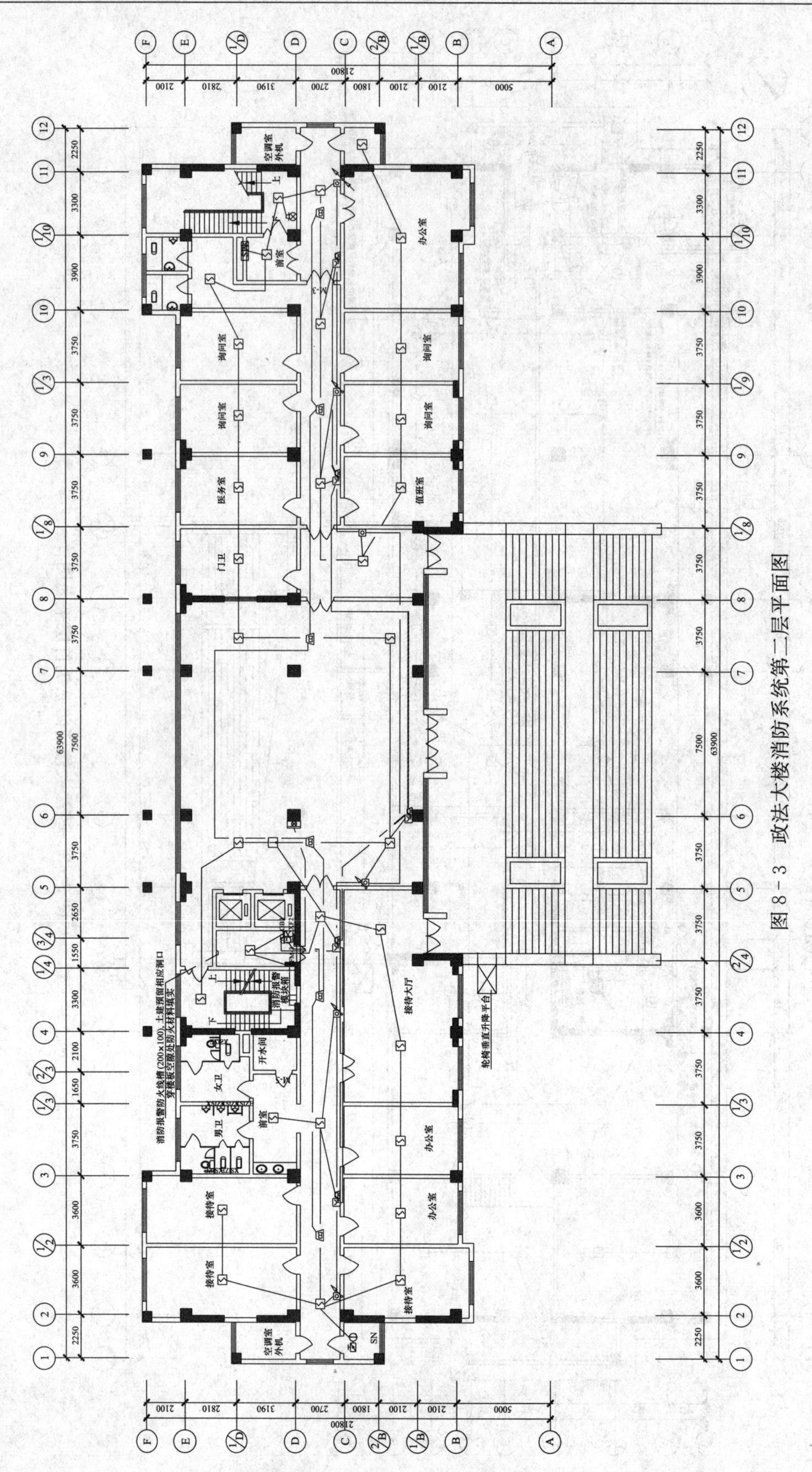

图 8－3　政法大楼消防系统第二层平面图

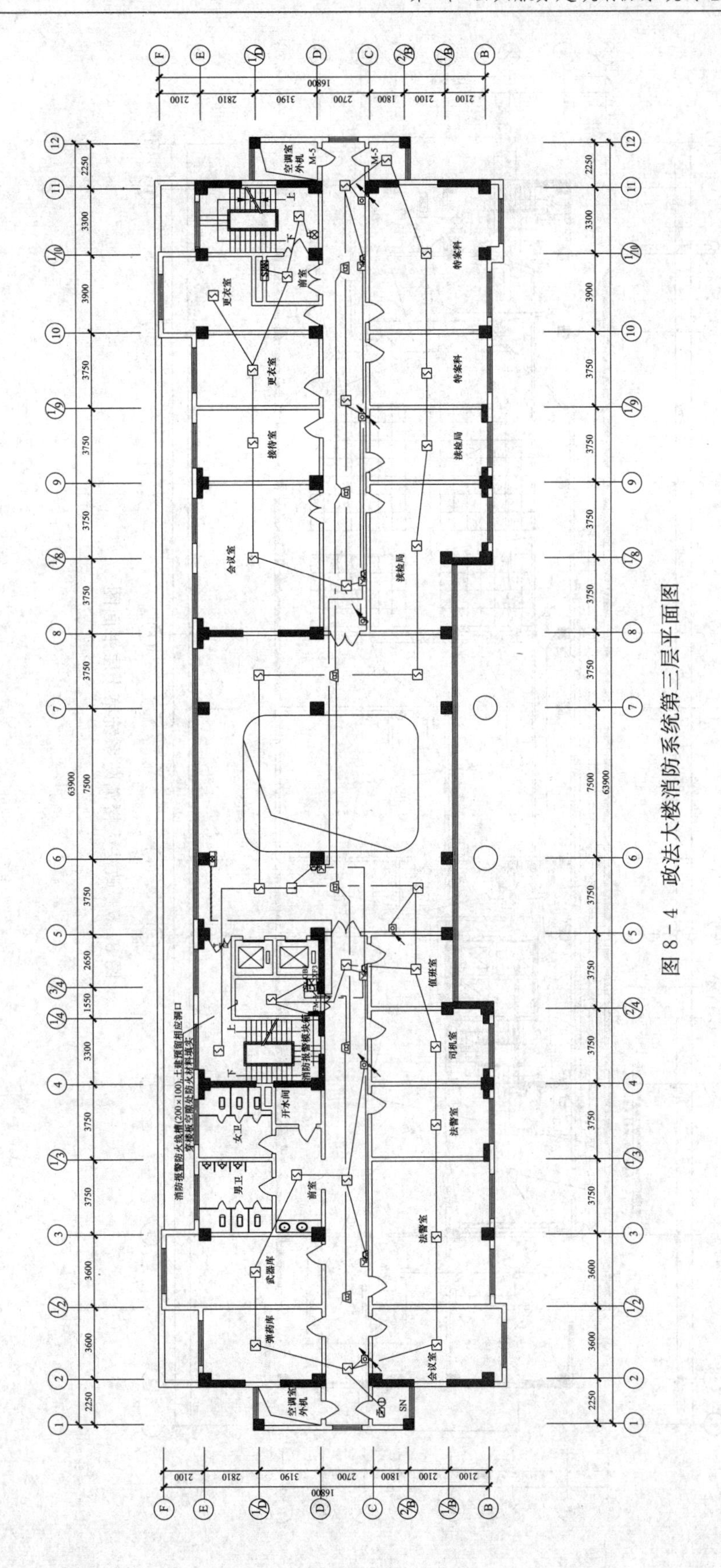

图 8-4 政法大楼消防系统第三层平面图

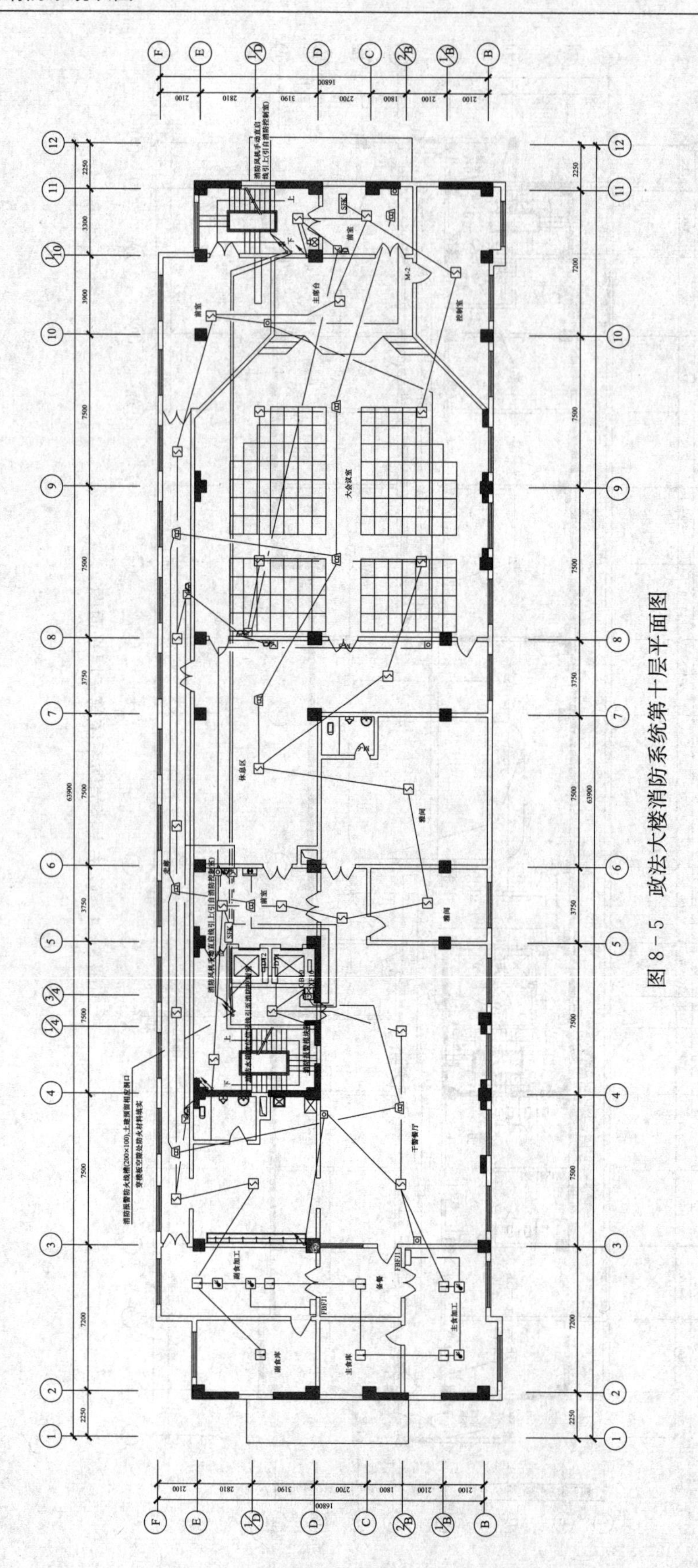

图 8-5　政法大楼消防系统第十层平面图

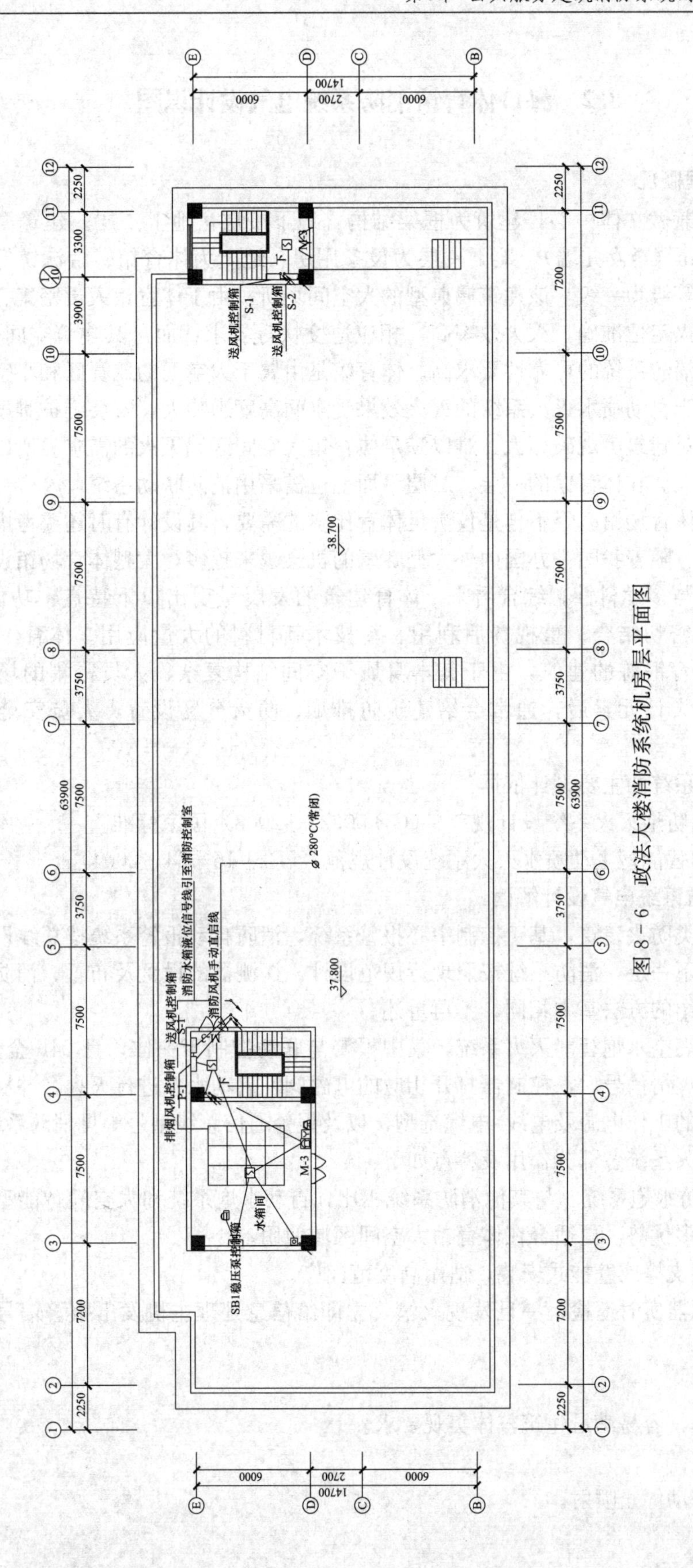

图 8-6 政法大楼消防系统机房层平面图

8.2 海口体育馆消防系统电气设计识图

8.2.1 工程概况

该体育馆可兼做文体中心，建筑为框架结构，地下一层，地上二层。建筑高度30.3m（至屋面），35.6m（至女儿墙）。地下一层为设备用房，地上为体育馆、游泳馆等。建筑分类为一类，耐火等级为一级。该建筑属典型的大空间场所，由于体育馆人员密集、起火原因多样化，要求灭火定位准确，灭火效率高，相应速度快等要求，而且其建筑空间分隔复杂，防火分区多，对消防系统的可靠性要求高。体育馆是由属于大空间的比赛区和小空间的附属功能区组成，由于自动喷水灭火系统的灭火效果受空间高度影响大，安装维护难度高，灭火后二次损失大，对建筑美观破坏大，难以满足体育馆大空间区域灭火的需求。所以应采用自动消防炮联动灭火。在体育馆的一层、二层平面上也需采用消防联动系统。

另外，现代体育场馆已经不再是仅满足体育比赛的需要，其设计有时还要考虑娱乐、办公、餐饮等功能。随着我国举办国内外大型赛事的机会越来越多，大型体育场馆设计也越来越表现出复杂性与多学科性。综合看来，体育建筑的发展呈现出以下特点：功能多元化、与城市总体规划密切结合、重视赛后利用、新技术新材料的大量应用。体育馆是室内进行体育比赛和体育锻炼的建筑，由于其本身属于空间结构复杂、人员密集的场所，在增加了一些新颖的设计元素后，通常会给建筑防排烟、防火分区设置、人员安全疏散等的设计带来困难。

体育馆消防系统的主要设计依据：

(1)《固定消防炮灭火系统设计规范》(GB 50338—2003) 国家标准。

(2)《大空间智能型主动喷水灭火系统设计规范》(DBJ 15-34—2004)。

8.2.2 消防系统电气设计解读

该工程为一类防火建筑，基于控制中心报警系统，消防自动报警系统按总线设计。消防控制中心设在地下一层，消防系统按照现行规范设计。探测器的设置及布置、消防控制室的功能等与前面介绍的方法基本相同，不再重述。

该建筑采用高空水炮智能灭火系统，集中报警与联动控制于一体，且24h全天候工作。当探测器检测出灾情信号后，控制器打开相应的电磁阀，启动水泵进行灭火，并反馈信号至联动系统。系统的工作电源及电线/电缆选型，以及报警通信总线型号等见消防系统图说明。高空水炮智能灭火系统各部分作用及特点如下：

(1) 自动消防水炮系统。与其他消防系统相比，自动水炮系统和大空间智能型主动喷水灭火系统具有诸多优势，更适合在体育馆大空间区域使用。

1) 采用支架支撑或壁挂式安装，适用高度范围广。

2) 火灾探测器实时巡检，一旦发现火情，立即给信息处理主机发出报警信号，火灾响应时间短。

3) 射程远。

4) 管网简单，容易满足建筑整体美观要求。

5) 自动定位。

6) 灭火后自动停止喷射。

7）因自动水炮系统设备、管网简单，且安装与楼板面或建筑物侧壁，便于安装维护。因此，自动消防水炮系统更适于安装在体育馆建筑的大空间赛场区域。

（2）大空间智能型主动喷水系统。

1）可自动探测、直接瞄准火源进行灭火，消防针对性强。

2）采用光感、烟感等智能型探测组件，主动探测着火点，火灾响应时间短，从发现火灾到定位，喷射不超过20s，比8m净空以下安装的喷淋速度动作还快，符合火灾初期灭火的原则。

3）管道系统简单，管网少。

（3）系统与自动报警的联动方式。

1）当发现火情时，报警系统探测到火灾后，将火灾信息传送至信息处理主机，信息处理主机处理后，发出火警信号，同时启动相应的自动消防防炮状态进行空间定位，并锁定火源点，主机发出相应的指令，驱动火灾现场及相关的声光报警器报警，并自动启动消防泵，自动开启电动阀进行喷射灭火。前端水流指示器反馈信号在控制操作台上显示。

2）当探测器区域显示无火时，系统自动关闭消防泵及电动阀，自动消防炮灭火系统停止灭火。

3）在体育馆周围的座位下方及一层、二层空间有普通房间，要设计常规火灾报警联动系统，根据体育馆房间的用途、火灾等级，设置感烟或感温探测器、手动报警按钮、消防广播、声光报警器、消防栓启动按钮及消防电话等。

4）自动消防炮系统组成示意图如图8-7所示，自动消防炮灭火系统联动示意图如图8-8所示。

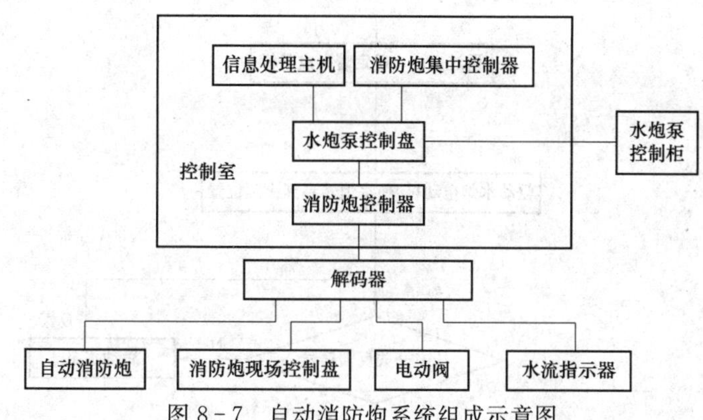

图8-7 自动消防炮系统组成示意图

（4）其他设备的联动控制。消防联动的一系列控制，专用排风机控制、送风机启停控制、防火卷帘门等设备的控制与其他建筑物的要求相同，完全根据消防系统火灾自动报警及防火设计的相关规定。

8.2.3 工程图例

该体育馆消防系统工程图中，图8-9为体育馆消防系统图及说明；图8-10为体育馆消防系统地下一层平面图；图8-11为体育馆消防系统首层平面图；图8-12为体育馆消防系统第二层含夹层平面图；图8-13为体育馆上空消防系统平面图。

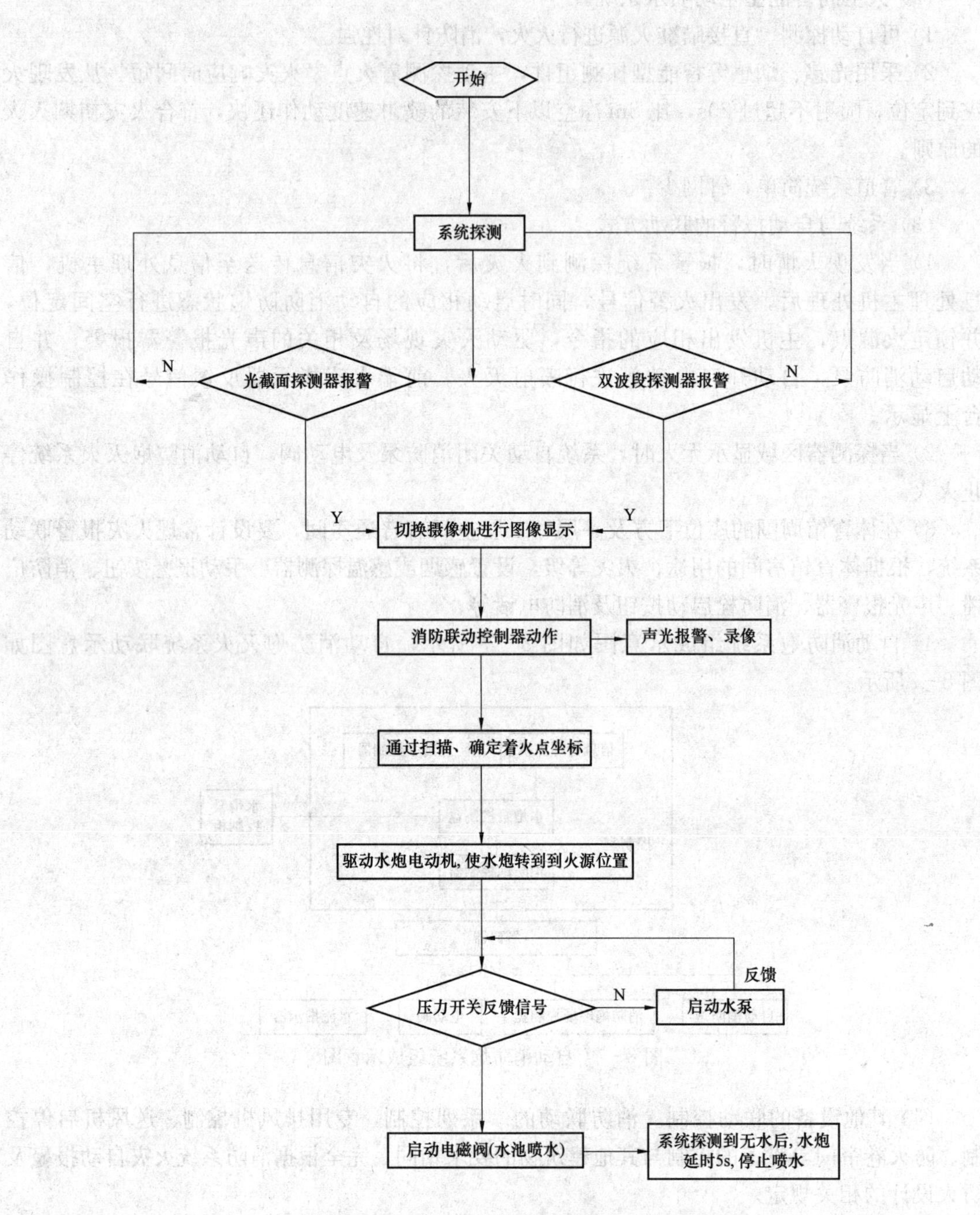

图 8-8　自动消防炮灭火系统联动示意图

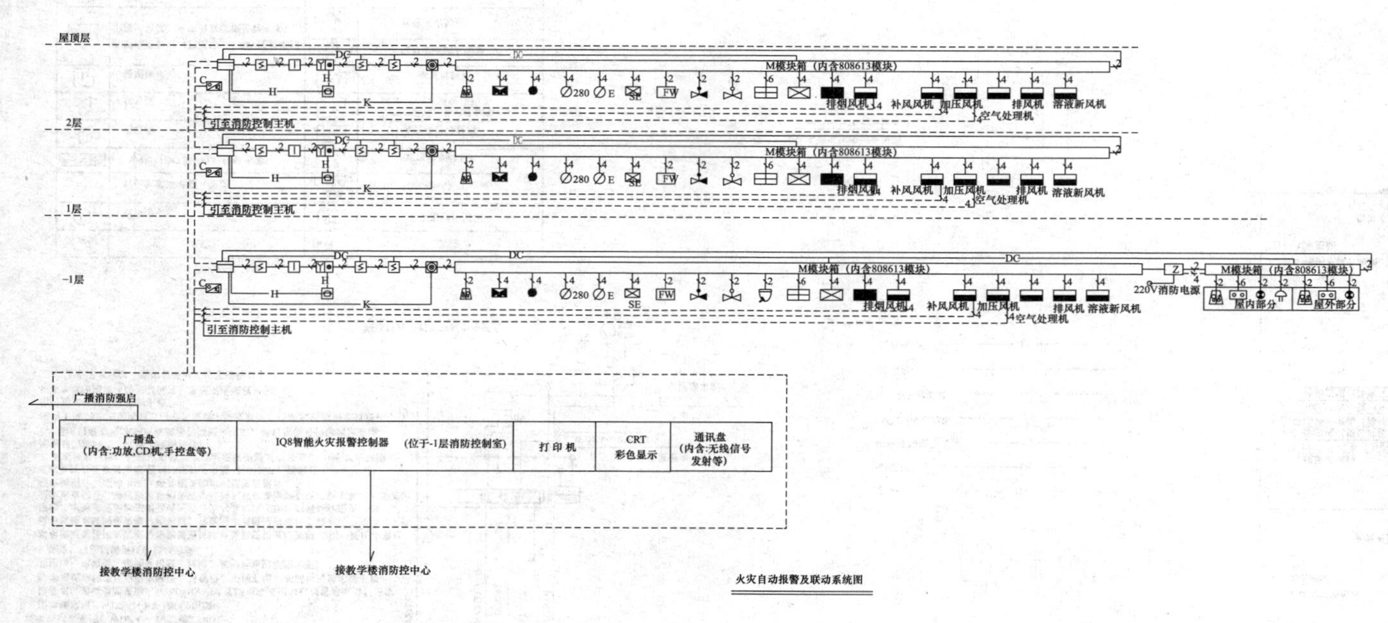

火灾自动报警及联动系统设备图例表

序号	图例	设备名称	型号规格	数量	单位
1	S	感烟探测器	–	–	个
2		消防栓启泵按钮	–	–	个
3		带手动报警按钮的火灾电话插孔	–	–	个
4		火灾楼层显示灯	–	–	个
5	S–S	线性光束感烟火灾探测器	–	–	个
6		消防层接线箱	–	–	个
7		火灾声、光警报器	–	–	个
8		感温探测器	–	–	个
9		报警扬声器	–	–	个
10	M	模块箱	–	–	个
11		增压送风口	–	–	个
12		排烟口	–	–	个
13		消防电话	–	–	个
14		湿式自动报警阀	–	–	个
15	FW	水流指示器	–	–	个
16	ØE	防火阀(70℃熔断关闭)	–	–	个
17	Ø280	防火阀(280℃熔断关闭)	–	–	个
18		紧急启/停按钮	–	–	个
19		放气勿入指示灯	–	–	个
20	Z	气体灭火控制箱	–	–	个
21		防火卷帘控制箱	–	–	个
22		普通照明配电箱	–	–	个
23		应急照明配电箱	–	–	个
24		动力控制柜	–	–	个
25					

火灾自动报警及联动系统设备图例表

图8-9 体育馆消防系统图及说明（一）

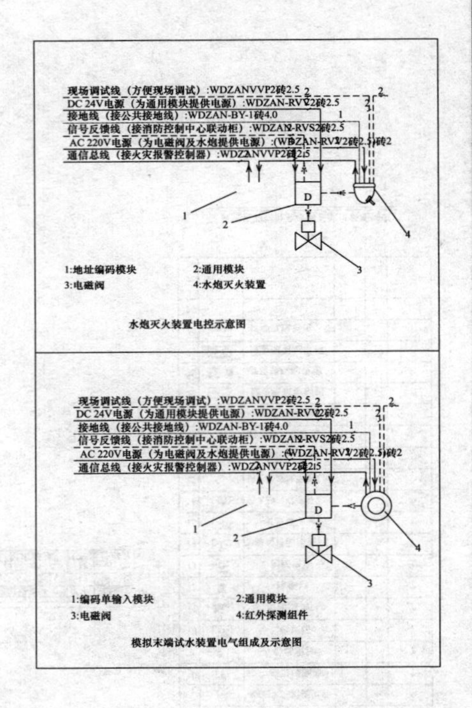

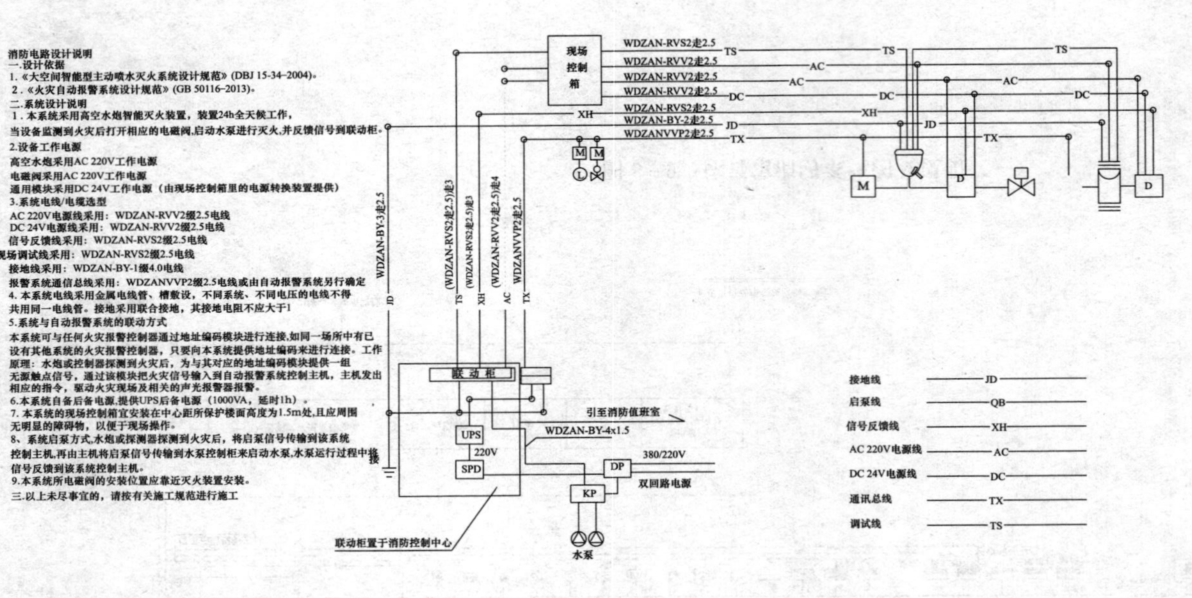

图例	名称	图例	名称
Ⓛ	水流指示器	SPD	SPD浪涌抑制器
	智能型编码单输入模块	电源 DC-24V	DC 24V（20A）工业级
现场控制箱	非标(带DC 24V电源转换装置)	DP	双电源切换柜
	电磁阀		火灾报警控制器
	信号阀	UPS	UPS长延时在线式不间断电源（1000VA、延时1h）
D	通用模块	KP	水泵控制柜
联动	控制电源装置（包括UPS、24V控制电源、浪涌抑制器、火灾分区监视报警板卡）		模拟末端试水装置
			水炮灭火装置
◎	红外探测组件		

图8-9 体育馆消防系统图及说明（二）

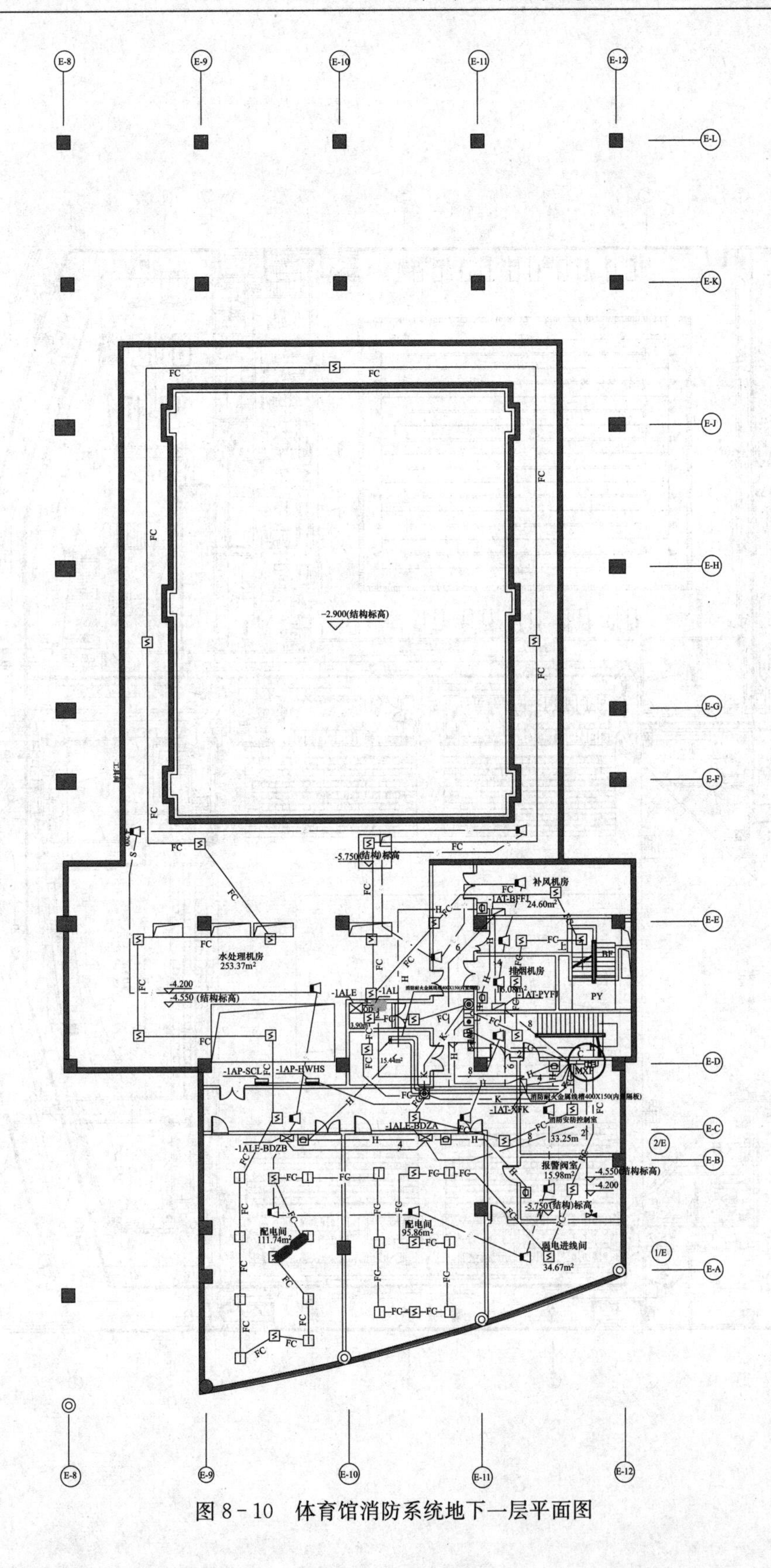

图8-10 体育馆消防系统地下一层平面图

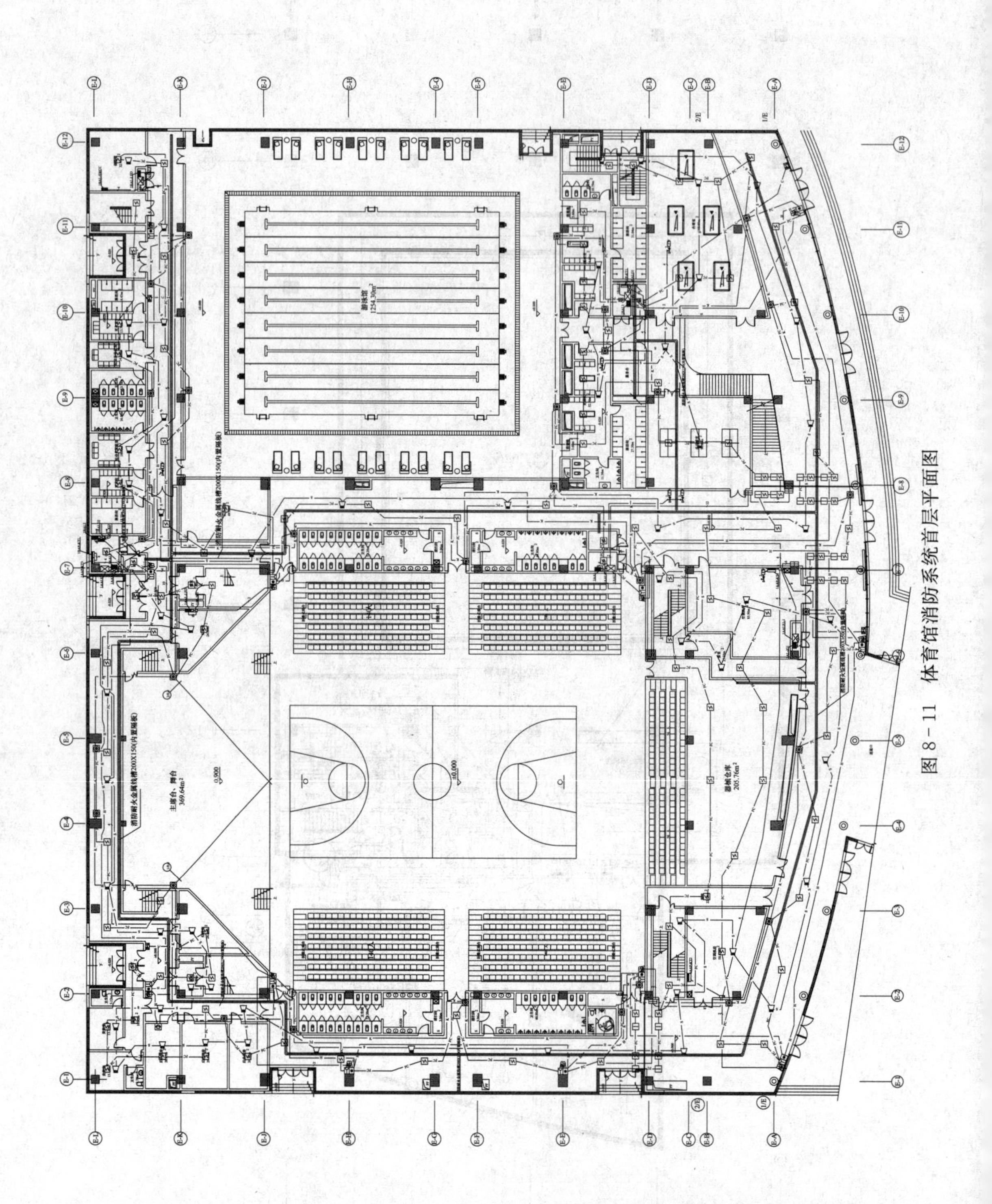

图 8－11　体育馆消防系统首层平面图

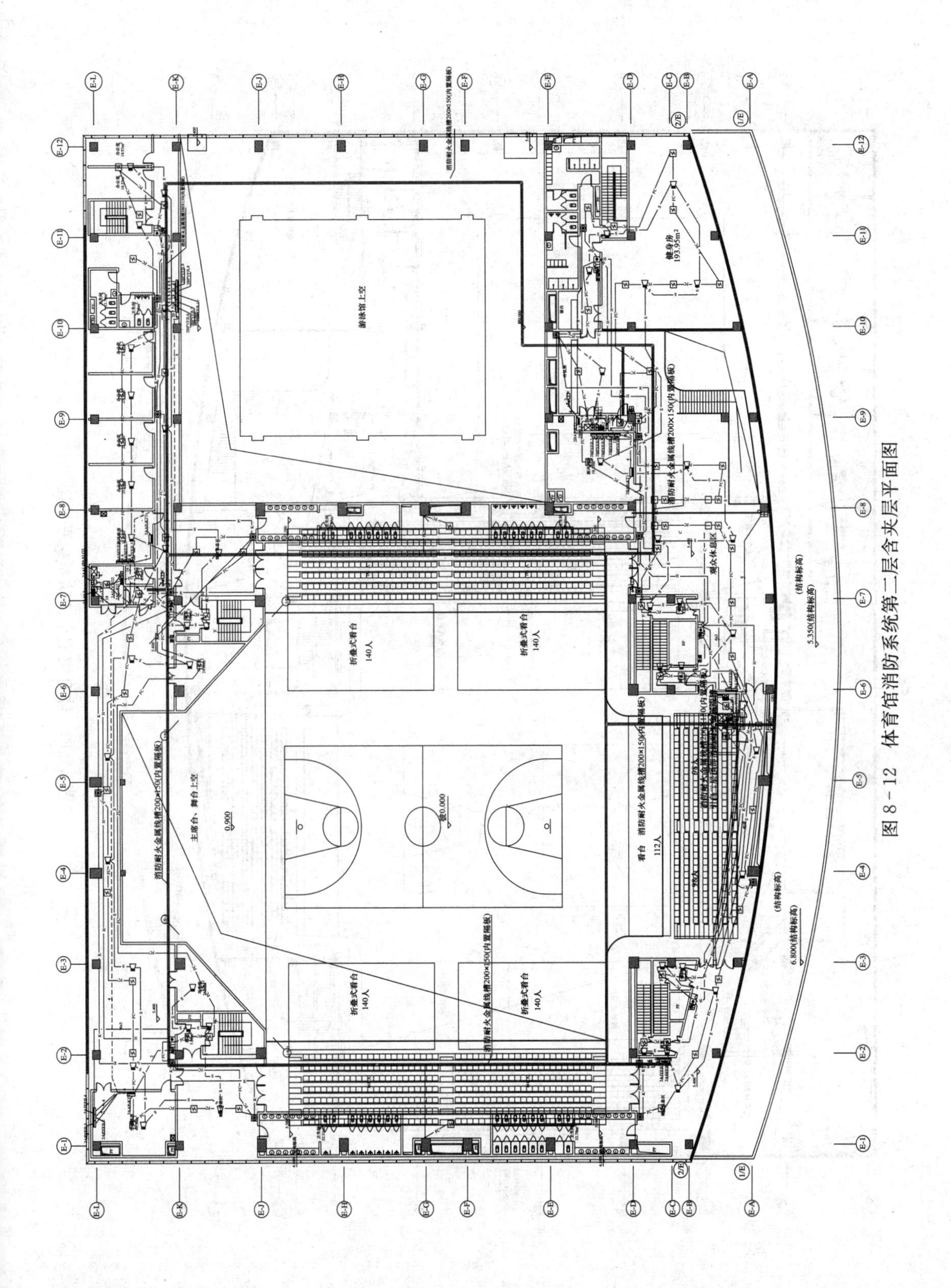

图 8-12 体育馆消防系统第二层含夹层平面图

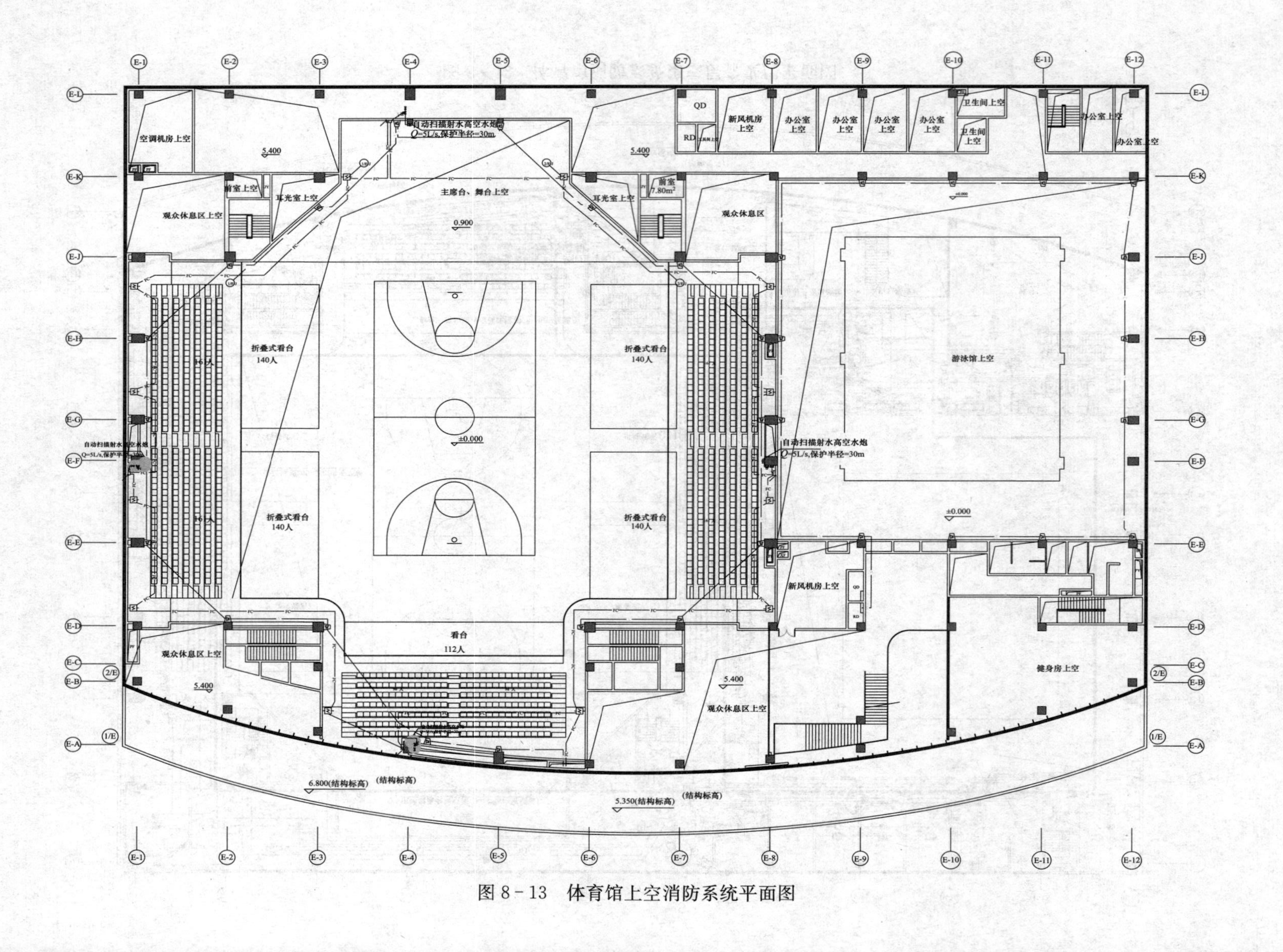

图 8-13　体育馆上空消防系统平面图

8.3　某教育中心消防系统电气设计识图

8.3.1　工程概况

该设计是某教育中心大楼的电气设计。建筑主体高度为64m，建筑面积为27 195m²，其中地下一层，建筑面积为3210m²，房间功能主要为停车场、工程部、水泵房、洗衣房、变电室、空调机房等；地上十五层，建筑面积为23 985m²，一～四层为办公场所，五～十四层为住宅区，第十五层为电梯机房、消防电梯机房，房间功能主要为大堂、餐厅、展厅、备餐、包厢、多功能厅、报告厅、演播厅、办公室、会议室、休息室、活动室等。该建筑物为一类高层建筑，耐火等级为一级，防雷等级为三级，配电负荷为二级，配电方式为混合式，非消防切非设备采用双电源双回路结构。

系统主要由感应机构（火灾自动报警系统）和执行机构（灭火及联动控制系统）两部分组成。该设计主要采用以防为主，防治结合的方案，采用二总线制，首先确定建筑物内部防火分区、报警区域、探测区域，然后设置消防联动装置的设备及控制过程。该建筑物为高层民用建筑，高度为64m，为一类高层建筑，其耐火等级为一级，一级保护对象。

8.3.2　消防系统电气设计解读

8.3.2.1　各区域划分

(1) 防火分区的划分。设置地下室，地上一层、二层、三层各有两个防火分区，其余各个楼层均为一个防火分区。

(2) 报警区域的划分。根据防火分区或楼层划分，地下室，地上一层、二层、三层均分为两个防火分区，每个防火分区为一个报警区域，四层至顶层每个楼层各为一个报警区域，每个报警区域设置一台区域报警控制器，置于每层弱电间，并在地下室弱电间设置一台集中报警控制器。

(3) 探测区域的划分。

1) 首先按照单独的房间进行划分，一楼展厅面积约为800m²，房间面积超过500m²不超过1000m²，从展厅主要入口能看清其内部，即划分为一个探测区域。本建筑物内部大面积场所均这样划分探测区域。

2) 针对本建筑物三楼办公室和四楼会议室，五个相邻办公室（或者会议室）总面积不超过1000m²，则将这五个房间划为一个探测区域。

3) 本工程敞开楼梯间，防烟楼梯间前室，消防电梯前室，楼道，竖井均单独划分探测区域。

8.3.2.2　火灾自动报警系统

火灾探测器的布置：

(1) 选择原则。探测器报警区域的环境条件、房间的使用功能和初期火灾形成的成因。该建筑物主要以办公楼和住宅为主，所以首先选用感烟探测器，如地下室停车场、一楼备餐厅、粗细加工房、水泵房和洗衣房等场所，特殊场所应采用感温探测器。

(2) 布置要求。

1) 建筑物大部分场所均安装感烟探测器，安装间距不超过15m。如走廊59.7m，宽度4.2m，在走廊顶棚上安装8个感烟探测器，居中布置；其他房间一楼展厅长度为29.4m，宽度为25.2m，应设置12个感烟探测器，长度方向设置4个，间距为7.35m，宽度方向设置3个，间距为8.4m；靠墙的探测器的距离为3.675m和4.2m。

2）建筑物特殊场所安装感温探测器，安装间距不超过10m。如停车场长度为50m，宽度为42m，安装探测器数量120个，长度方向安装12个，间距为4.2m，宽度方向安装10个，间距为4.2m。

3）安装探测器时，周围0.5m内不应有遮挡物。如展厅中探测器距离承重柱的水平距离，不应小于0.5m。

4）安装位于空调进风口和回风口附近的探测器，其安装位置接近回风口，至送风口边距离大于1.5m。

(3) 探测器选择计算。

1）感烟探测器的选择，以首层展厅为例。

a. 确定保护面积A和保护半径R：

地面面积$S=LW=29.4\times 25.2=740.88m^2$。

房间高度$h=4.8m$，即$h\leqslant 6m$。

顶棚坡度$\theta=0°$，即$\theta\leqslant 15°$。

查表8-1可得，感烟探测器：

保护面积$A=60m^2$。

保护半径$R=5.8m$。

b. 计算所需探测器数N。根据建筑物的设计要求，$K=0.9$，则

$$N\geqslant \frac{S}{KA}=\frac{29.4\times 25.2}{0.9\times 60}=13.72$$

取$N=12$只，$a=7.35m$，$b=8.4m$

因此需布置12个探测器，现校验如下

$$r=\sqrt{\left(\frac{a}{2}\right)^2+\left(\frac{b}{2}\right)^2}=\sqrt{\left(\frac{7.35}{2}\right)^2+\left(\frac{8.4}{2}\right)^2}=5.58m<5.8m$$

因为$r<R$，所以满足要求。

2）感温探测器的选择，以地下室为例。

a. 确定保护面积A和保护半径R：

地面面积$S=LW=50\times 42=2100m^2$。

房间高度$h=4.8m$，即$h\leqslant 8m$。

顶棚坡度$\theta=0°$，即$\theta\leqslant 15°$。

查表8-1可得，感温探测器：

保护面积$A=20m^2$。

保护半径$R=3.6m$。

b. 计算所需探测器数N。$K=0.9$，则

$$N\geqslant \frac{S}{KA}=\frac{50\times 42}{0.9\times 20}=116.67$$

取$N=120$只，$a=4.2m$，$b=4.2m$

因此需布置120个探测器，现校验如下

$$r=\sqrt{\left(\frac{a}{2}\right)^2+\left(\frac{b}{2}\right)^2}=\sqrt{\left(\frac{4.2}{2}\right)^2+\left(\frac{4.2}{2}\right)^2}=2.97m<3.6m$$

因为$r<R$，所以满足要求。

3）确定其他房间探测器的数量。

a. 感烟探测器，房间面积$S>80m^2$，高度$h<6m$，探测器保护面积$A=60m^2$，保护半径$R=5.8m$。

b. 感烟探测器，房间面积$S>80m^2$，高度$6m<h<12m$，探测器保护面积$A=80m^2$，保护半径$R=6.7m$，感烟探测器数量见表8-1。

表8-1　　感烟探测器数量

房间名称	长L	宽W	面积S	数量N	实际数量	a	b	r
首层展厅	29.4	25.2	740.88	13.72	12	7.35	8.4	5.58
餐厅	33.6	16.6	557.76	10.33	10	6.72	8.3	5.34
总服务台	24.8	7.8	193.44	3.58	6	8.27	3.9	4.57
多功能厅	25.2	16.8	423.36	7.84	8	6.3	8.4	5.25
吧台	12.6	7.5	94.5	1.75	2	6.3	7.5	4.90
豪华大包	14	12.8	179.2	3.32	4	7	6.4	4.74
大堂上空	25	7.5	187.5	3.47	6	8.3	3.75	4.55
会议室1	10.5	8.4	88.2	1.63	2	5.25	8.4	4.95
会议室2	16.8	14.5	243.6	4.51	4	8.4	7.25	5.55
会议室3	12.4	7.6	94.24	1.75	2	6.2	7.6	4.90

c. 感烟探测器，房间面积$S<80m^2$，高度$h<12m$，探测器保护面积$A=80m^2$，保护半径$R=6.7m$，感烟探测器数量见该工程的消防系统平面图。

d. 感温探测器，房间面积$S>30m^2$，高度$h<8m$，探测器保护面积$A=20m^2$，保护半径$R=3.6m$。感温探测器数量见该工程的消防系统平面图。

（4）系统消防图。消防控制系统示意图如图8-14所示。

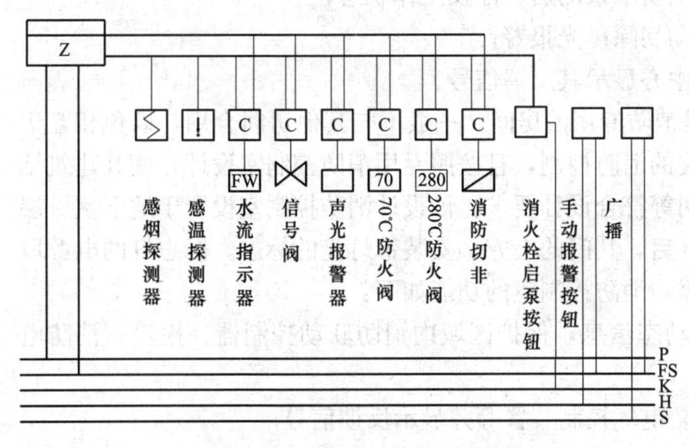

图8-14　消防控制系统示意图

（5）广播数目的确定。

1）展厅、餐厅、精品屋、多功能厅、学术报告厅、大型会议室、阅览室、多功能大厅等公共场所应装设扬声器，如展厅扬声器数量应设置2个，这样可保证展厅内的所有人员都可听到广播，扬声器的间距不超过25m。

2）走道（包括拐弯处）应设置3个扬声器，其间距不超过25m，最末端的扬声器至走道末端的距离小于12.5m。

3）电梯井道内设置扬声器，其一定范围内播放声压级应高于背景噪声15dB。

4）一般情况下，扬声器的额定功率不应小于3W，该建筑物五层及以上为住宅区，客房设置专用扬声器，功率不应小于1W。

（6）手动报警按钮的确定。该设计主要采用带电话插孔的手动报警按钮，如楼梯口、走廊、人员密集的场所大展厅、餐厅、学术报告厅、多功能厅均在进出入门口设置手动报警按钮，设置位置明显，便于操作；如展厅内设置 3 个手动报警按钮，2 个设置于进出入口，1 个位于沿墙中间，安装位置明显且牢固，底边距地 1.3～1.5m，从该展厅的任何位置到最近的手动报警按钮的距离小于 30m。

(7) 火灾声光报警器的布置。当发生火灾并确认后，安装于事故现场（如安装于展厅进出入口）的火灾声光警报器由位于地下室弱电间的火灾报警控制器启动，发出声音报警（大于 85dB）和闪光报警，以提醒人员注意。安装位置和接入方式如下：

1) 安装位置。安装于发生火灾有烟雾产生时，人们可有效识别逃离出口的位置。

2) 接入方式。通过控制模块接入火灾报警控制系统中。

8.3.2.3 消防联动控制系统

消防联动控制各子系统及控制过程设计如下：

(1) 防排烟系统。该设计主要采用机械加压送风方式、机械排风方式。机械排烟方式利用建筑上层的排烟风机通过排烟口将烟排至室外；机械加压送风主要是当发生火灾时，通过加压强制外界的空气进入到楼道，便于人员逃生。设施控制主要为防烟防火阀及排烟防火阀，防烟防火阀平常开启，发生火灾温度达到 70℃时自动关闭；排烟防火阀平时关闭，温度达到一定温度时开启，进行排烟，当火势过大，进入排烟管道，温度达 280℃时，排烟防火阀关闭。

(2) 消防联动控制。

1) 火灾报警后，启动防烟、排烟风机；

2) 火灾确认后，由位于建筑物顶层的电梯控制室发出控制信号，强制非消防电梯降至首层停靠；

3) 切断有关部位的非消防切除装置，按疏散顺序按通火灾报警装置；

4) 位于通风管道和排烟管道的 70、280℃防火阀到相应温度自动关闭；

5) 弱电间内消防控制系统控制消防水泵的启、停及工作状态；

6) 采取灭火措施后，自动或手动切除声光报警；

7) 所有联动控制后，消防控制中心显示其反馈信号。

(3) 消防控制室。消防控制室是消防专用的房间，一般不与其他房间合用，以免相互干扰，发生误判断。其位置有利于火灾的消防控制，且按照专用消防控制室设计，使其建筑结构、耐火等级、设置部位及室内照明等符合设计要求。该设计消防控制室设置于地下室一层弱电间某一区域，弱电间的门向外开启，其门的上方必安装带灯光的标志。标志灯的电源取自消防电源，应保证标志灯电源可靠。消防控制室的功能如下：

1) 可显示联动控制系统设备的动态信息，保护区域内消防联动控制器、模块、消防电动装置、消防电气控制装置等；

2) 控制消防设备应急电源、消防电气控制装置等并显示反馈信号；

3) 消防控制室对消火栓启泵系统、自动喷水灭火系统进行控制和显示；

4) 消防控制室对防排烟系统、防火卷帘门、电梯等进行控制和显示。

8.3.3 工程图例

某教育中心消防系统工程图例中，图 8-15 为某教育中心消防系统图及说明；图 8-16 为某教育中心消防系统首层平面图；图 8-17 为某教育中心消防系统第二层平面图；图 8-18为某教育中心消防系统第三层平面图；图 8-19 为某教育中心消防系统第四层平面图；图 8-20 为某教育中心消防系统第五层平面图；图 8-21 为某教育中心消防系统六～十四层平面图。

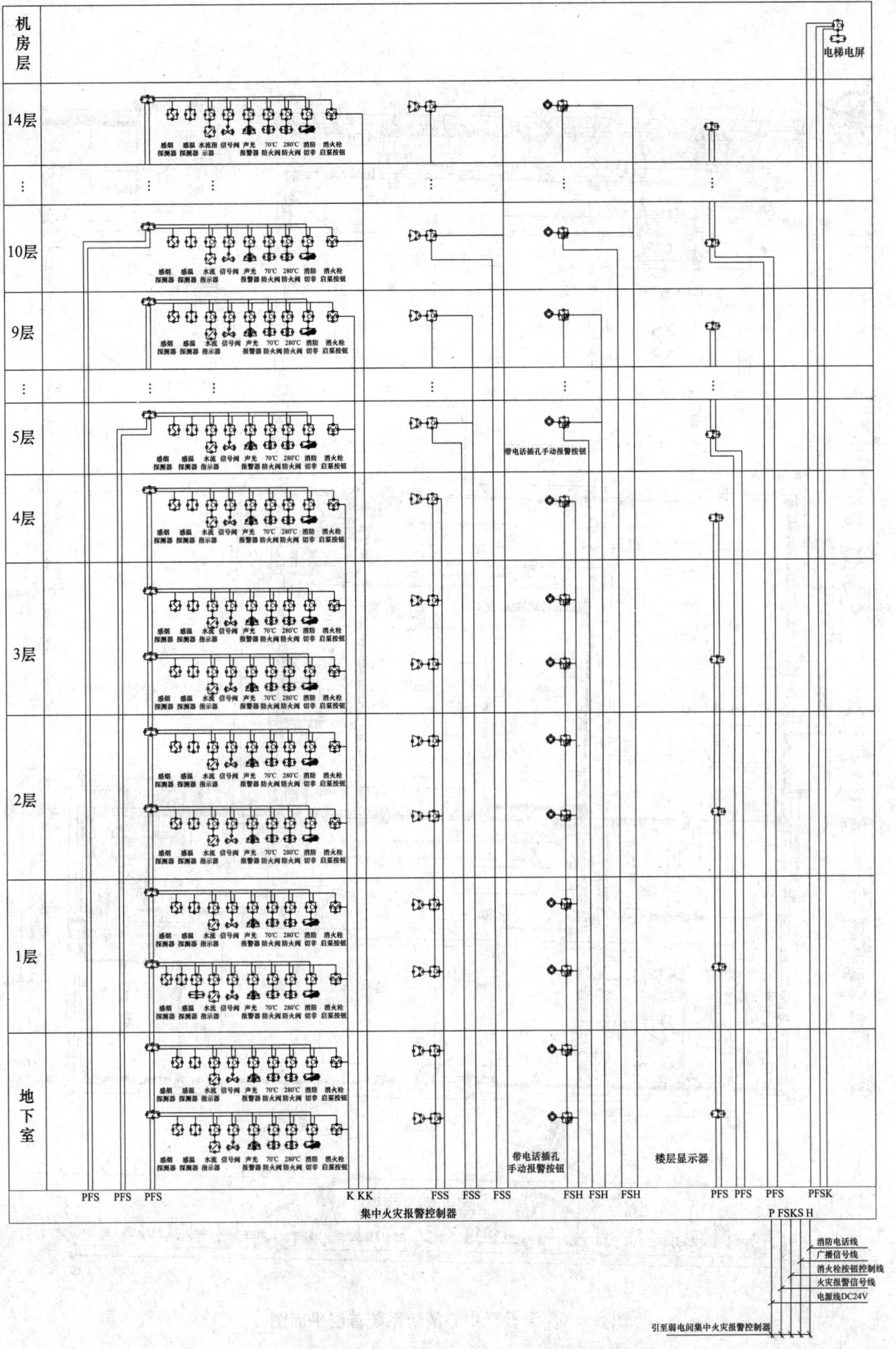

图8-15 某教育中心消防系统图及说明

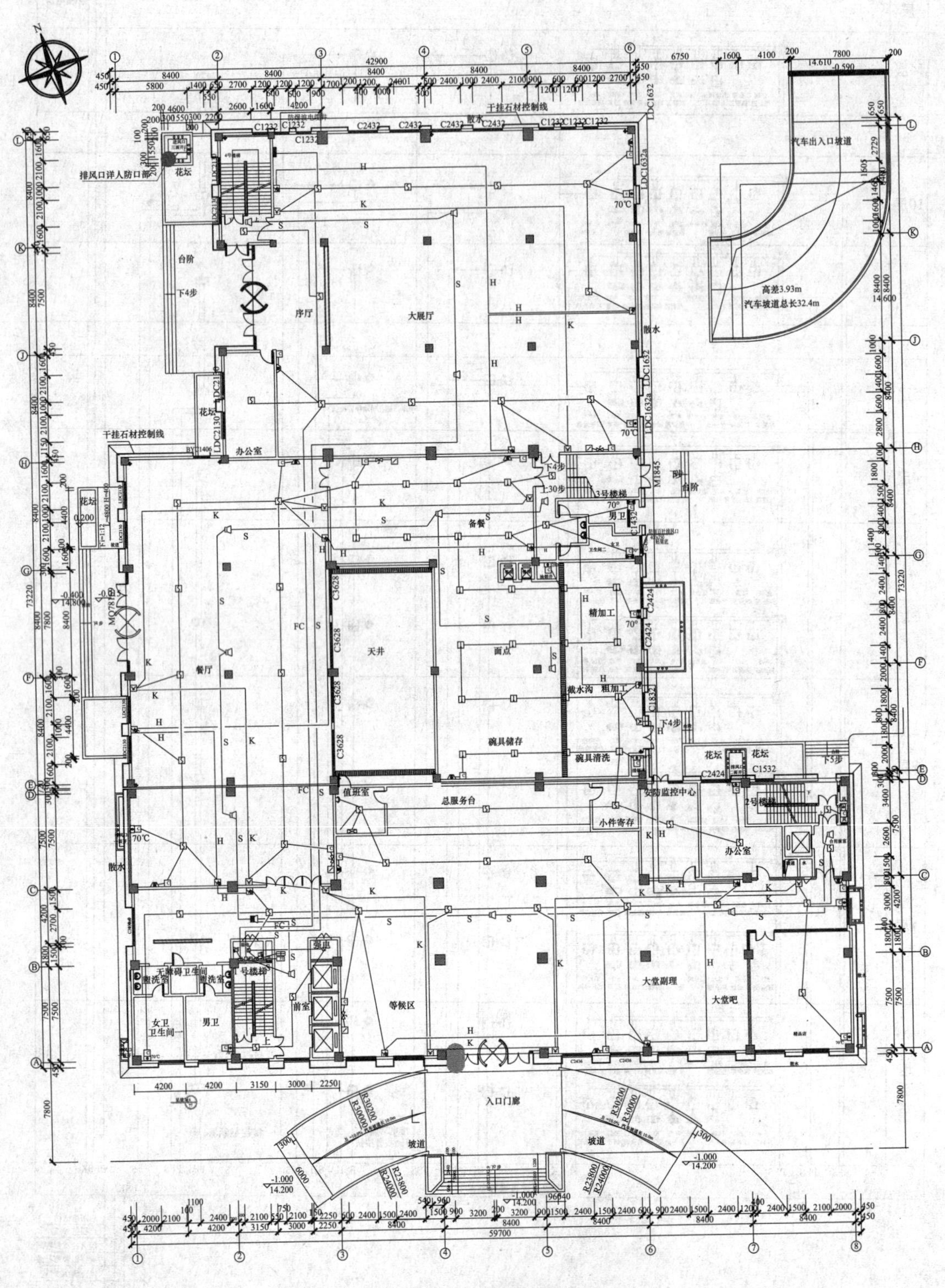

图 8－16　某教育中心消防系统首层平面图

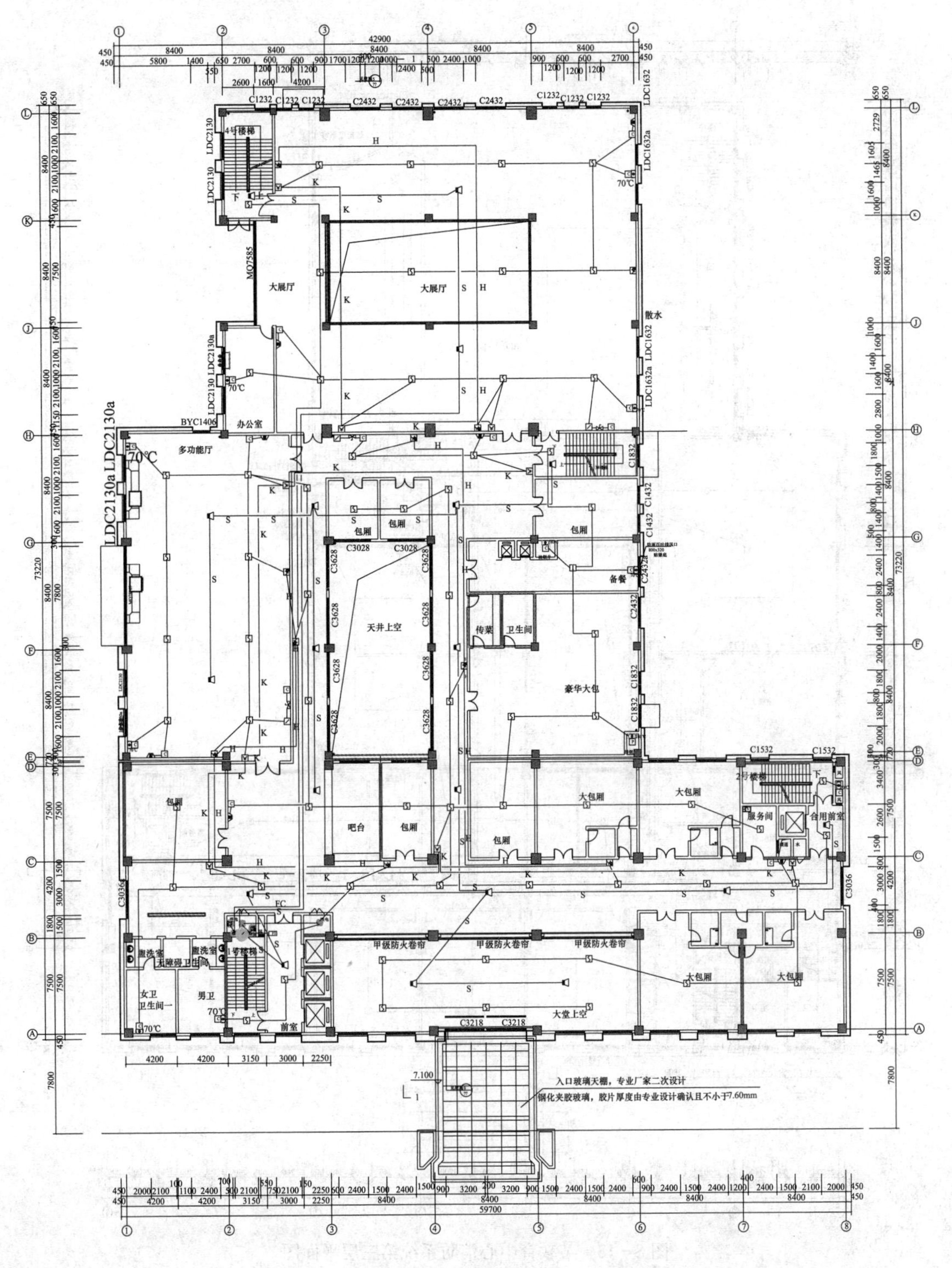

图8-17 某教育中心消防系统第二层平面图

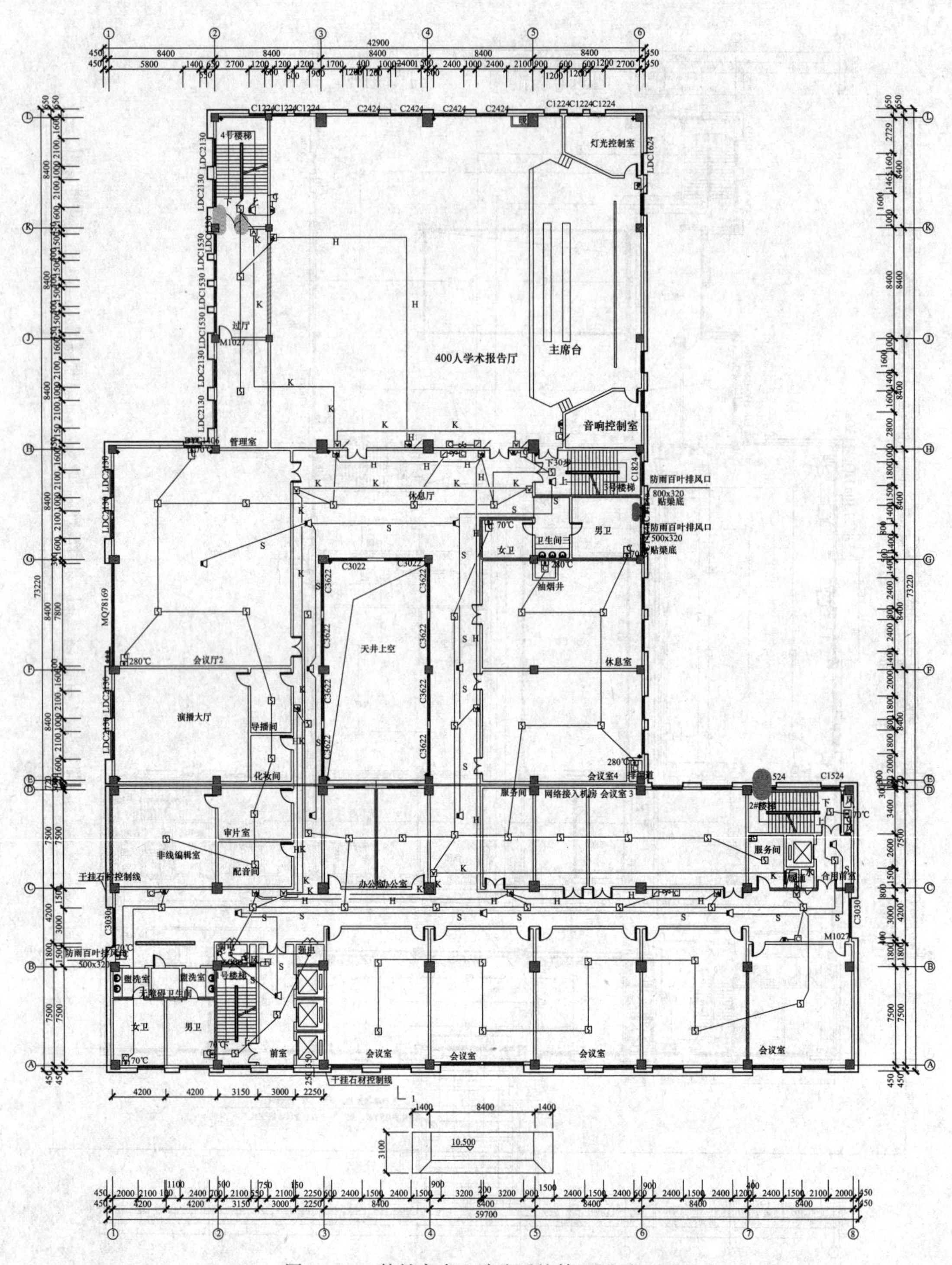

图 8-18 某教育中心消防系统第三层平面图

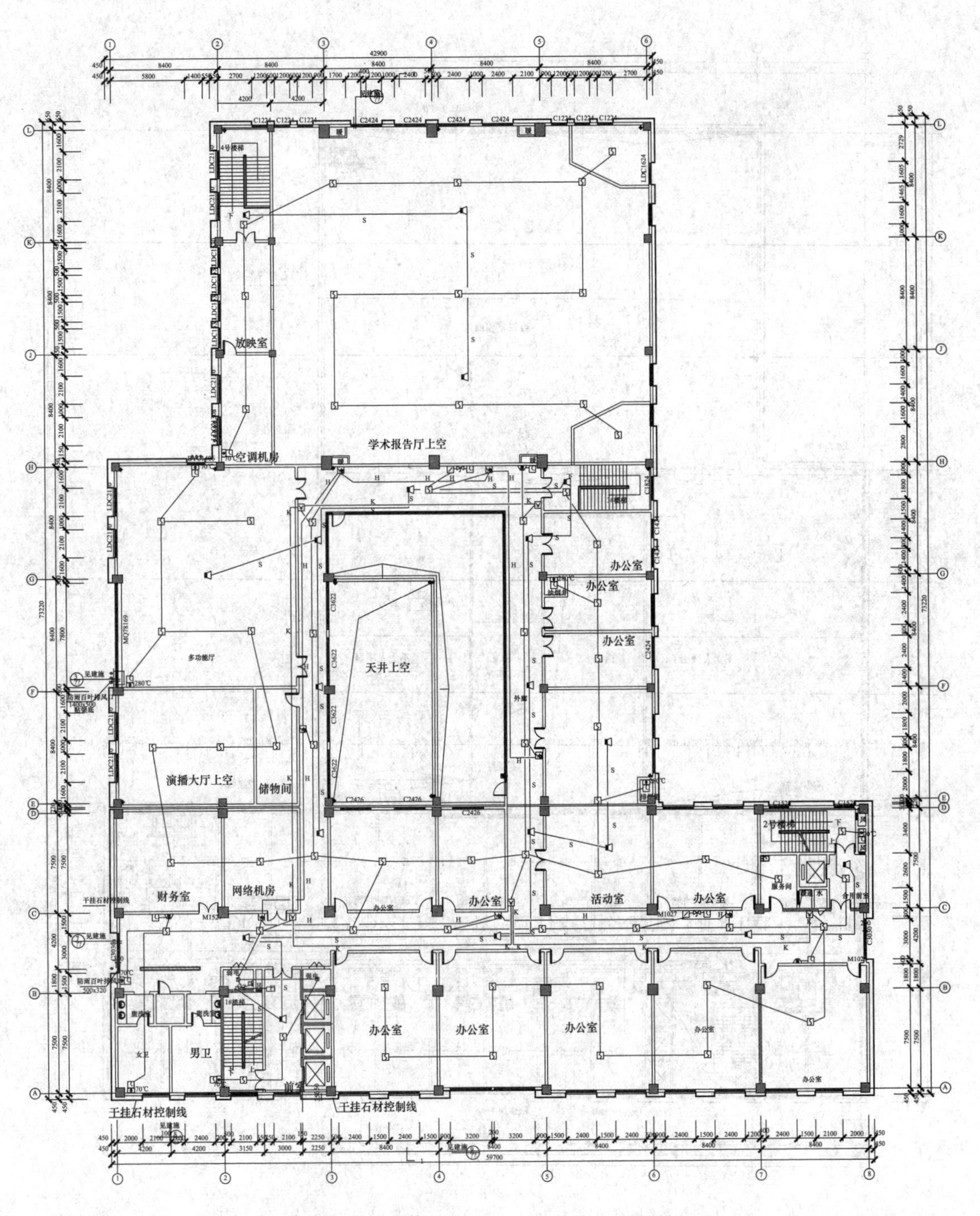

图 8-19 某教育中心消防系统第四层平面图

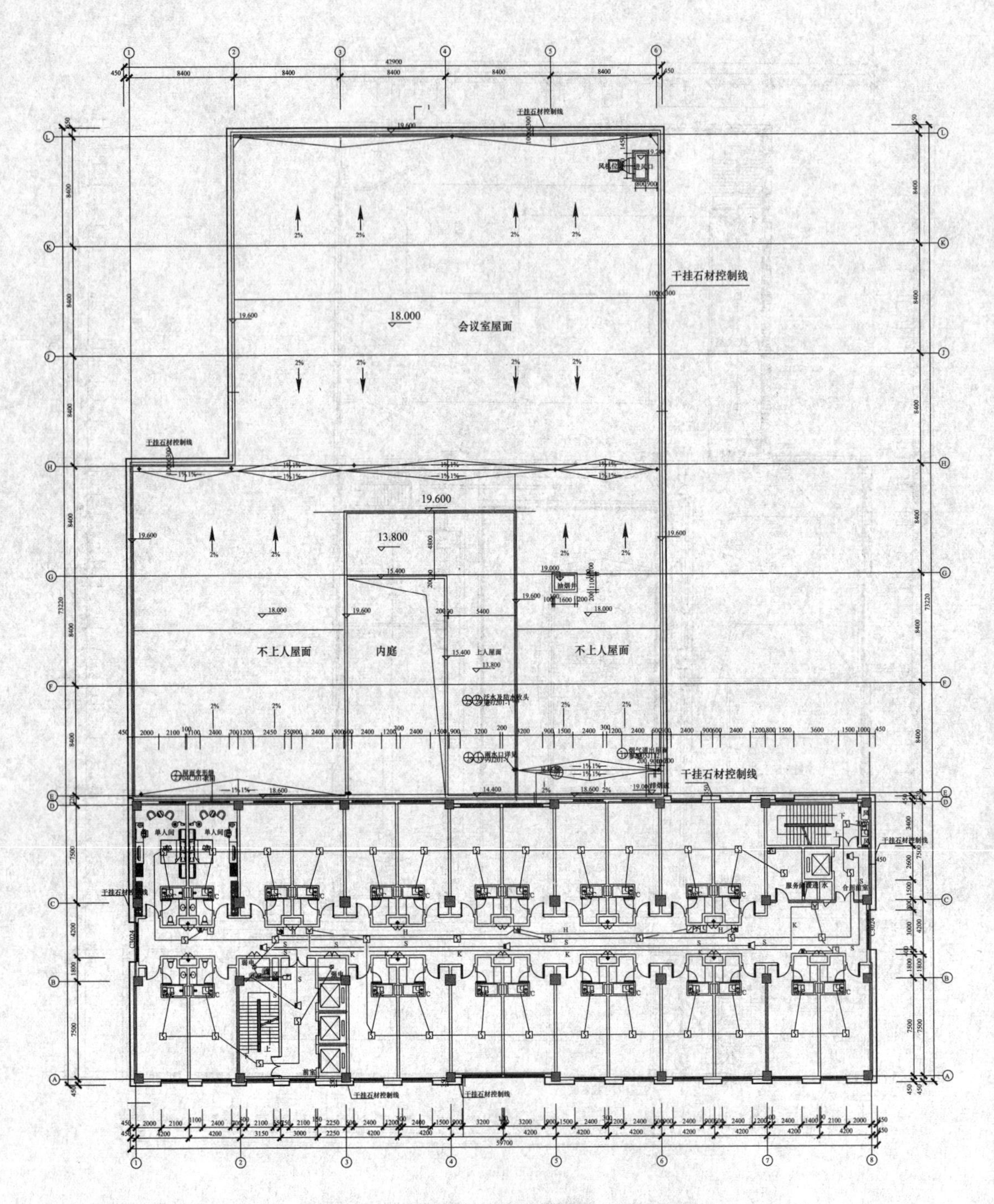

图 8-20　某教育中心消防系统第五层平面图

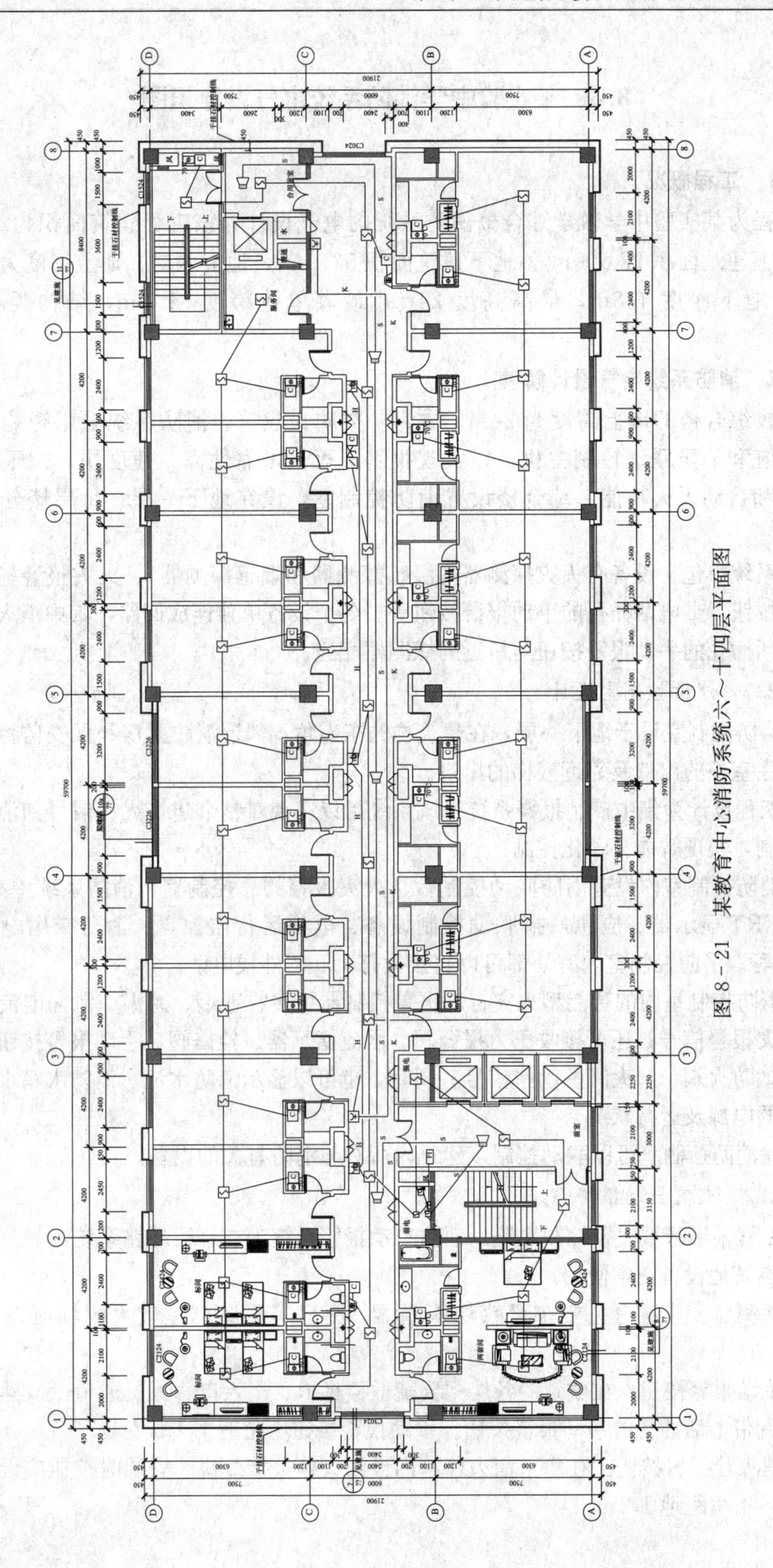

图 8－21　某教育中心消防系统六～十四层平面图

8.4 某实验中学消防系统电气设计识图

8.4.1 工程概况

该工程为某实验中学教学综合楼消防系统的电气设计，该工程建筑面积为27 850m²；其中，地上建筑面积22 500m²，地下建筑面积5350m²，地上六层，地上高度为24m，地下一层，地下深度4.8m，最高高度24m，最大单体跨度31.8m，结构类型为框架结构。

8.4.2 消防系统电气设计解读

因学校综合楼的地上高度为24m，故为一类防火建筑。消防系统采用智能型火灾自动报警系统和消防联动控制主机，以实现报警、灭火可靠性高、速度快、抗干扰性强的消防报警和自动灭火功能。综合楼设置消防控制室，设在地下一层，每层楼分为多个防火分区。

消防系统中包含设备有火灾探测器（温感探测器和烟感探测器）、火灾报警扬声器、消火栓启泵按钮、带电话插孔的手动报警按钮等。各个设备单独连成回路，其中消火栓启泵按钮、带电话插孔的手动报警按钮与最近的探测器相连。

8.4.2.1 消防控制室设计

(1) 消防控制室设于地下一层，在建筑物的东南角，邻近消防泵房和保安监控室，并设有直接通往室外的出口及邻近楼梯的出口。

(2) 工程设计为集中控制报警系统。该系统可以实现对整个建筑火灾信号和消防设备的监视及控制，实现智能自动化控制。

(3) 消防控制室内设有消防联动控制台、火灾报警的总控制器、消防系统中央计算机、打印机、CRT显示器、应急广播联动控制设备、电梯运行监控盘、消防专用电话总机和UPS电源等。消防控制室内有一部可以直接拨打119的外线电话。

(4) 消防控制室内的智能型火灾自动报警控制器可接收感烟、感温、泄漏电流报警等探测器的火灾报警信号；还可接收压力报警阀、水流指示器、检修阀、手动报警按钮、消火栓按钮、排烟防火阀、防火阀的动作信号。同时，也可以显示消防水池、消防水箱水位，显示消防水泵的电源及运行状况。

(5) 在消防控制室可以联动控制该建筑内所有与消防有关的设备。

8.4.2.2 火灾自动报警系统

(1) 工程采用区域报警控制系统。消防自动报警系统为二总线环路系统，做到某一处断线不应影响其他设备正常使用。

(2) 探测器。建筑内主要布置感烟探测器；厨房等平时烟尘较大的场所设置感温探测器。

(3) 手动报警按钮。在建筑的各层主要疏散楼梯口、出入口、人员通道上及建筑物内适当位置设置带电话插孔的手动报警按钮。手动报警按钮底距地1.4m安装。

(4) 消火栓报警按钮。在每个消火栓箱内设消火栓报警按钮。安装时按钮应设在消火栓的开门侧，下皮距地1.4m。

(5) 声光报警显示装置。在各层疏散楼梯口、出入口、人员通道上及建筑物内适当位置，设置火灾声光报警显示装置。安装高度为高于门框0.2m。

8.4.2.3 消防联动控制

消防控制室有消防控制联动台，控制台有两种控制方式，分别是自动/手动控制和手动硬线直接控制。该控制台可以对自动喷淋系统、防排烟系统、防火卷帘门、防火门系统，火灾应急广播系统，火灾应急照明系统、消防电梯运行系统、正压送风系统等多个系统进行智能的监测与控制。在火灾发生时可通过现场模块进行自动控制，也可在联动控制台上通过硬线手动控制，打开消防水泵、自动喷淋泵、加压送风机、排烟风机等设备；控制消防切非，打开应急回路等。完成一系列的操作后，得到各个系统回馈的信号，显示整体状态，以便于能更好地进行处理。

8.4.2.4 消火栓泵控制

(1) 在消防泵房内，可手动启动消火栓泵。

(2) 任意一个消火栓按钮动作后，消火栓泵直接启动，消防控制室控制台得到报警信号及报警的具体地点。

(3) 消防控制室也可通过模块控制消防泵启动，并接收消防泵的反馈信号。

(4) 当压力管网过低时，主泵会直接启动。

(5) 可通过消防控制室联动控制台上的硬线，手动控制消火栓泵，并接收其反馈信号。

8.4.2.5 补风、排烟风机的控制

(1) 当火灾发生时，探测器将火情信号送至消防控制室，再由消防控制室发出信号给各层的排烟防火阀，同时向消防专用补风、排烟风机发出启动指令。当火灾温度达到280℃时，排烟防火阀、排烟口的熔丝熔断。返回信号给消防控制室，这时控制系统再联动补风、排烟风机使其停止。

(2) 可以手动打开排烟防火阀，也可启动相应的排烟风机。

(3) 对于送风兼消防补风、排烟风机的控制：在一般状态下，为正常通风换气使用。当火灾发生时则转换为消防风机。这里风机有自动投切模块，消防控制室对其控制具有优先权。

8.4.2.6 防火卷帘门的控制

(1) 在通道上的防火卷帘门两侧都有感烟、感温两种探测器。防火帘的下落步骤控制为两步下落。第一次由感烟探测器控制，下落到离地面1.8m处。当温度过高达到280℃时，由感温探测器发出指令使其完全下落，起到隔离火源的作用。

(2) 防火卷帘门每一次动作都会有反馈信号到消防控制室。

(3) 防火卷帘门两侧设有就地控制按钮，底距地高度1.4m，并设玻璃保护。

8.4.2.7 切非控制

(1) 在该工程的低压出线回路中及所有各层、各分区插接箱内或配电箱内，设有分励脱扣器，由消防控制室在火灾确认后切断相关分区的非消防电源，并将切断信号返回消防控制室。

(2) 消防控制室可在报警后根据需要停止相关空调系统。

(3) 消防控制室可在报警后根据需要停止相关普通照明，并强制打开应急照明。

8.4.2.8 电梯控制

(1) 发生火灾时，根据火灾情况及区域，由消防控制室发出指令，指挥电梯按消防程序运行。对全部电梯进行对讲，并使电梯均强制返回一层并开门。除消防电梯外，其余电梯停止运行。

(2) 火灾指令开关采用钥匙型开关，由消防控制室负责火灾时的电梯控制。

8.4.2.9 火灾应急广播系统

在地下车库、教室、楼梯间、办公室、游泳池、食堂、报告厅等公共场所设置火灾应急广播系统。火灾发生时，消防控制室的值班人员打开火灾应急广播系统，及时指挥、疏人员撤离火灾现场。

8.4.3 工程图例

该中学综合楼消防系统工程图例中，图 8-22 为中学综合楼消防系统图；图 8-23 为中学综合楼消防系统首层平面图；图 8-24 为中学综合楼消防系统二层平面图；图 8-25 为中学综合楼消防系统第三层平面图；图 8-26 为中学综合楼消防系统第四层平面图；图 8-27 为中学综合楼消防系统第五～六层平面图。

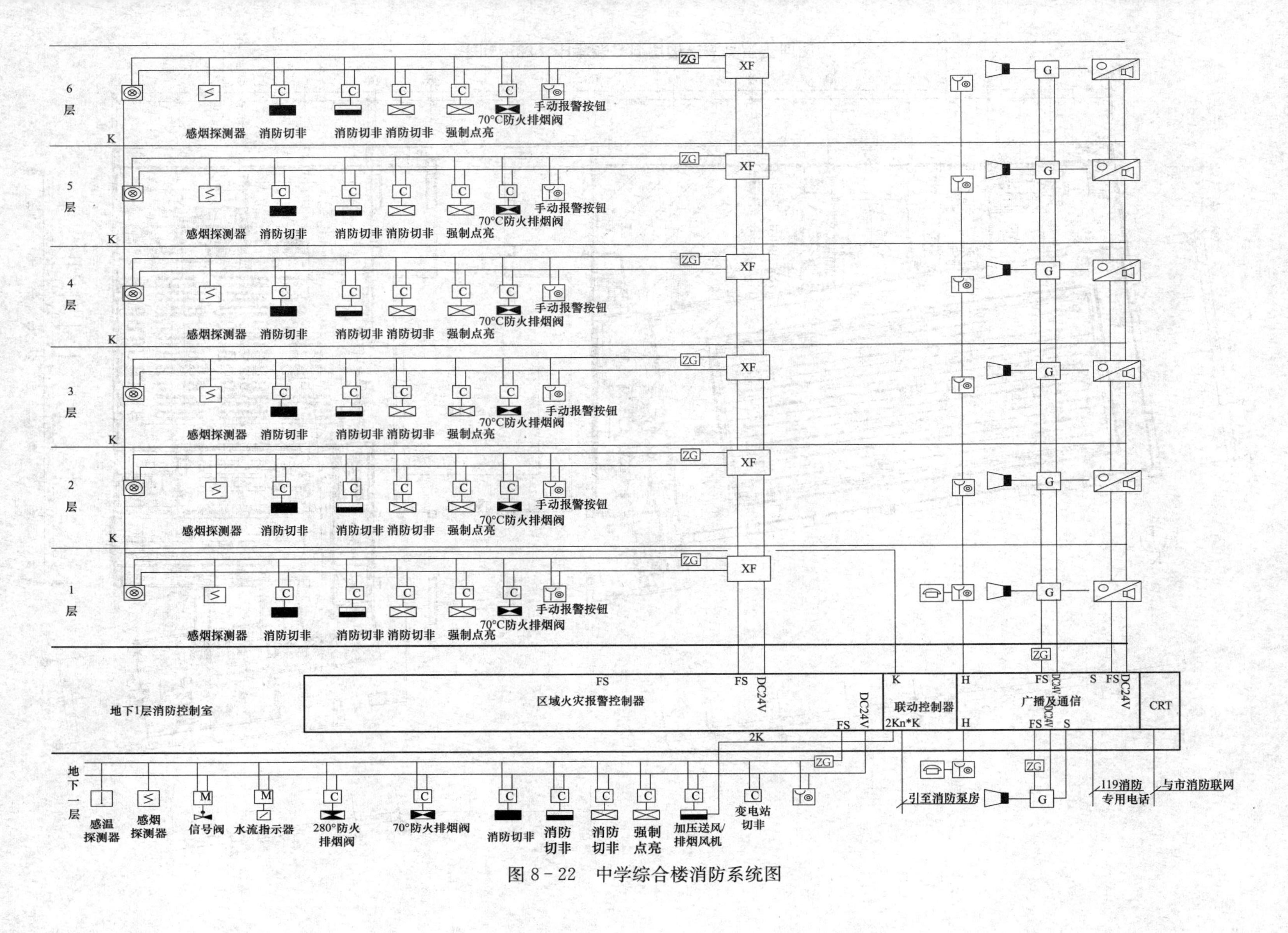

图 8－22 中学综合楼消防系统图

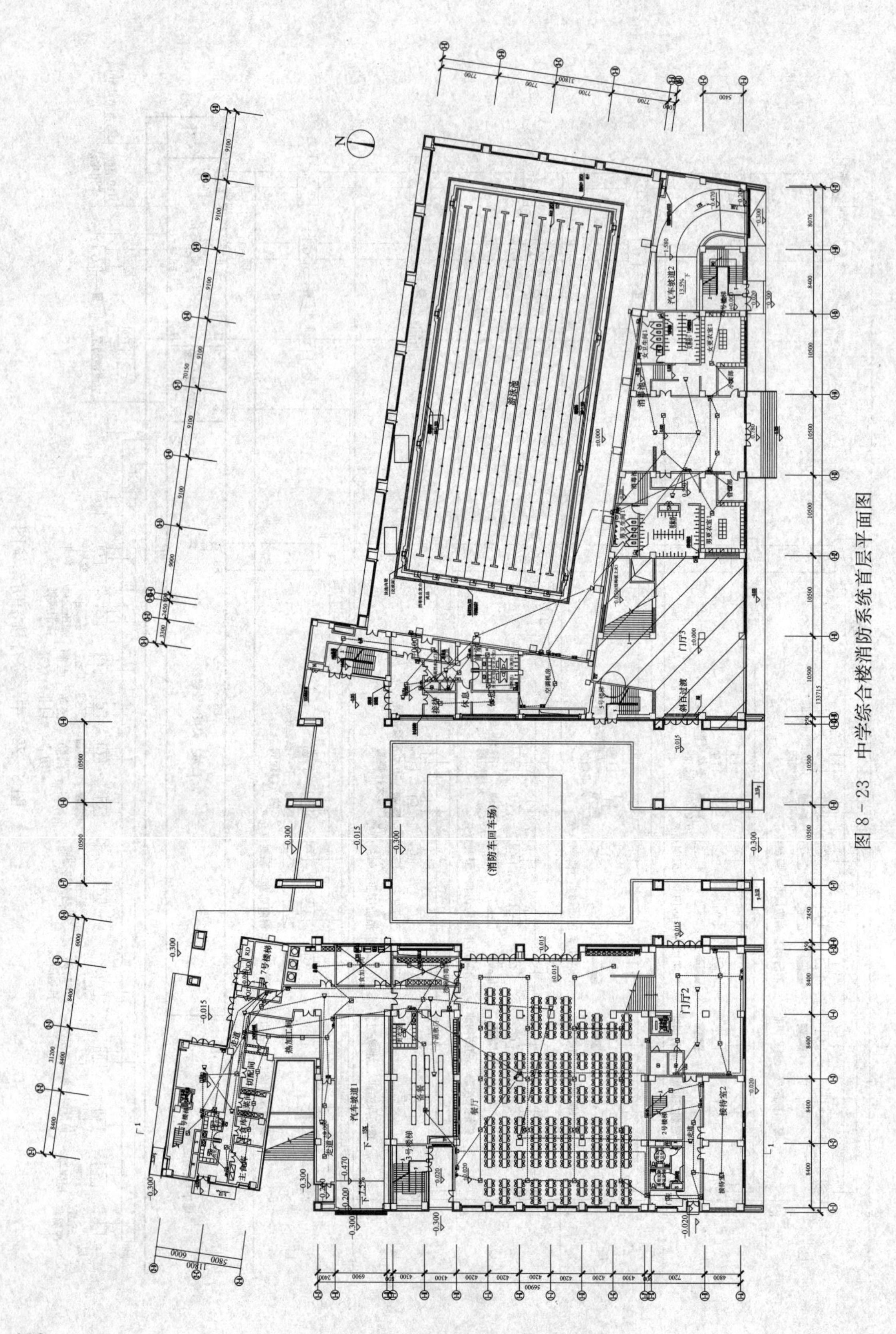

图 8－23　中学综合楼消防系统首层平面图

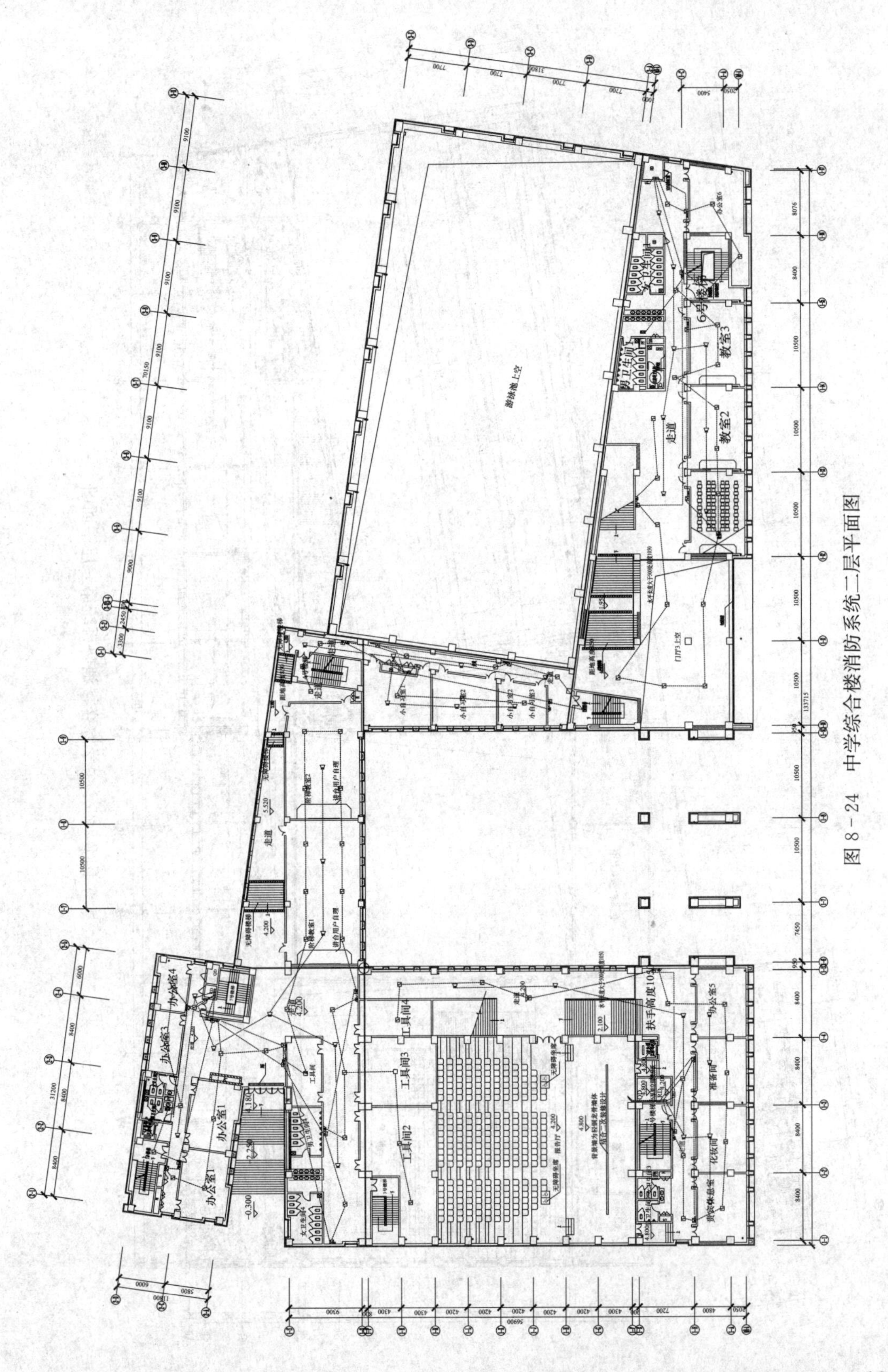

图 8-24 中学综合楼消防系统二层平面图

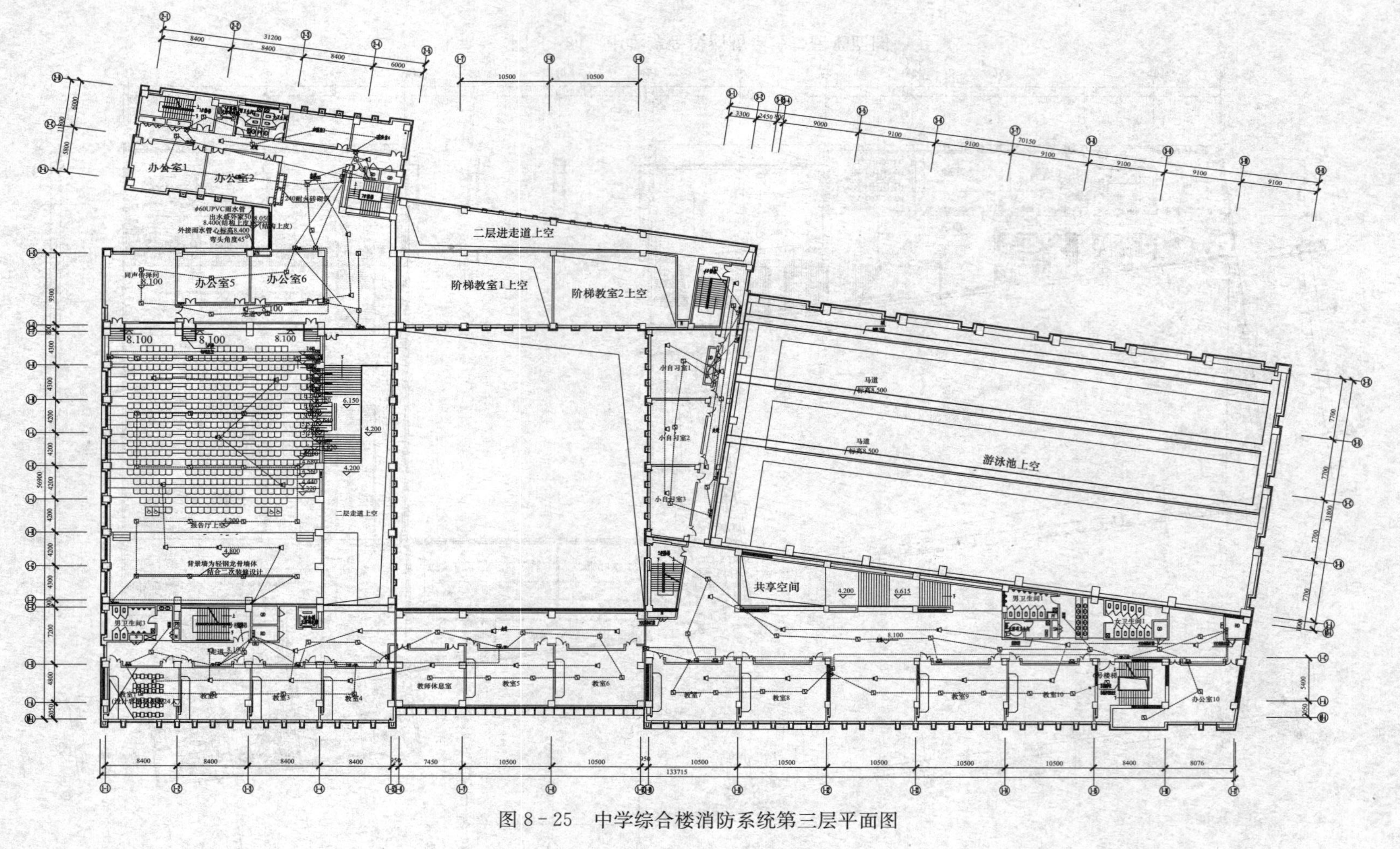

图 8－25　中学综合楼消防系统第三层平面图

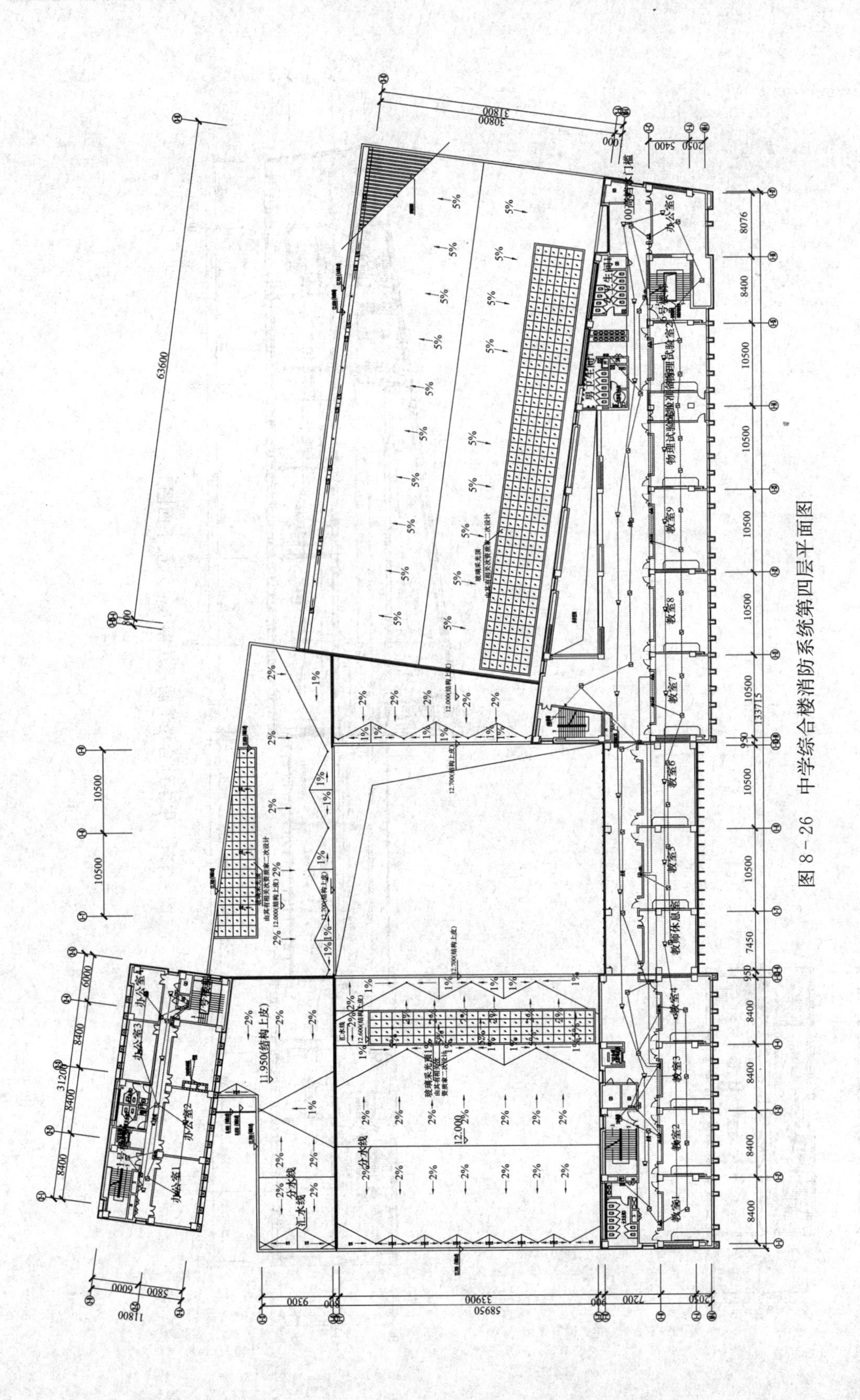

图 8－26　中学综合楼消防系统第四层平面图

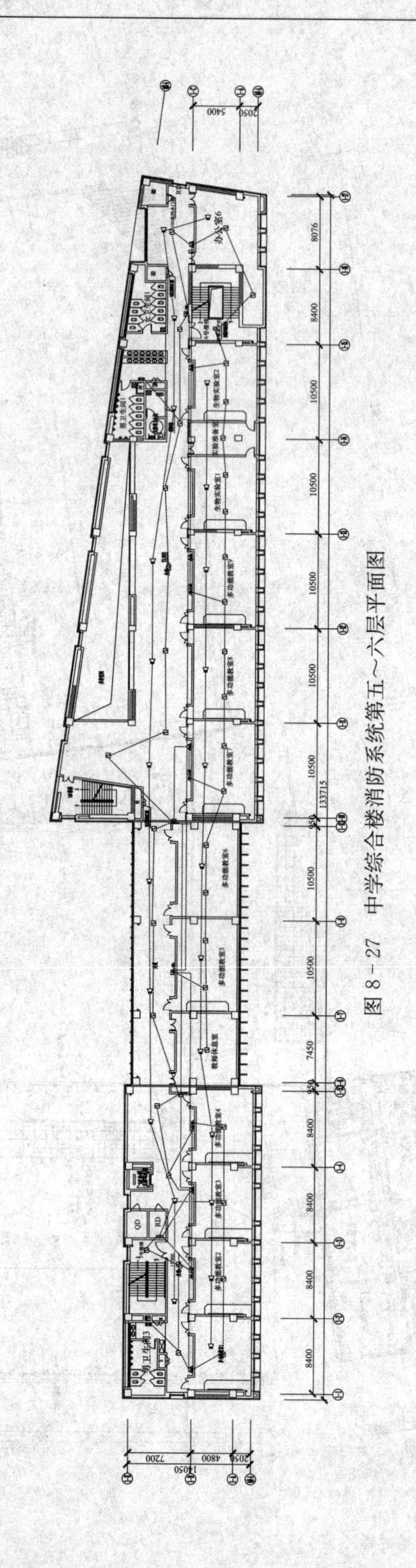

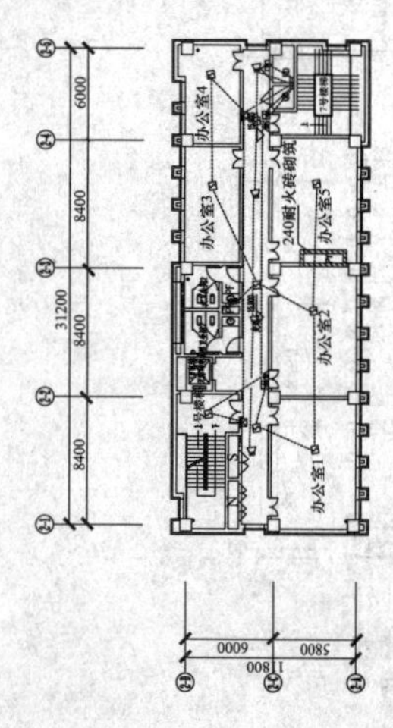

图 8-27　中学综合楼消防系统第五～六层平面图

8.5 某肿瘤医院消防系统电气设计识图

8.5.1 工程概况

该项目是某肿瘤医院消防系统电气设计，医院总建筑面积为12 000m²，地上五层，建筑高度为21.4m²，建筑结构形式为框架结构。医院建筑层高及内外高差：首层5.2m，二～五层5.2m，室内外高差0.6m。该医院为二类建筑物，建筑耐火等级为二级。

8.5.2 某肿瘤医院消防系统电气设计解读

作为医院的建筑物，功能比一般建筑物要复杂，不只医疗电子仪器设备多，给排水、暖通空调及医用设备都较多。所以，对消防系统及用电电源的可靠性要求高。

该工程的消防电源均引自变配电室的工作电源和备用电源。消防电梯、火灾应急照明、防排烟风机等消防负荷属一级负荷，采用双路电源供电，在负荷末端配电箱处自动切换。双路电源切换箱的两路电源线采用矿物绝缘电缆，并分别敷设在不同层电缆桥架上或用防火隔板隔开，应急照明配线采用阻燃导线。所有消防电源及应急照明配线穿钢管暗敷设时应在不燃烧体结构内，且保护层厚度不应小于30mm，明敷部分则均做好防火处理。电缆桥架外刷防火涂料。

在走廊、楼梯间及前室、电梯间及前室、地下室等主要通道处设疏散应急照明和疏散指示标志灯，消防设备间内设应急照明。

该工程为二类建筑，消防系统由火灾自动报警、自动灭火及消防联动部分组成。消防控制室设在首层，火灾报警为集中报警系统，系统由火灾自动报警器、火灾广播、通信、消防联动控制等部分组成。系统采用总线制。对防、排烟风机等重要消防设备除通过总线自动控制外，还设有手动直接控制线。控制室内有火灾报警器、消防联动控制器、图形显示装置、消防专用电话总机、消防紧急广播控制装置、消防应急照明和疏散指示系统控制装置、消防电源监控器等装置。

在消防控制中心设报警控制器及联动控制台，外设彩色CRT显示，对建筑物进行自动监控并对消火栓灭火系统、水喷淋灭火系统、防烟排烟系统、非消防电源、电梯、消防紧急广播、消防通信、防火卷帘、应急照明电源进行自动监视和联动控制。消防通信设置独立系统，在消防控制室内设主机，在各楼层设消防电话插孔，在消防设备机房内设电话分机。在各病房、办公室、手术室、ICU、设备间、走廊、电气竖井、楼梯间及前室、电梯间及前室等处设智能型火灾探测器和手动报警按钮，在消火栓箱内，设带地址的消火栓报警按钮，报警区域按防火分区和楼层划分，联动控制按层和防火分区执行。

某层消火栓按钮动作，联动消防泵启动；若某层手动报警按钮动作；某区水流指示器阀或信号阀动作，压力开关动作，联动启动喷淋泵，并均将动作信号反馈消防控制室。

发生火警时（并得到确认），马上切断有关部位的非消防电源；接通楼梯间所有火灾应急照明灯、疏散标志灯、其他相关部位的火灾应急照明灯及疏散标志灯，均将发生的动作信号反馈至消防控制室；同时，启动相应的正压送风机和排烟风机，打开相关层的电动正压送风口，并将风机的启动信号及风口状态信号反馈消防控制室。随之，关闭着火层的常开电动防火阀。在排烟风机前端，常开防火排烟阀动作关闭后，联动停止相应的排烟风机，并将信号反馈消防控制室。

发生火警时，电梯全部降落并停于首层，切断非消防电梯电源，并将信号反馈消防控制室。迅速接通并分时控制相关层的报警装置及消防应急广播。

医院属人员密集的地方，要特别考虑安全疏散和避难问题。在消防设计中根据规范要求的规定，设计安全出、疏散门、疏散楼梯等。

感烟探测器及各设备的安装及要求可参考医院的工程图例，读者根据图中的设计说明进行分析和解读。

8.5.3 工程图例

该肿瘤医院消防系统工程图中，图 8－28 为肿瘤医院消防系统图（一）；图 8－29 为肿瘤医院消防系统图（二）；图 8－30 为肿瘤医院消防系统首层平面图；图 8－31 为肿瘤医院消防系统二层平面图；图 8－32 为肿瘤医院消防系统一层局部和二层夹层平面图；图 8－33 为肿瘤医院消防系统第三、四层平面图；图 8－34 为肿瘤医院消防系统第五层平面图。

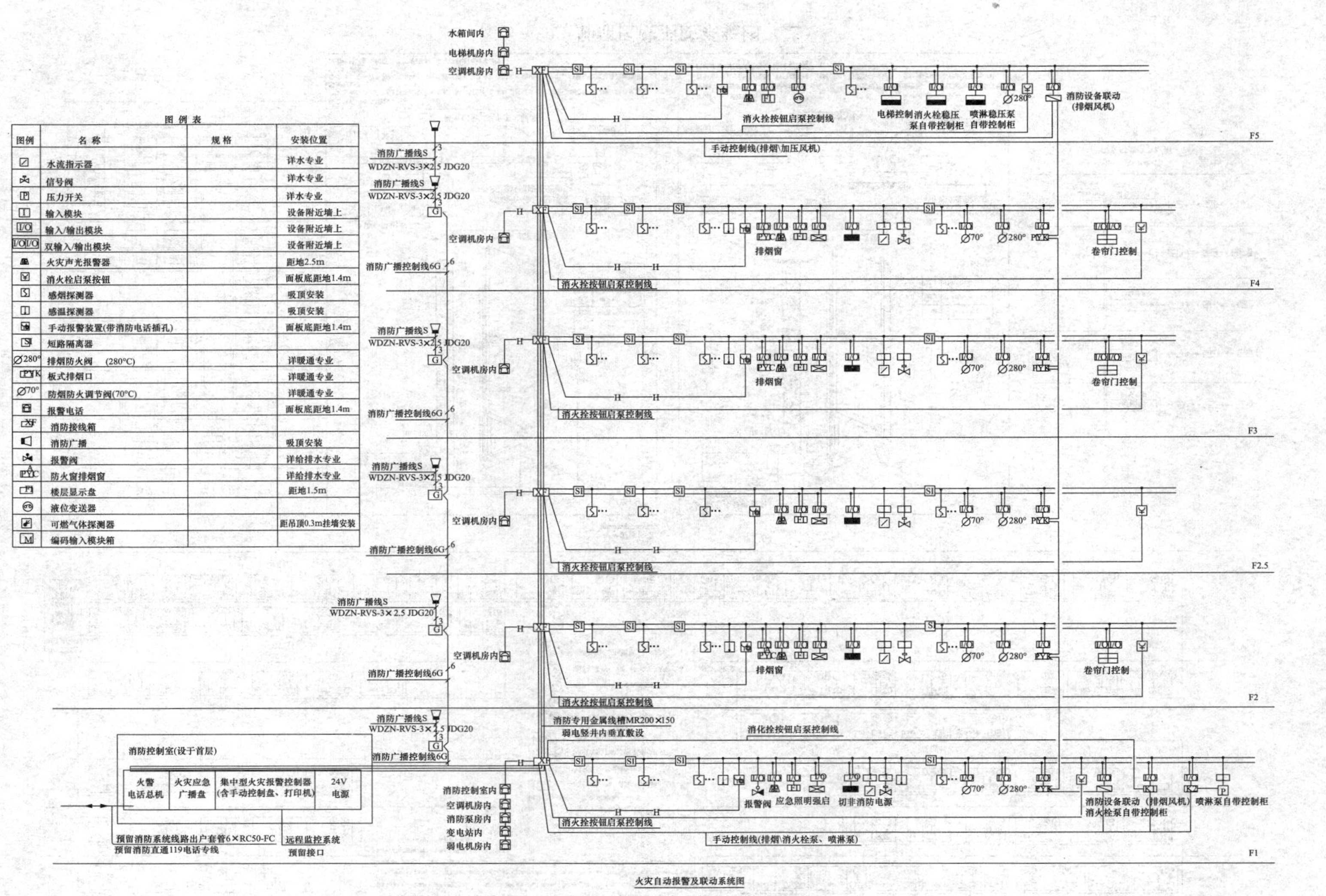

图例表

图例	名称	规格	安装位置
	水流指示器		详水专业
	信号阀		详水专业
P	压力开关		详水专业
I	输入模块		设备附近墙上
I/O	输入/输出模块		设备附近墙上
I/O/I/O	双输入/输出模块		设备附近墙上
	火灾声光报警器		距地2.5m
	消火栓启泵按钮		面板底距地1.4m
S	感烟探测器		吸顶安装
	感温探测器		吸顶安装
	手动报警装置(带消防电话插孔)		面板底距地1.4m
	短路隔离器		
∅280°	排烟防火阀 (280°C)		详暖通专业
PYK	板式排烟口		详暖通专业
∅70°	防烟防火调节阀(70°C)		详暖通专业
	报警电话		面板底距地1.4m
XF	消防接线箱		
	消防广播		吸顶安装
	报警阀		详给排水专业
PYC	防火窗排烟窗		详给排水专业
	楼层显示盘		距地1.5m
	液位变送器		
	可燃气体探测器		距吊顶0.3m挂墙安装
M	编码输入模块		

图 8-28 肿瘤医院消防系统图（一）

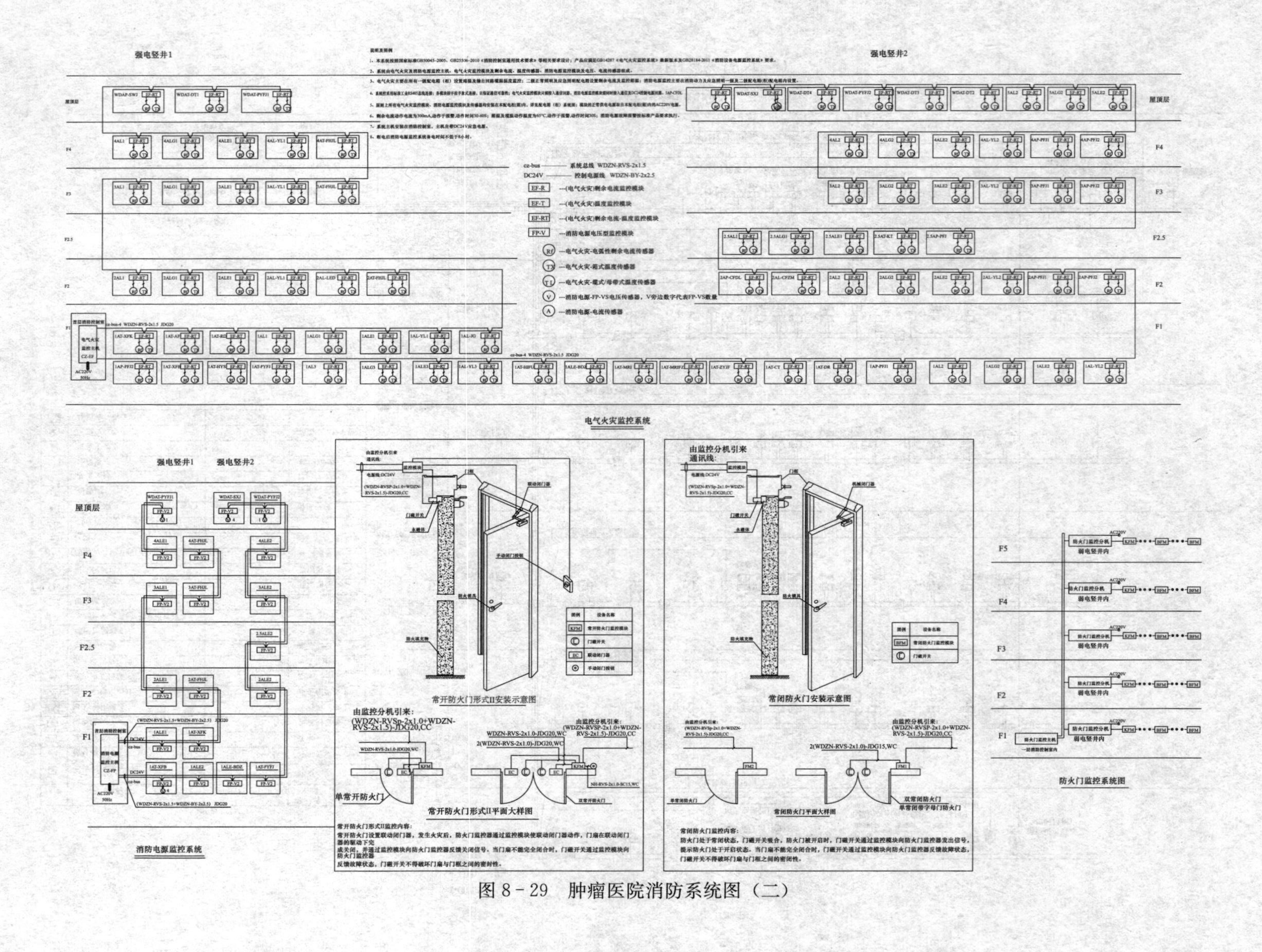

图 8－29　肿瘤医院消防系统图（二）

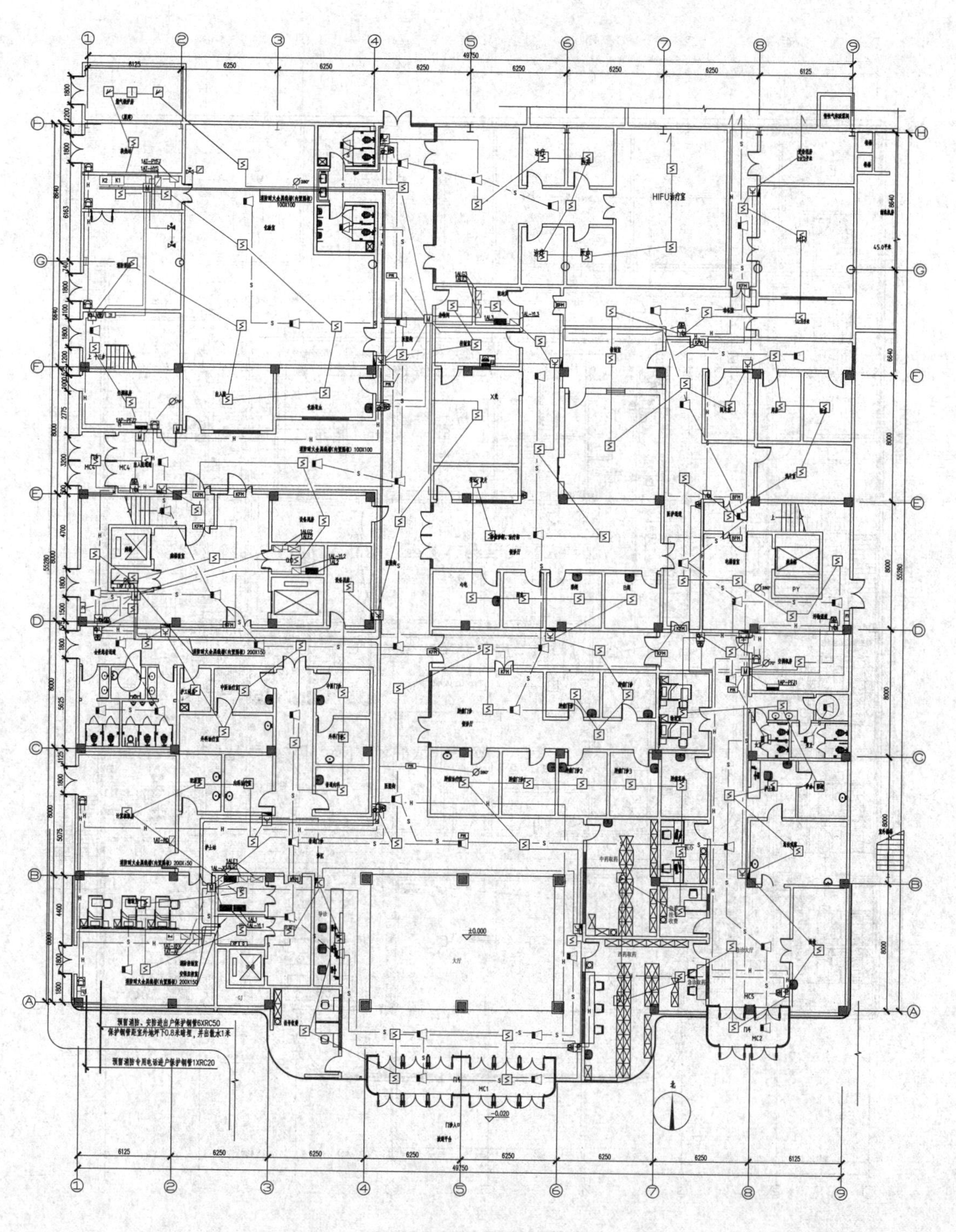

图 8-30 肿瘤医院消防系统首层平面图

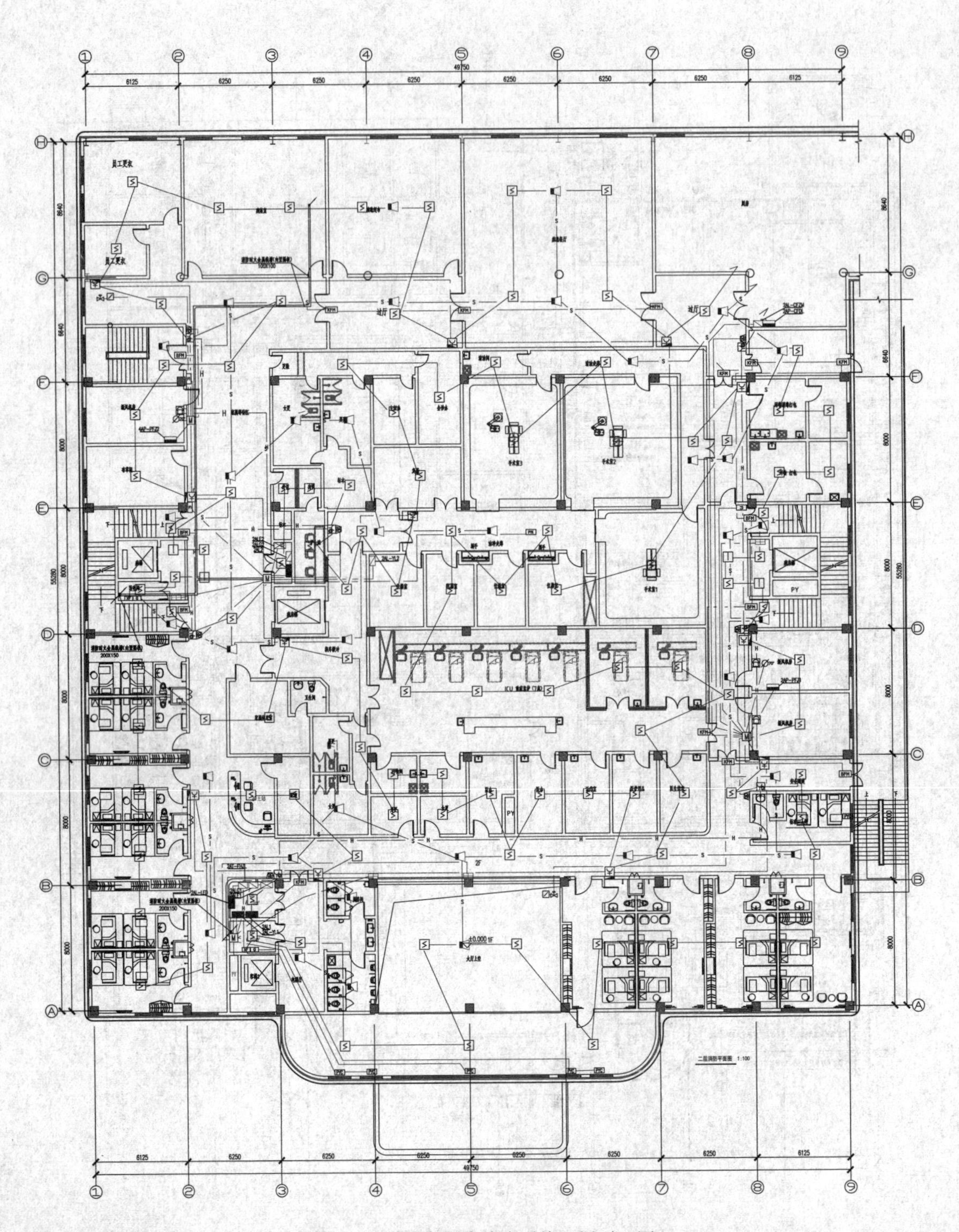

图 8－31　肿瘤医院消防系统二层平面图

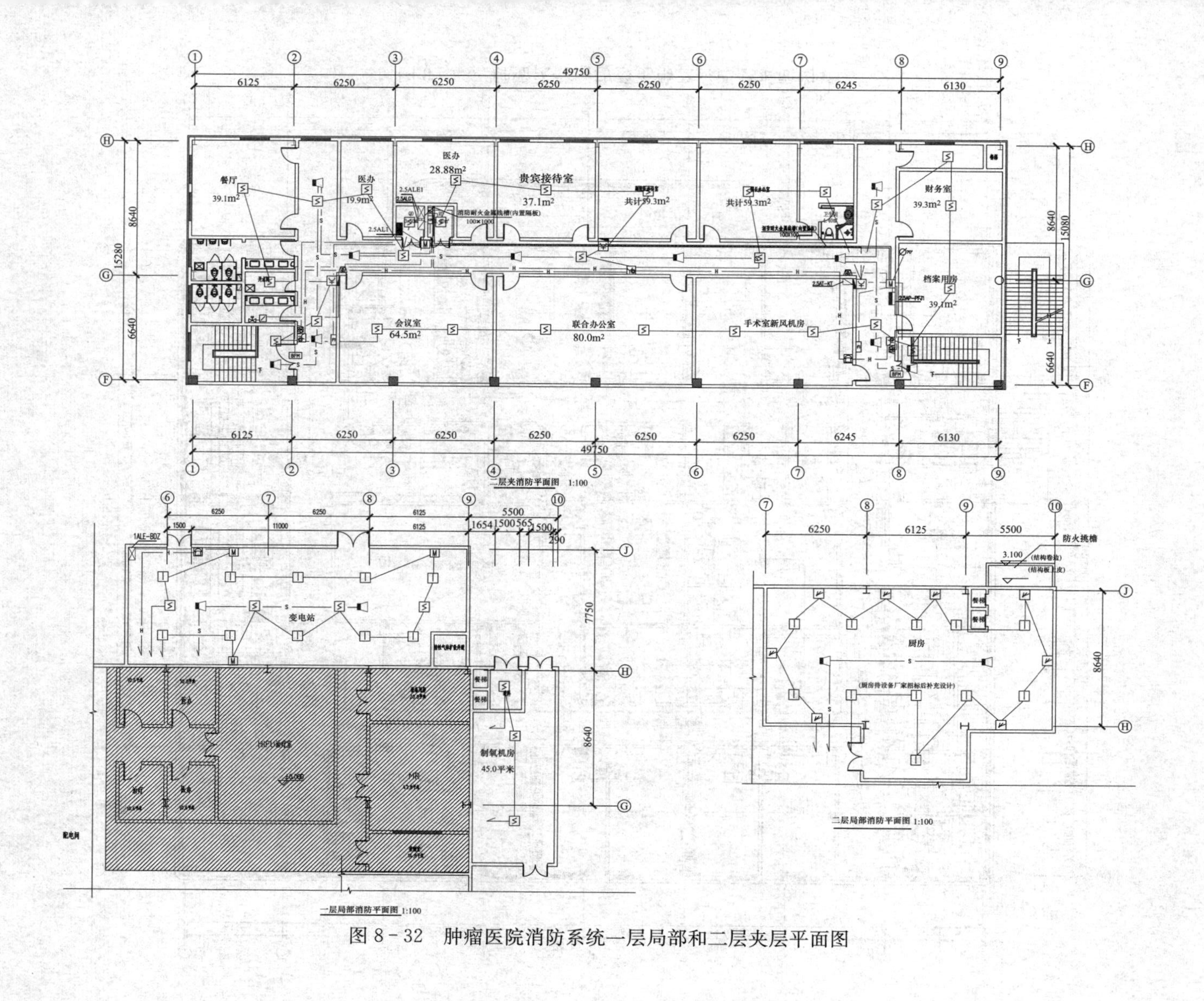

图 8-32 肿瘤医院消防系统一层局部和二层夹层平面图

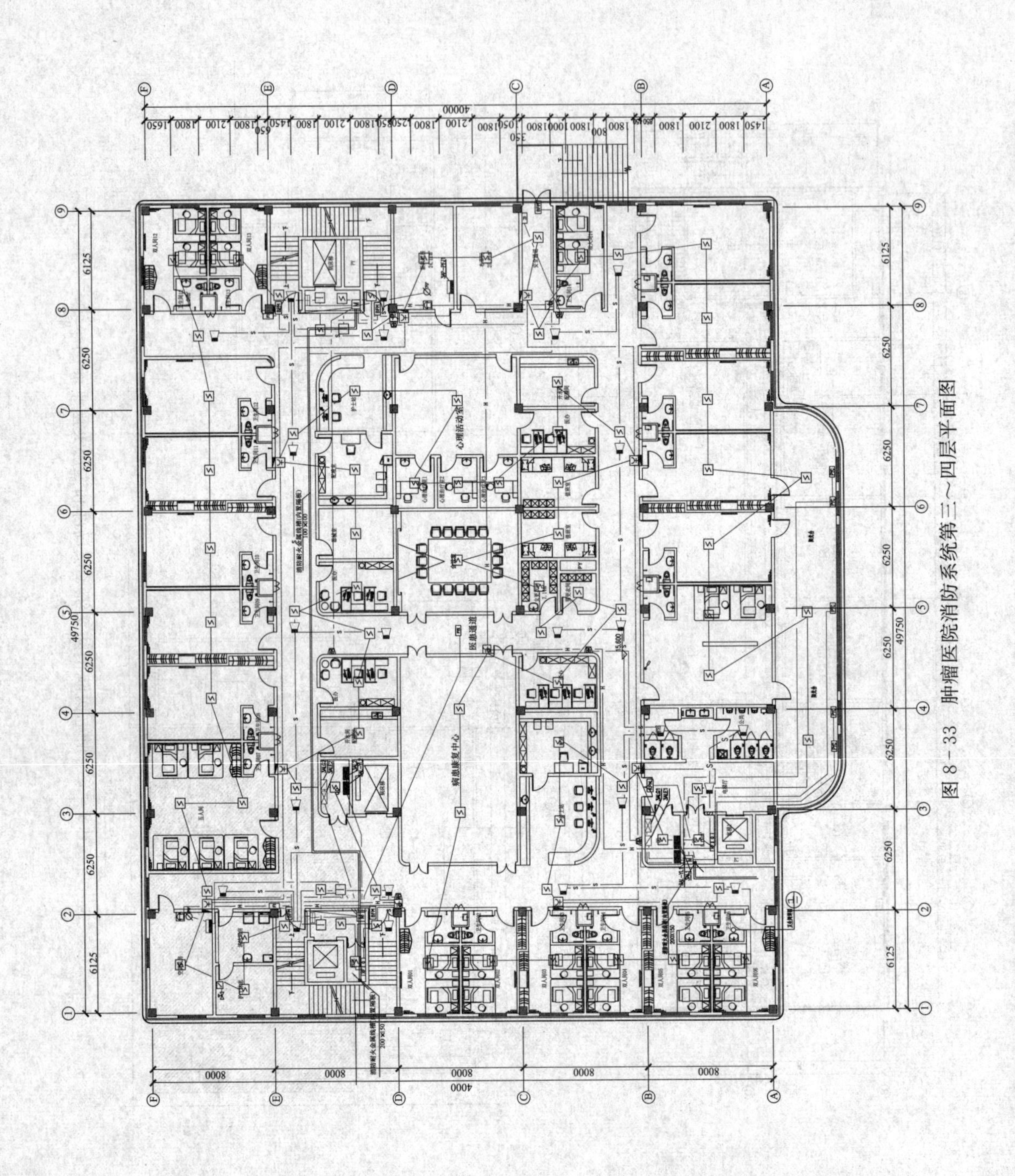

图 8-33 肿瘤医院消防系统第二～四层平面图

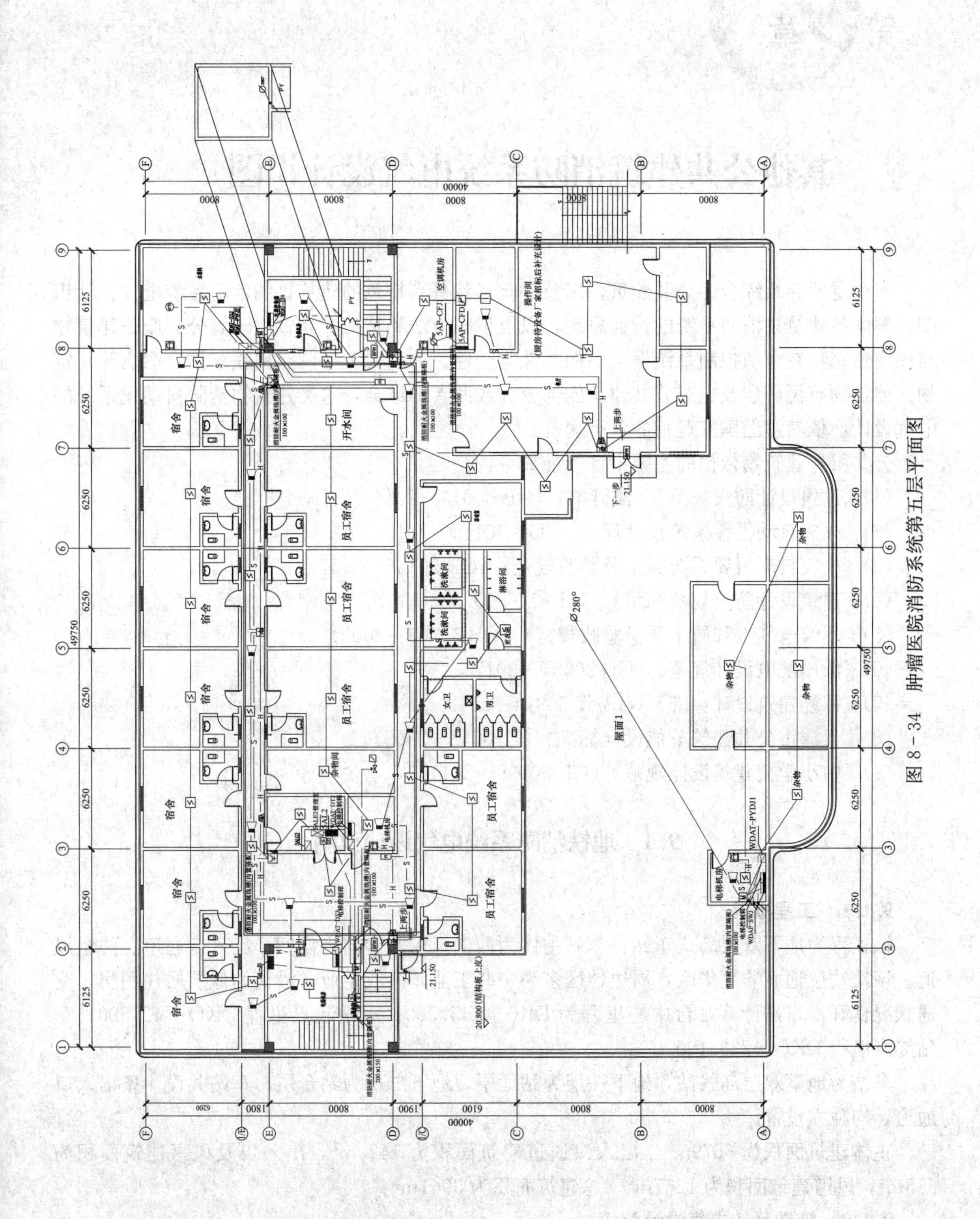

图 8-34 肿瘤医院消防系统第五层平面图

其他公共建筑消防系统电气设计识图

本章主要介绍综合性公共建筑，以及外观形状具有特色的建筑物的消防系统电气设计识图，解读各建筑物消防系统的设计思想，以及识图方法和技巧，并重点理解公共服务建筑物与民用建筑物在消防控制系统设计中的共性与个性。如现代工业园、地铁车站、酒店等建筑物。建筑物有民用建筑也有公共建筑的部分，或两者的结合，这类建筑物消防自动化系统的电气设计，依然遵循国家现行的各类规范。

公共服务建筑物依据的主要设计标准如下：

(1)《建筑设计防火规范》(修订本)(GB 50016—2014)。

(2)《火灾自动报警系统设计规范》(GB 50116—2013)。

(3)《火灾自动报警系统施工及验收规范》(GB 50166—2007)。

(4)《建筑设计防火规范图示》(13J 811—1)。

(5)《建筑电气工程施工质量验收规范》(GB 50303—2002)。

(6)《低压配电设计规范》(GB 50054—2011)。

(7)《智能建筑设计标准》(GB/T 50314—2015)。

(8)《天津市公共建筑节能设计标准》(J 10633—2008)。

(9)《中小学校建筑设计规范》(GB 50099—2011)。

9.1 地铁消防系统电气设计识图

9.1.1 工程概况

该工程为地下双层岛式车站。车站主体为西南至东北走向，设四个出入口通道、两组风道。该站站位地面非繁华区，周边地区多为一些工业园区或企业，沿街为低层居住用房，交通状况良好。车站计算站台中心里程为 DK0＋145.500，车站起点里程 DKO＋42.600，车站终点里程 DKO＋223.100。

车站为地下双层岛式站，地下一层为站厅层，地下二层为站台层。车站共设 4 条出入口通道，均独立设置。

主体建筑面积为 6679m^2，出入口通道建筑面积为 1420m^2，出入口及风亭建筑面积为 595m^2，风道建筑面积为 1267m^2，总建筑面积为 9961m^2。

9.1.2 消防系统电气设计解读

该工程属于低层一类建筑，防火等级为一级保护对象，按此类要求设计火灾自动报警系

统。消防控制中心设在站厅层车站控制室，内设有火灾报警控制器、消防联动控制设备、消防专用电话、彩色 CRT 显示系统、打印机等设备。火灾自动报警系统除由消防电源作主电源外，另设直流备用电源，而且另设 UPS 装置供电。

车站的办公室、设备室、会议室、配电室、泵房、走廊、公共区等场所设置火灾感烟探测器，车控室和变配电室及部分设备用房感温和感烟探测器混合设置。每个防火分区均设置手动火灾报警按钮，从一个防火分区内的任何位置到最近的一个手动报警按钮的距离均不大于 30m，各区的公共走道、重要房间均设置手动报警按钮，另外，某些房间还装设了报警电话。根据给排水专业提供的资料设置了消火栓按钮，并对一些不能用水灭火的房间设置了气体灭火装置。

车站控制室设置一台消防专用电话总机，且具备能自动转换到市话“119”的功能。在重要房间如配电室、水泵房、小系统通风机房、气瓶室、事故风机和排烟机的风道等均装设火警专用电话分机。所有报警信号均通过总线进入火灾报警控制器。

9.1.2.1 消防系统组成及探测器的设置

(1) 消防控制系统组成。消防控制系统的组成包括以下部分：

1) 火灾自动报警系统。

2) 消防联运控制系统。

3) 火灾应急广播系统。

4) 消防对讲电话系统。

(2) 感烟探测器的设置。感烟探测器的设置应按安装表面的形状、设置场所、位置等确定。当发生火灾时应能及时有效地探测火源的位置。设在有梁的室内，探测器应离墙壁或梁有效距离在 0.6m 以上；设在低天棚房间面积为 40m^2 以上或狭窄居室时，应设置在入口附近；如天棚有送回风口，距进风口 1.6m 以上；在走廊通路设置探测器。

1) 在 1.2m 以上的走廊通道，应将探测器设置在中心位置。

2) 当楼房的走廊通道超过 30m 时，在每层的走廊两端各设一个探测器。

3) 当走廊及通道设有高为 0.6m 以上的横梁时，使邻接两端的两个探测器设在其有效范围内。

4) 当走廊通道至楼梯的水平距离在 10m 以上时，走廊通道可不设置探测器。

5) 水平距离超过 20m 的走廊至少设置一个探测器。

(3) 探测器在电梯竖井、滑槽、管道间等场所的设置。

1) 电梯竖井顶部与机械间如有开口部位，可在机械室的上部设置探测器，竖井顶部可不设置；如无开口部位，可设在竖井的顶部。

2) 在管道间，当垂直方向的水平截面在 1m^2 以上时，应在顶部设探测器。如管道通常风速在 6m/s 以上，排污或垃圾管道尘埃不显著，可不设探测器。

3) 当管道竖井按层划分或按每两层隔断时，可不设探测器；但有火灾危险时除外。如果其水平面超过 1m^2 时应适当设置探测器。

(4) 探测器在楼梯间及斜坡道的设置。

1) 当楼梯或坡道的垂直高度在 16m 以上时，应在房间面对楼梯缓台或顶层楼板上面且易于维护地点设置一个探测器。

2) 当楼梯间顶部和最上层的天棚在同一水平面时，应尽量在附近房间易于维护地方设置探测器。

(5) 探测器在自动扶梯的设置。

1) 当自动扶梯的垂直高度为 16m 时，至少应设置一个探测器。

2) 对坡道，当其水平距离为 30m、垂直高度为 6m 以上的倾斜角度时，应按楼梯间情况处理。

3) 一般楼梯在两层以上，其与上层间距为 6m 以上时，可视为同一层情况处理。

4) 当楼梯步行距离为 30m 及其垂直高度为 6m 以上时，应在楼梯设置探测器。

9.1.2.2 消防控制中心及系统联动控制

该工程消防控制中心设置在车站 B 端站厅层消防控制室。站区各单体火灾自动报警系统接入控制中心。消防控制中心的火灾报警控制由火灾自动报警控制盘、CRT 图型显示屏、打印机、火灾事故广播设备、消防直通对讲电话、UPS 不间断电源及备用电源等组成。

在车站的主要出入口、楼梯口等场所设地址手动报警器、警铃和消防电话插孔，变配电室、消防泵房、风机房等主要设备用房设消防直通对讲电话。

消防控制中心显示功能如下：

(1) 室内消火栓系统显示。手动/自动控制消防水泵的启、停；显示启泵按钮所处的位置；显示消防水泵的工作、故障状态；显示消防水池的液位状态。

(2) 自动喷洒灭火系统显示。手动/自动控制消防水泵的启、停；显示报警阀、水流指示器的工作状态；显示消防水泵的工作、故障状态。

(3) 雨喷淋灭火系统显示。联动控制雨喷淋电磁阀；显示雨喷淋电磁阀工作状态。

火灾报警后，启动相关部位的排烟风机、排烟阀、正压风机、正压风阀，并接收其反馈信号。火灾确认后，关闭相关部位的防火卷帘，并接收其反馈信号；发出控制信号，强制电梯全部降至基层，并接收其反馈信号；接通火灾应急照明灯及疏散指示灯；自动切断相关部位的非消防电源；按程序接通火灾报警装置及火灾事故广播。

广播设备设于消防中心内，火灾时由消防中心自动或手动控制相关层广播。各公共区及功能性房间均设声光报警器。

该工程消防用电设备及应急照明电源均为引自变电站两端低压母线的独立回路，且在负荷末级配电处作“一用一备”自动切换装置。该变电站高压侧为双电源进线。消防泵房、消防控制室、排烟风机等消防设备用电均为一级负荷。对于线路防火，工程中电气线路采用阻燃电缆沿金属桥架敷设，消防用电设备电源线路采用耐火电缆。

9.1.3 工程图例

该地铁车站消防系统工程图中，图 9-1 为地铁消防系统图；图 9-2 为地铁消防系统 A 站端站台层消防报警系统平面图；图 9-3 为地铁消防系统 B 站端站台层消防报警系统平面图；图 9-4 为地铁消防系统站厅层消防报警系统平面图。

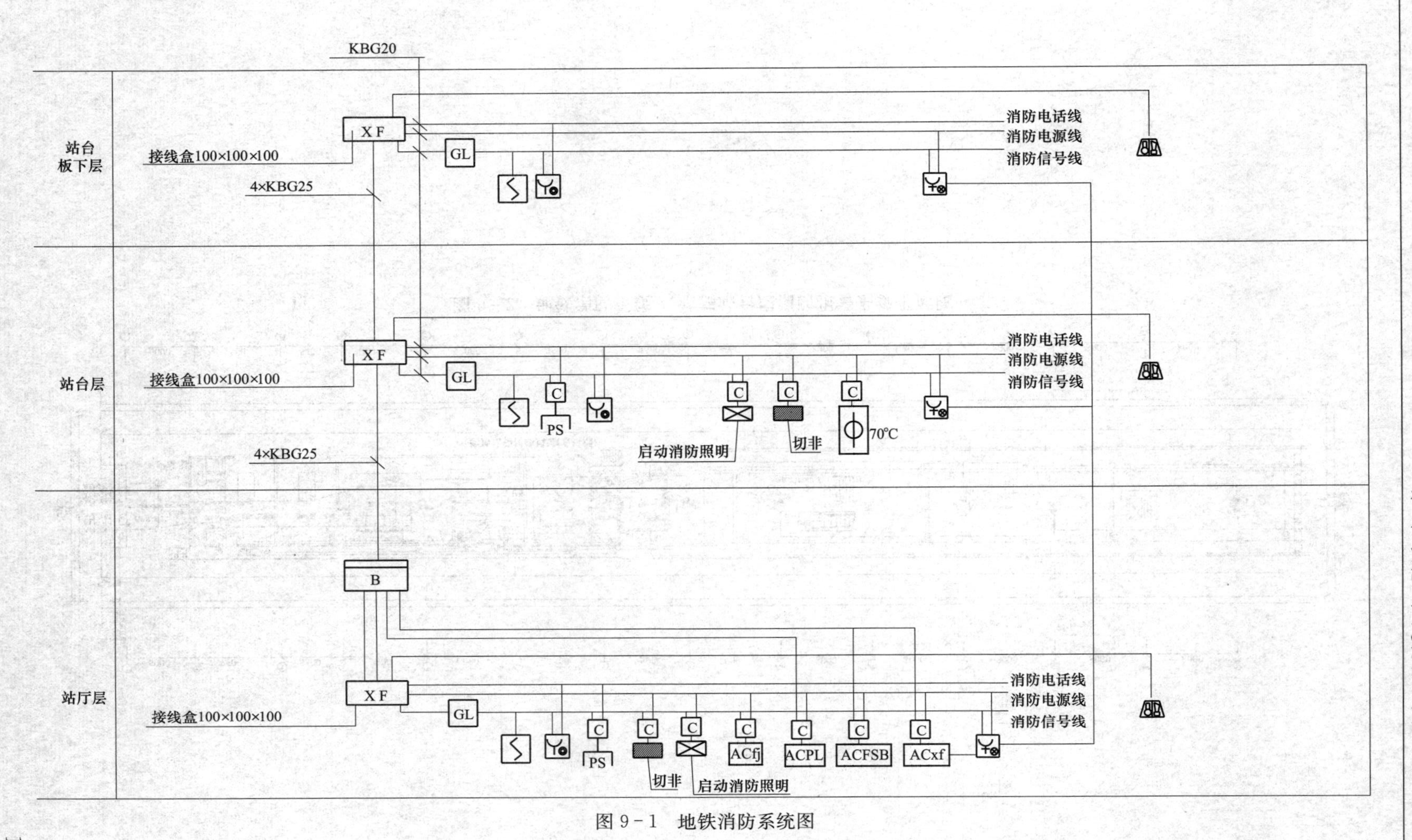
KBG20
站台
板下层
接线盒100×100×100
4×KBG25
XF
GL
消防电话线
消防电源线
消防信号线
站台层
接线盒100×100×100
XF
GL
C
PS
启动消防照明
切非
70°C
消防电话线
消防电源线
消防信号线
4×KBG25
B
站厅层
接线盒100×100×100
XF
GL
C
PS
切非
启动消防照明
ACfj
ACPL
ACFSB
ACxf
消防电话线
消防电源线
消防信号线

图 9－1 地铁消防系统图

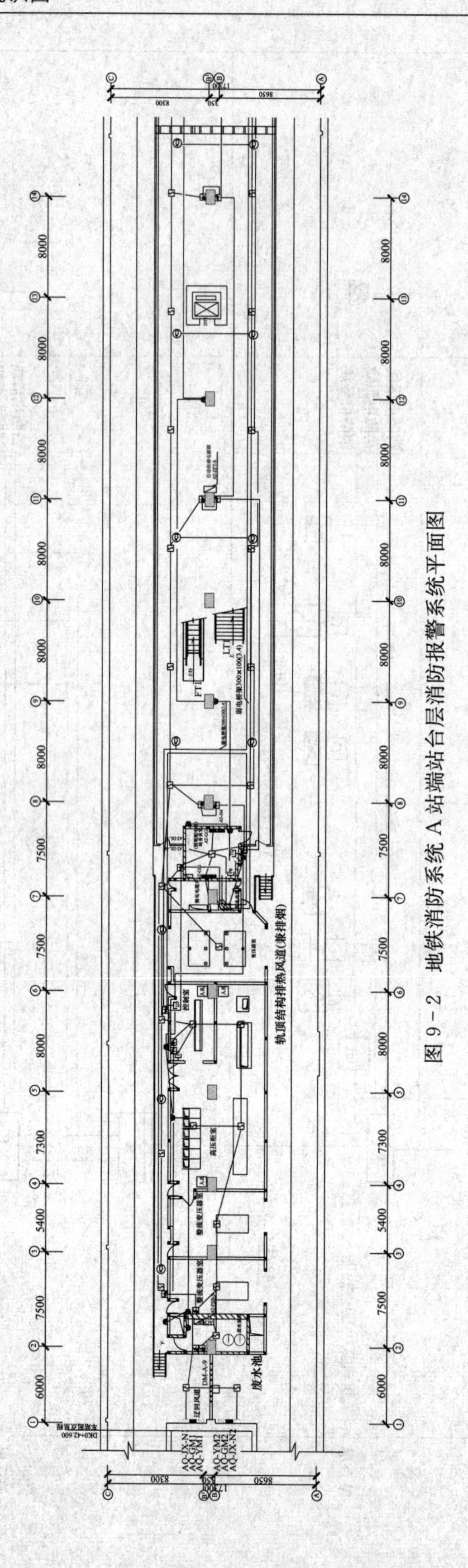

图 9-2 地铁消防系统 A 站端站台层消防报警系统平面图

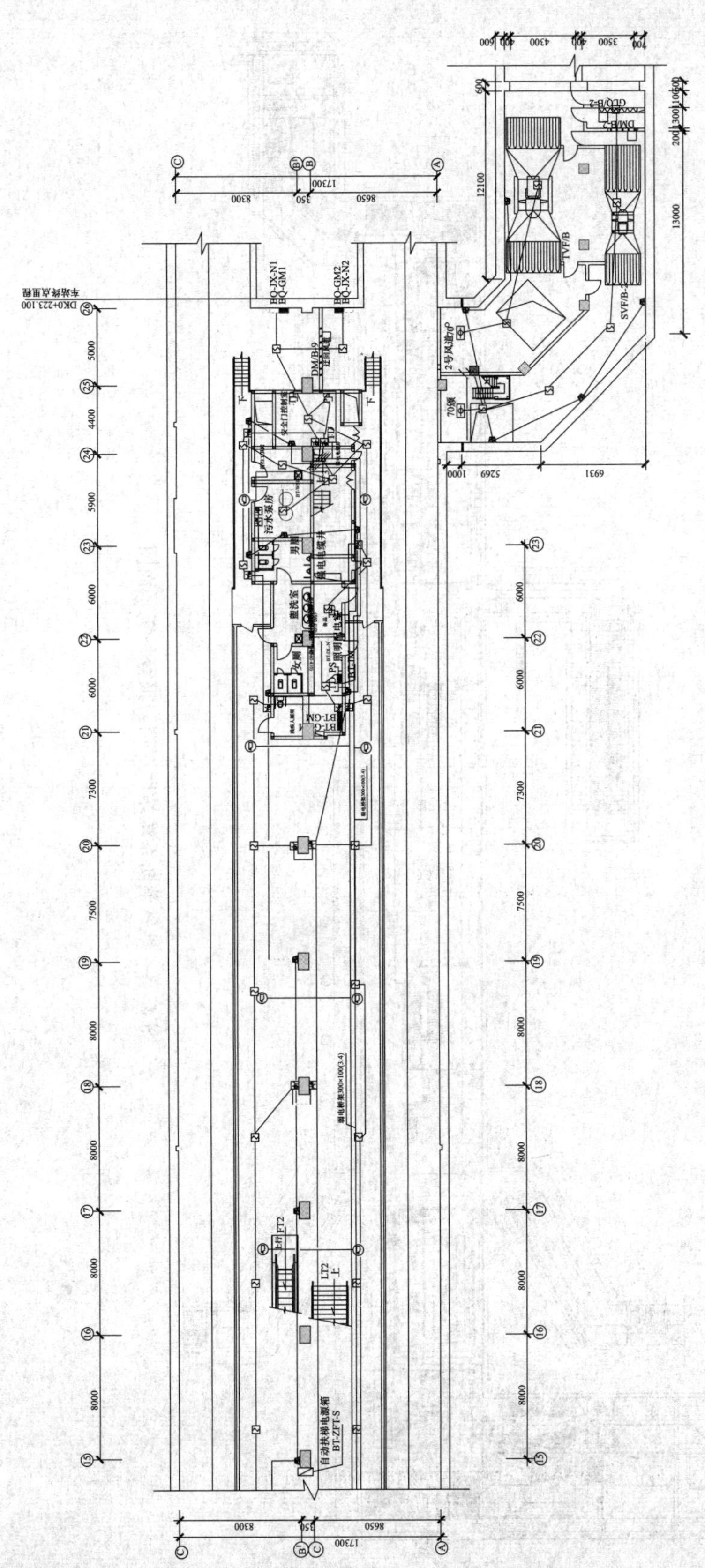

图9-3 地铁消防系统B站端站台层消防报警系统平面图

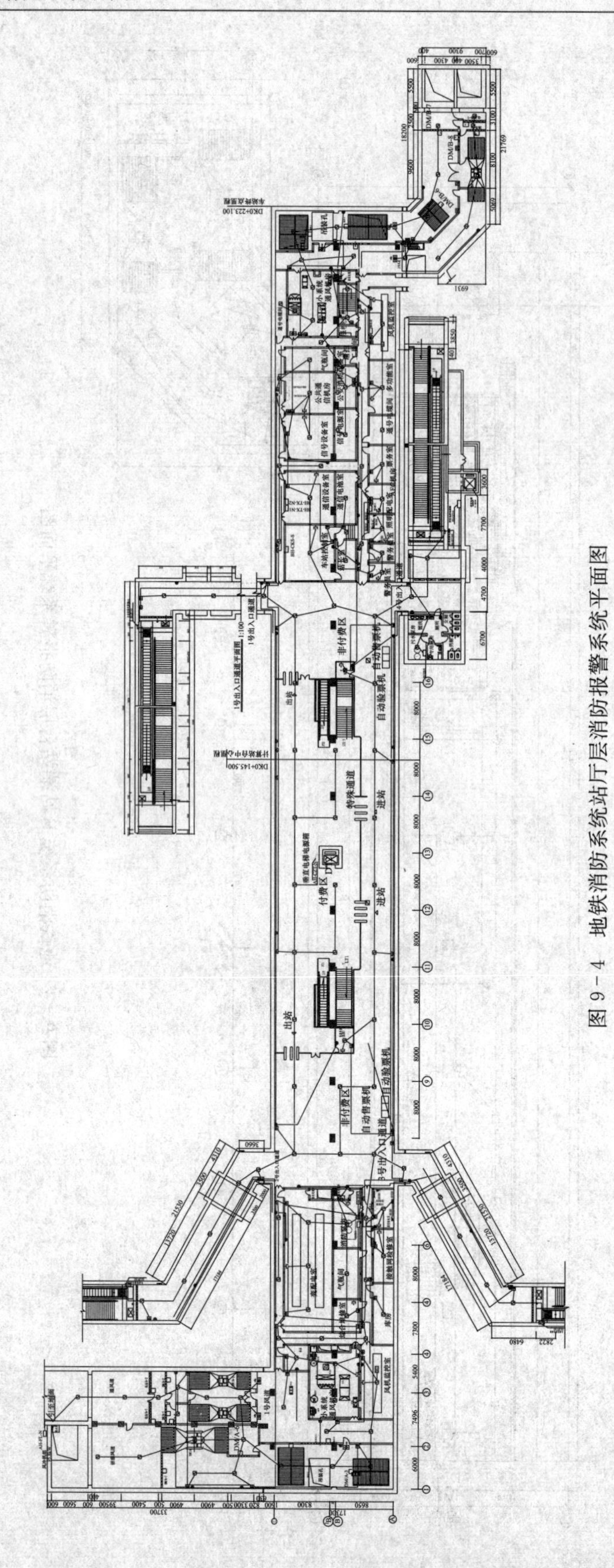

图 9－4　地铁消防系统站厅层消防报警系统平面图

9.2 快捷酒店消防系统电气设计识图

9.2.1 工程概况

该工程为快捷酒店住宿楼的消防系统电气设计，该建筑属普通多层建筑。地上四层，地下一层，首层标高5.6m，其他各层4.5m。该建筑结构为框架结构，基础为桩基。

主要电气设备用电负荷：喷淋泵：2台，$P_e=22kW$，1用1备；消火栓泵：2台，$P_e=30kW$，1用1备；蒸箱：$P_e=15kW$，380V；冰箱：$P_e=3kW$，380V；消防电梯：$P_e=12kW$，380V，电梯：$P_e=12kW$，380V。

9.2.2 消防系统电气设计解读

对于不同的建筑物有不同的火灾危险性和保护价值，消防安全要求、防火技术措施和保护范围等方面也应有其针对性。在快捷酒店的消防控制系统中，首先应确定建筑火灾保护的等级，根据建筑物的特点和要求，作出既符合我国国情，又能达到防火要求的设计方案。

该工程为普通多层建筑，地上四层，地下一层，采用集中报警系统，并应设置一个消防控制室。

根据现行规范，在各个房间和走廊、门厅等地均设置不同数量的感烟探测器、扬声器，以满足消防要求。走廊内设置带电话插孔的手动报警按钮和消火栓按钮，首层值班室内设119直拨电话插孔。消防报警系统与事故照明、电梯及各种非消防电源相关联，以实现火灾发生时的联动与切非。

9.2.2.1 火灾探测器的设置

火灾探测器的设置包括火灾探测器个数的确定与位置布置。火灾探测器的个数可查表9-1，根据式（9-1）进行计算，但探测区域内的每个房间内至少应设置一个火灾探测器。

表9-1 火灾探测器的保护面积和保护半径

火灾探测器的种类	地面面积S	房间高度h	探测器的保护面积A（m^2）和保护半径R（m）					
			屋顶坡度θ					
			$\theta\leqslant15°$		$15°<\theta\leqslant30°$		$\theta>30°$	
			A	R	A	R	A	R
感烟探测器	$S\leqslant80$	$h\leqslant12$	80	6.7	80	7.2	80	8.0
	$S>80$	$6<h<12$	80	6.7	100	8.0	120	9.9
		$h\leqslant6$	60	5.8	80	7.2	100	9.0
感温探测器	$S\leqslant30$	$h\leqslant8$	30	4.4	30	4.9	30	5.5
	$S>30$	$h\leqslant8$	20	3.6	30	4.9	40	6.3

探测器个数的计算公式如下

$$N\geqslant\frac{S}{KA} \tag{9-1}$$

式中 N——一个探测区域内所需设置的探测器数量，N取整数；

S——一个探测区域的面积，m^2；

A——探测器的保护面积，m^2；

K——修正系数，按照 GB 50116—2013 系统设备的设置中该工程定为其他场所取 1.0。

该设计中选用的探测器均为感烟探测器。下面以首层餐厅为例，介绍感烟探测器布置数量的计算过程。

房间面积 $S=611.1\text{m}^2$，房间高度 $h=5.1\text{m}<6\text{m}$，平屋顶，屋顶坡度为零，则感烟探测器的保护面积 $A=60$，保护半径 $R=6.4$，修正系数 K 取 1。所以，感烟探测器个数为

$$N\geqslant\frac{S}{KA}=\frac{611.1}{1\times60}=10.2,\quad 取\ N=11$$

其他房间的计算过程与上述过程相同，不再赘述。

火灾探测器的布置应着重考虑探测器到房间角点的水平距离，以保证探测器无保护死角。

该设计中，仅设置一个感烟探测器的房间，探测器均居中布置，满足保护半径大于或等于探测器距房间各角的最大距离的要求。设置多个探测器的房间，探测器一般均匀布置在房间的长向中轴线上或呈矩形布置，确保房间内无保护死角。走廊则根据规范要求在小于 15m 的距离内设置探测器。

9.2.2.2 其他各设备的设置及要求

(1) 火灾事故广播的设置。在各房间内部及公共区域均设有火灾事故广播扬声器。房间内部的火灾事故广播扬声器的布置主要是根据房间的大小、形状确定，一般每个房间设置一个，个别跨度较大的长矩形房间，在房间前后各设置一个扬声器。

走廊部分也按照规范要求布置火灾事故广播扬声器，保证从本层各部位到最近一个扬声器的步行距离不超过 15m。

(2) 手动报警按钮的设置。

1) 报警区域内每个防火分区，应至少设置一只手动报警按钮，手动报警按钮应设置在明显和便于操作的部位。安装在墙上距地（楼）面高度 1.5m 处，且应有明显的标志。从一个防火分区内的任何位置到最近的一个手动报警按钮的步行距离，不应大于 30m。

2) 在公共活动场所（包括大厅、过厅、餐厅、多功能厅等）及主要通道等处，人员都很集中，并且是主要疏散通道，故应在这些公共活动场所的主要出入口设置手动报警按钮。

3) 根据规范要求，在走廊和门厅设置一定数量的手动报警按钮。

(3) 消防联动及切非的设计。

1) 消防控制系统应能在确认火灾发生后及时切断有关部位的非消防电源，并接通报警装置及启动火灾应急照明灯和疏散指示灯。

2) 设计中，消防报警系统通过控制模块与照明、动力系统各层配电箱相连，以保证在火灾发生时能够及时切断有关部位的非消防电源，并迅速启动消防专用电源。

(4) 消防电源。对所需要和消防报警系统进行联动的设备，均采用两台独立的变压器提供双电源双回路供电，以保证供电的持续性要求。

9.2.3 工程图例

该快捷酒店的消防系统工程图例中，图 9-5 为快捷酒店消防系统图；图 9-6 为快捷酒店地下一层消防系统平面图；图 9-7 为快捷酒店首层消防系统平面图；图 9-8 为快捷酒店二层消防系统平面图；图 9-9 为快捷酒店三～四层消防系统平面图。

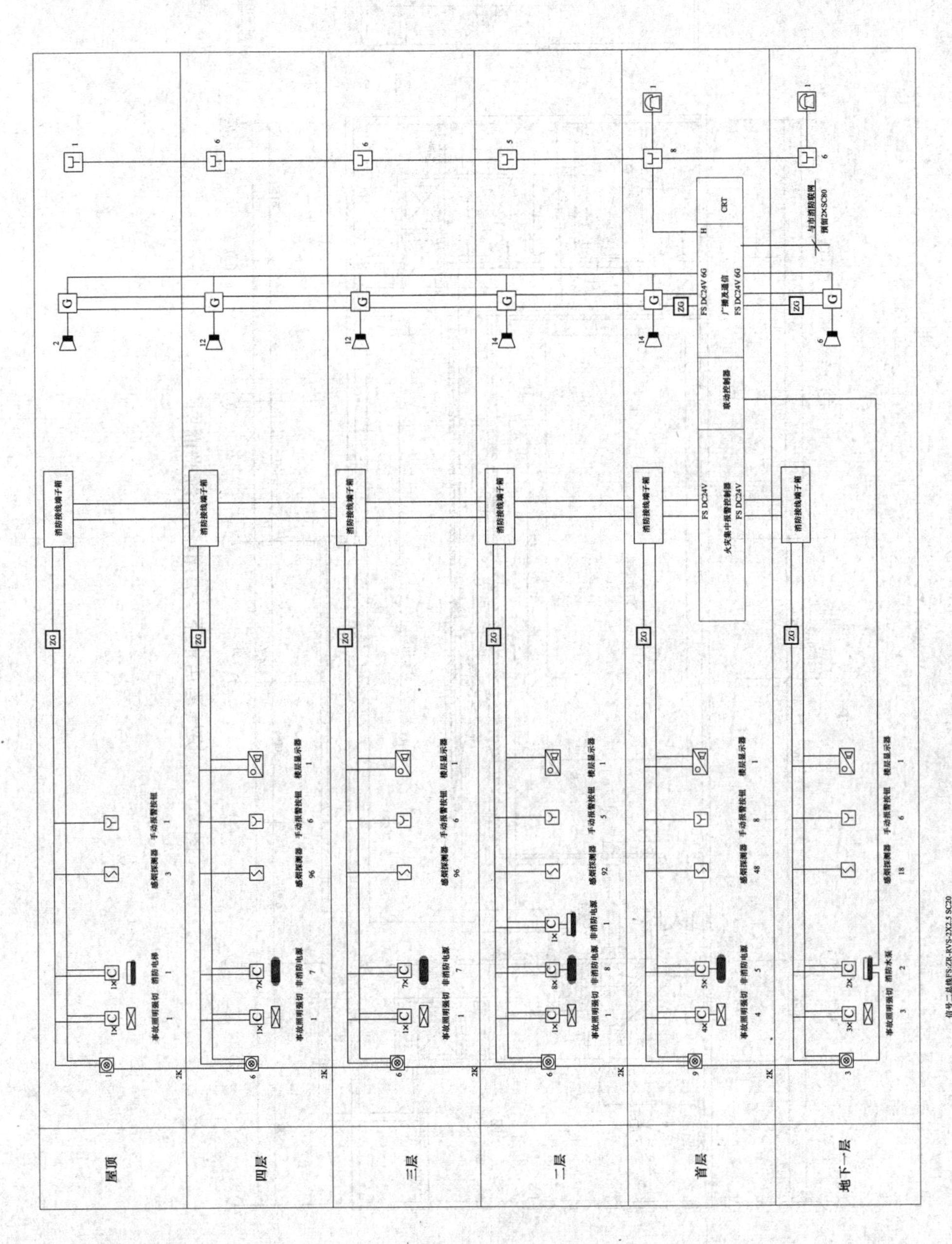

图 9-5 快捷酒店消防系统图

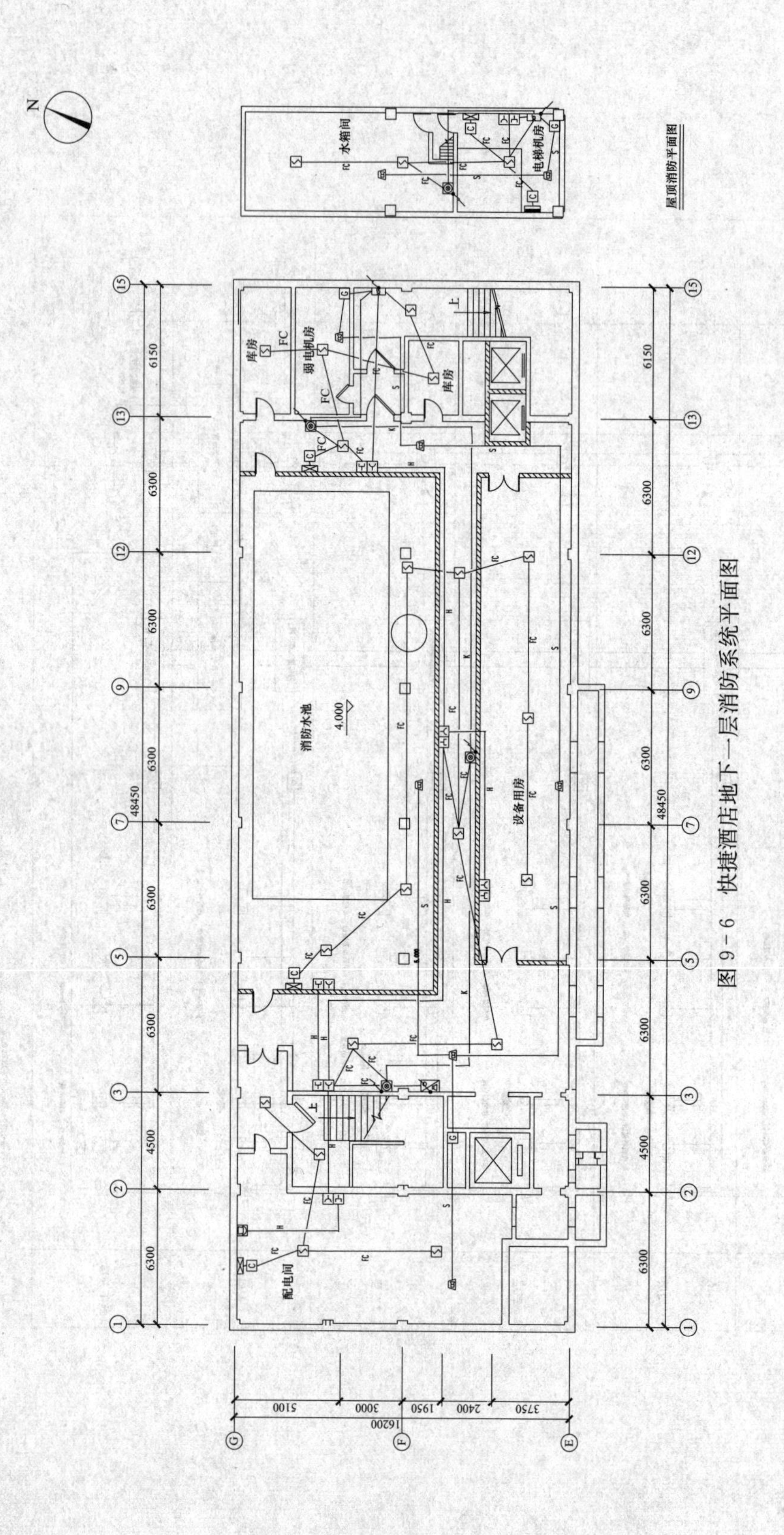

图9-6 快捷酒店地下一层消防系统平面图

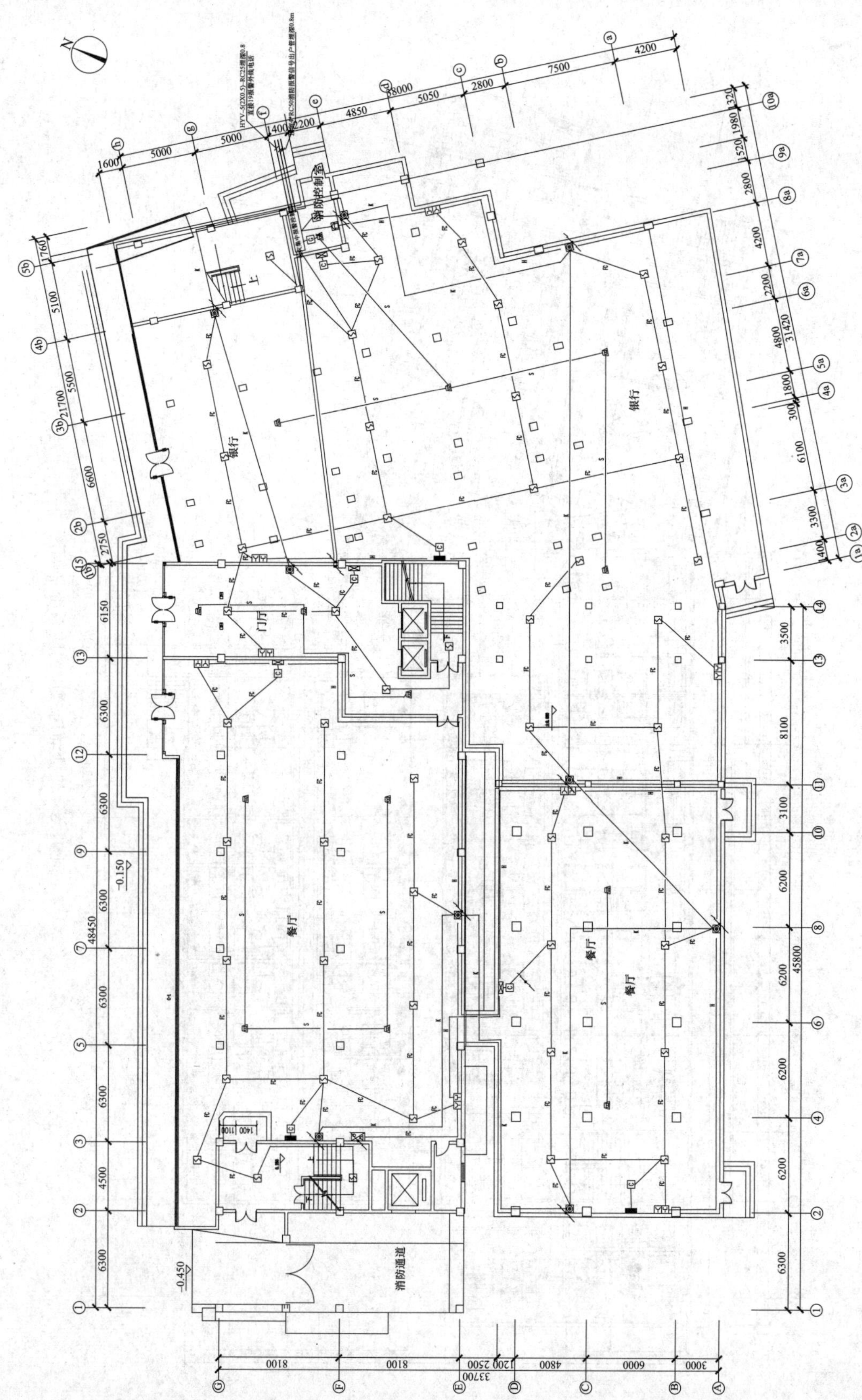

图9-7 快捷酒店首层消防系统平面图

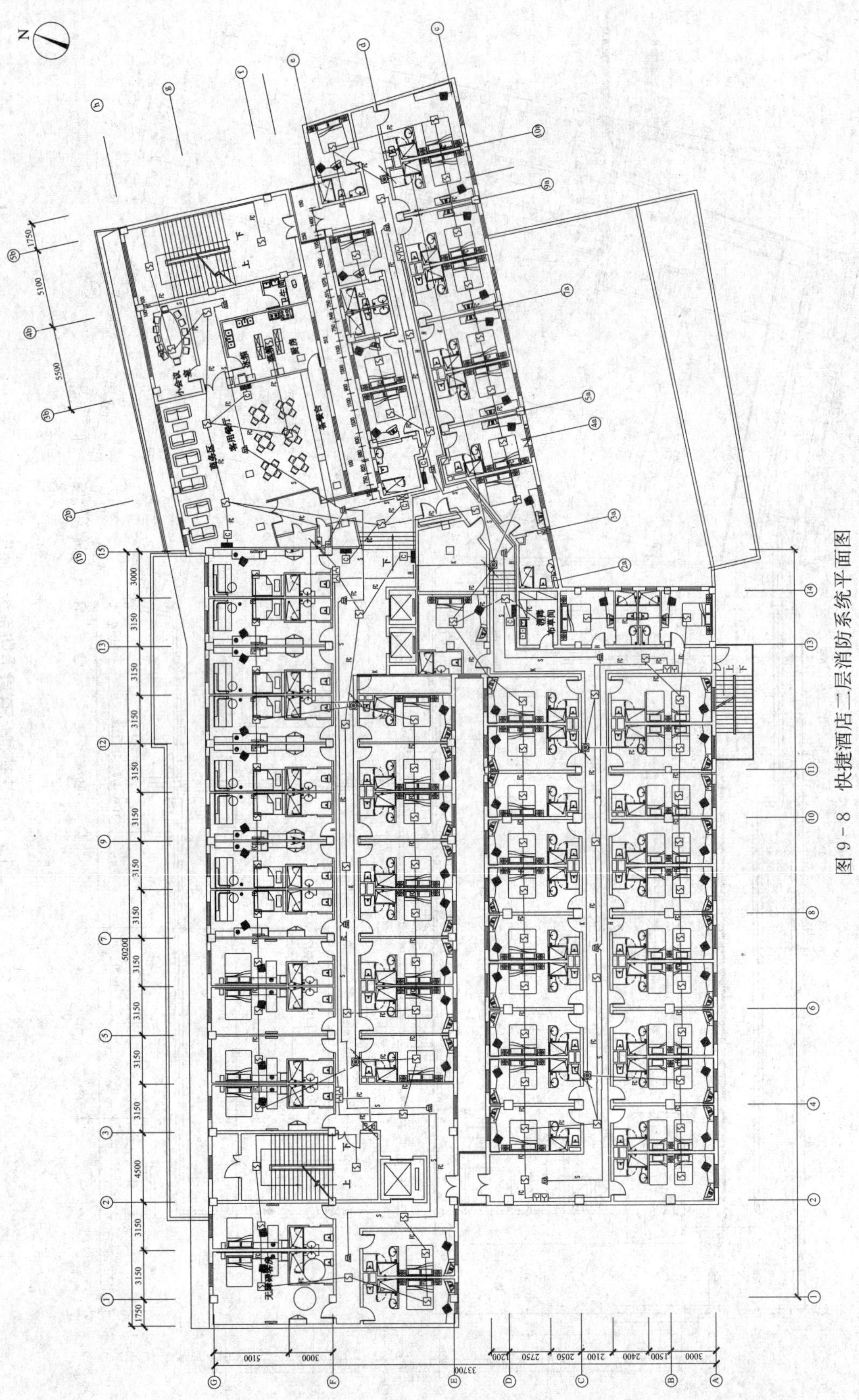

图9-8 快捷酒店二层消防系统平面图

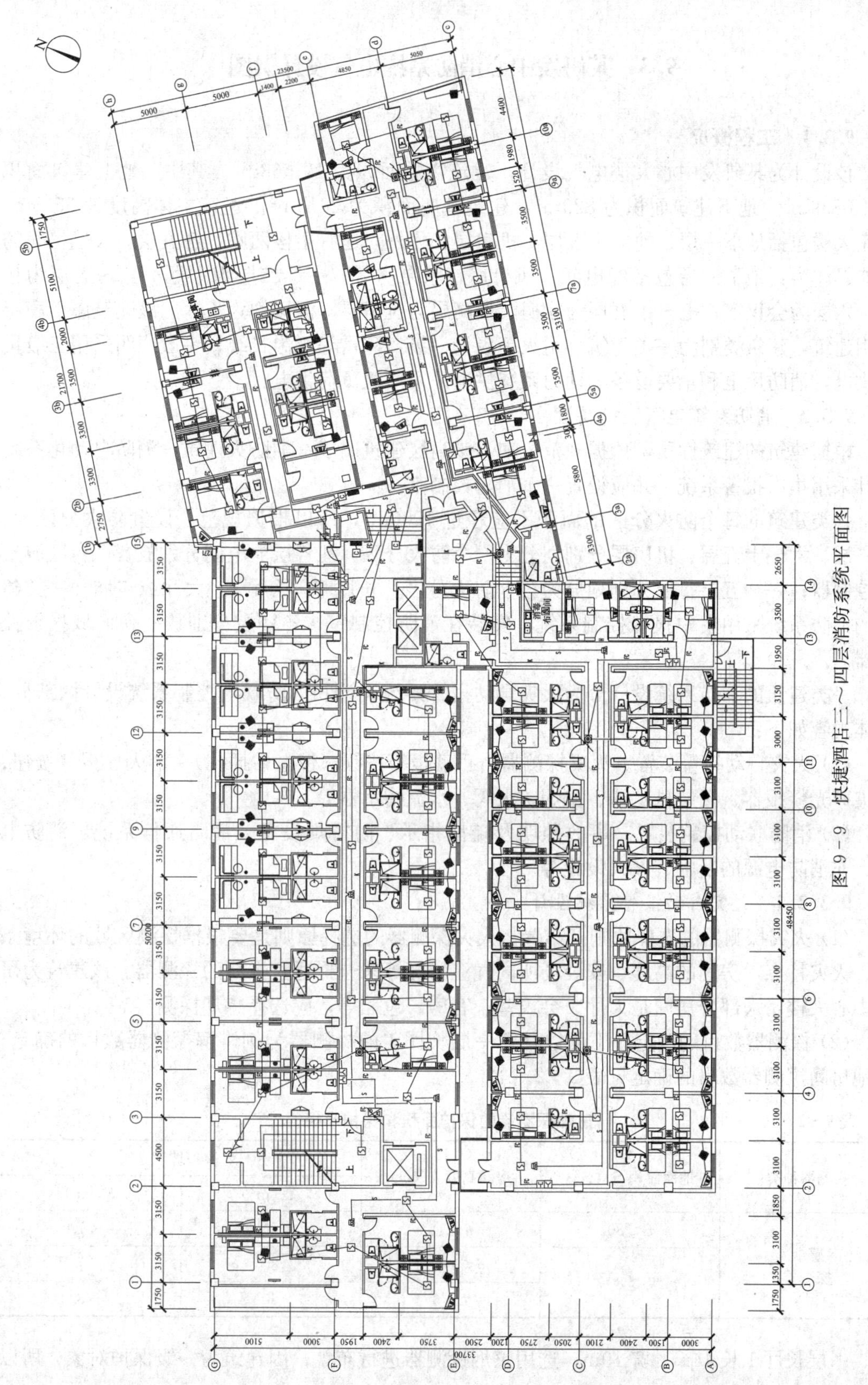

图9-9 快捷酒店三～四层消防系统平面图

9.3 某研发中心消防系统电气设计识图

9.3.1 工程概况

该设计为某研发中心大楼电气设计，建筑物总面积为19 668m²。其中，地上建筑面积为18 839m²，地下建筑面积为829m²，建筑基底面积为2613m²。建筑主体高度为55.5m。整座大楼包括地下一层、地上十五层、机房层；另外，还有裙楼两座，各五层。大楼房间的功能具体为：地下一层包括配电间、风机房、水泵房等；一、二层为大厅；三～五层为包厢；六层为会议室；七～十五层为客房，最高层为机房层，裙楼均为长厅。该建筑属于高层民用建筑，建筑类别为一类建筑，耐火等级为一级，防雷等级为二级，一般照明采用三级负荷供电，消防用电和重要设备的动力系统供电采用一级负荷供电。

9.3.2 消防系统电气设计解读

根据建筑的建筑性质，依据规范可知，该高层建筑属于一类防火建筑。消防自动化系统设计采用集中报警系统，并应设置一个消防控制室。

一类建筑的每个防火分区的面积不应超过1000m²，所以根据规范，设置防火分区为：负一层、六～十五层、机房层分别划分为一个防火分区，在各层弱电间分别放置一台区域报警控制器；一～五层每层分别划分为三个防火分区，长厅1、长厅2、大厅或包厢。一类建筑的消防系统采用集中报警控制系统，安装在消防控制室；各楼层分别放一台区域报警控制器。

一类建筑的消防系统设计分为火灾自动报警系统设计和消防联动控制系统设计两部分。具体内容如下：

(1) 火灾自动报警装置。火灾探测器、手动报警按钮（带电话插孔）、消火栓报警按钮、火灾声光警报器、楼层显示器、排烟防火阀、水流指示器等。

(2) 消防联动控制装置。事故照明及疏散指示、防排烟设施、消防通信系统、消防电梯、非消防电源的断电、灭火设施等。

9.3.2.1 火灾自动报警系统设计

(1) 火灾探测器的选择原则及布置。火灾探测器的选择原则是要根据探测区域的环境条件、火灾特点、房间的高度、安装场所的气流情况等来选择适宜类型的探测器。该建筑为研发中心大楼，大部分房间是大厅、会议室、客房、包厢等，应选择感烟探测器。

(2) 探测器数目的确定。下面以计算一层长厅1的探测器为例讲解探测器数目的确定，其他房间探测器数目的确定见表9-2。

表9-2　感烟探测器的保护面积和保护半径

探测器种类	地面面积 S（m²）	房间高度 h（m）	屋顶坡度 θ	
			A（m²）	R（m）
感烟探测器	$S\leqslant 80$	$h\leqslant 12$	80	6.7
	$S>80$	$6<h\leqslant 12$	80	6.7
		$h<6$	60	5.8

一层长厅1长44m、宽19m，选用感烟探测器进行布置；因建筑为一级保护对象，所以

安全修正系数 K 取0.9；地面面积 $S=44\times19=836m^2>80m^2$；房间高度 $h=4.8m$，即 $h\leqslant6m$；顶棚坡度 $\theta=0°$，即 $\theta\leqslant15°$。由表9-2可知，保护面积 $A=60m^2$、保护半径 $R=5.8m$。

探测器个数为

$$N=\frac{S}{K\times A}=\frac{836}{0.9\times60}=15.5\text{（只），取整 }N=16$$

校验：横向间距 $a=\frac{44}{8}=5.5m$，纵向间距 $b=\frac{19}{2}=9.5m$

$$r=\sqrt{\left(\frac{a}{2}\right)^2+\left(\frac{b}{2}\right)^2}=\sqrt{\left(\frac{5.5}{2}\right)^2+\left(\frac{9.5}{2}\right)^2}=5.5m<5.8m$$

得出结论：满足设计要求。

需要说明一点，客房和包厢走廊宽度为1.9m<3m，感烟探测器应该居中布置，且感烟探测器的安装距离要小于15m，最末端探测器至走廊顶端的距离应小于两个探测器之间距离的一半，在走廊交叉路口处应设置一个感烟探测器。

(3) 其他装置的布置。

1）手动报警按钮。根据规范要求，在报警区域内的每个防火分区至少需要设置一个手动报警按钮，并带有电话插孔，在旁边安装消防专用电话。在一个防火分区内的任何位置到最近一个手动报警按钮的距离应小于30m。手动报警按钮宜设置在人员比较密集和集中，容易让人看到且便于操作的地方，如公共活动场所的出入口。手动报警按钮应距地1.5m安装。手动报警按钮宜设置单独布线。这里以一层长厅1为例，在4个出入口处设置了手动报警按钮，并且带有电话插孔。其他房间手动报警按钮的设置详见消防系统平面图。

2）消防广播数目的确定。该建筑物为一类保护对象，消防广播数目的确定遵循以下设置要求：走道、大厅等公共场所，扬声器的设置数量，应能保证从本层任何部位到最近一个扬声器的步行距离不超过25m，在走道交叉处、拐弯处均应设扬声器，走道末端最后一个扬声器至走道末端的距离不大于12.5m，走道、大厅等公共场所装设的扬声器，额定功率不应小于3W。该设计一层长厅1共设置了6个消防事故广播。具体各层消防广播的安装数目和位置详见消防系统平面图和消防系统图。

3）火灾声光报警器。火灾声光报警装置要安装在公共场所，便于在火灾事故发生时火灾报警控制器会发出声光报警信号，便于现场人员及时发现并疏散。

4）楼层显示器。楼层显示器应该设置在人员比较集中的场所和每个楼层的楼梯口等明显部位，设置识别着火楼层的灯光显示装置。该工程在每层楼梯口设置了楼层显示器，且要单独布线。

5）排烟、防火阀。280℃排烟阀安装在排烟风机的通风口处，平时处于关闭状态，当发生火灾时，可以手动或自动启动排烟风机。70℃防火阀设置在空调通风管道上，是在各个防火分区之间通过的风管内装设的，平时处于开启状态，当温度达到70℃时关闭，切断火焰或是烟气沿着管道蔓延。该设计中在各个楼层的风井处设置了防火阀。

6）水流指示器。水流指示器是对喷淋泵系统的控制，一般安装在每层喷淋管网干线附近，水流指示器的报警阀报警信号的接收主要是为了打开喷淋泵。

7）消防专用电话。设置消防专用电话的目的是实现消防控制室与消防电话分机的火情

通信，主要设置于配电房、水泵房、风机房、电梯机房等管网灭火系统需要应急操作的地方。消防控制室要设置专用电话分机，电话总机应设置在消防控制室内。此外，消防控制室还应有拨打119火警电话的电话机。

其他设备的设置及布置，如消火栓报警按钮等参看消防系统图及各层平面图。

9.3.2.2 消防联动控制系统设计

消防联动控制系统主要是为了保证在发生火灾时，使人员顺利疏散，消防人员能有序地进行营救工作，是以实现实时监测、火灾报警、灭火自动化为一体的配合工作的过程。联动系统主要包括灭火设施、防排烟设施、应急照明和疏散指示灯、消防专用通信系统、消防广播、消防电梯等的集中控制。

消防联动控制方式根据建筑的规模、建筑形式及其功能要求，合理确定控制方式，该系统采用集中控制方式，即消防联动系统中的所有被控对象，通过消防控制室的消防联动控制器集中控制。将集中火灾报警控制器、消防联动控制主机、消防电话主机、消防广播系统主机都集中设置在消防控制室，由消防控制室的值班人员集中控制。这样便于在发生火灾时，采取有效的措施，有序地进行灭火工作。

(1) 防排烟设施。防排烟系统的设置，首先要合理划分防烟分区和防火分区。防火分区的划分在前面已经讲过，不再赘述。其次，确定防排烟的方式：包括自然排烟、机械排烟、两者并用等几种形式。在该设计中，设置了排烟风机，所以属于机械排烟方式。在消防控制室的联动控制盘上能显示排烟阀和防火阀的运行情况，并且可以通过联动控制盘向排烟风机的执行机构发出信号，使280℃排烟阀和70℃防火阀发出动作信号，启动排烟风机和消防水泵工作。

(2) 消防通信系统。在消防控制中心设有消防控制主机和消防广播系统主机。当发生火灾时，消防广播能有效地组织人员疏散。消防专用电话直接和消防控制中心的电话总机相连，便于确认火灾发生地点。消防控制室内设置与公安消防部门直接报警的报警电话119。

消防应急广播通过与G模块相连，连接到消防控制室内的消防广播系统主机上。当消防应急广播与公共广播的扬声器合用，当发生火灾时，应该能在消防控制室内将发生火灾层的广播系统和公共广播系统强制转化为应急广播状态。

(3) 消防电梯。设计中将大厅中一部客梯和消防电梯合用，且电梯要按照消防电梯的要求进行布置。在消防控制室内对客梯和消防电梯的运行状况进行监控。在发生火灾并确定火情时，消防控制室的电梯操控中心应该能操控客梯全部停在首层。消防电梯的动力和电缆应该有防水措施，以防止在火灾喷水时电源发生漏电事故。消防电梯还要设置备用事故电源，并且应该在消防电梯的轿厢中安装消防专用电话，便于消防员及时和控制中心取得联系。

(4) 灭火设施。

1) 消火栓。在消防控制中心设置消防联动控制主机，用消火栓报警控制线连接各楼层的消火栓报警按钮。消防联动控制主机应该能控制消防水泵的启、停；还能显示消火栓按钮的工作部位，在发生故障时启动楼层显示器发出报警信号；显示消防水泵的故障和工作状态。

2) 喷淋灭火系统。喷淋灭火系统中要设置水流指示器，当发生火灾时发出报警信号。在消防控制室中应该对喷淋灭火系统进行控制和检测：控制喷淋灭火系统的启动和停止，显

示控制阀的开启状态，显示消防水泵电源的工作状态，显示消防水池的水位，显示水流指示器的动作情况等。

(5) 非消防电源断电。当火灾发生时，消防控制室应该可以手动或自动切除火灾发生区域的非消防电源。非消防电源包括一般照明的电源、各种非消防用泵、空调动力等。

9.3.3 工程图例

该研发中心大楼的消防系统工程图例中，图 9-10 为研发中心大楼消防系统图；图 9-11 为研发中心大楼地下一层消防系统平面图；图 9-12 为研发中心大楼一层消防系统平面图；图 9-13为研发中心大楼二～五层消防系统平面图；图 9-14 为研发中心大楼六～十五层消防系统平面图；图 9-15 为研发中心大楼机房层消防系统平面图。

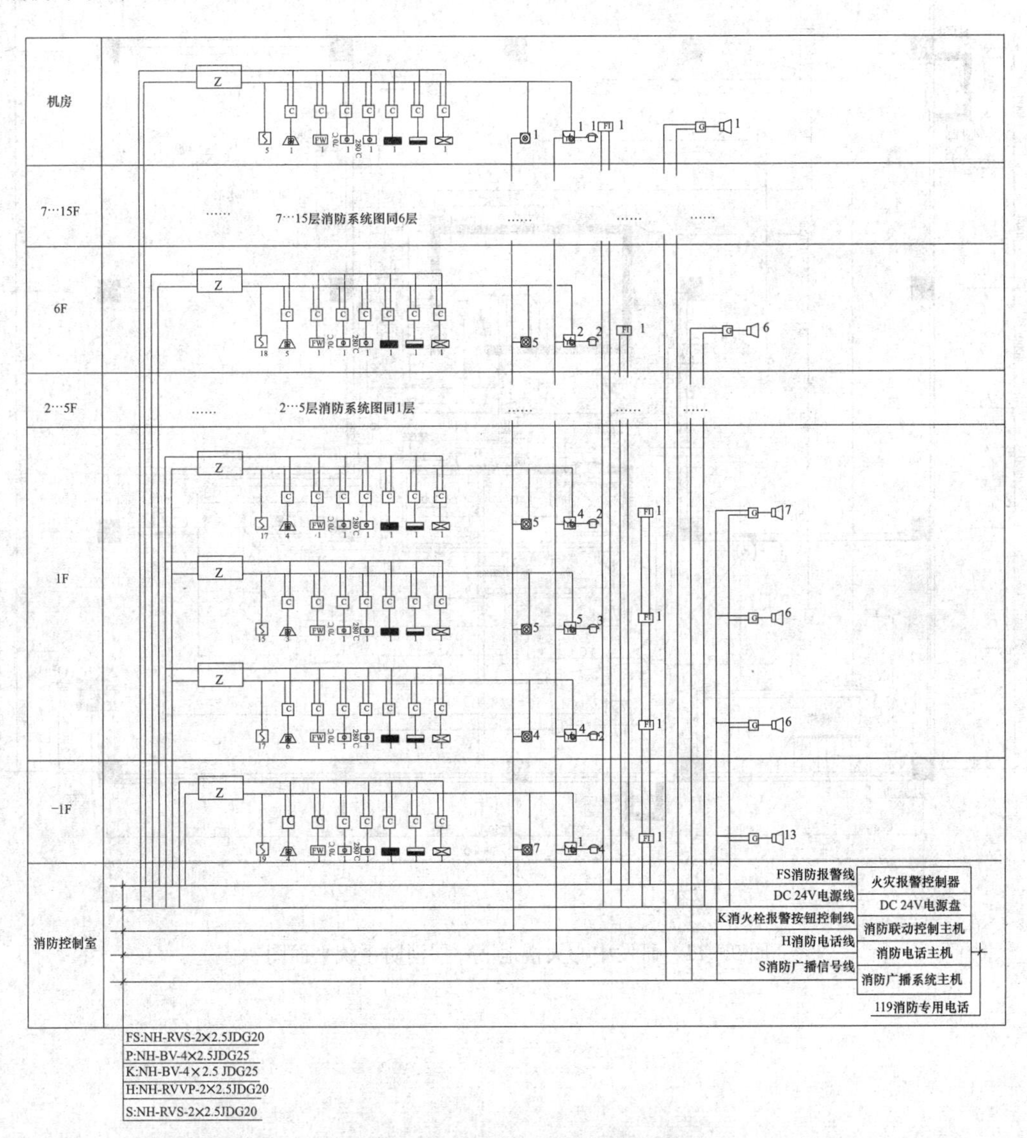

图 9-10 研发中心大楼消防系统图

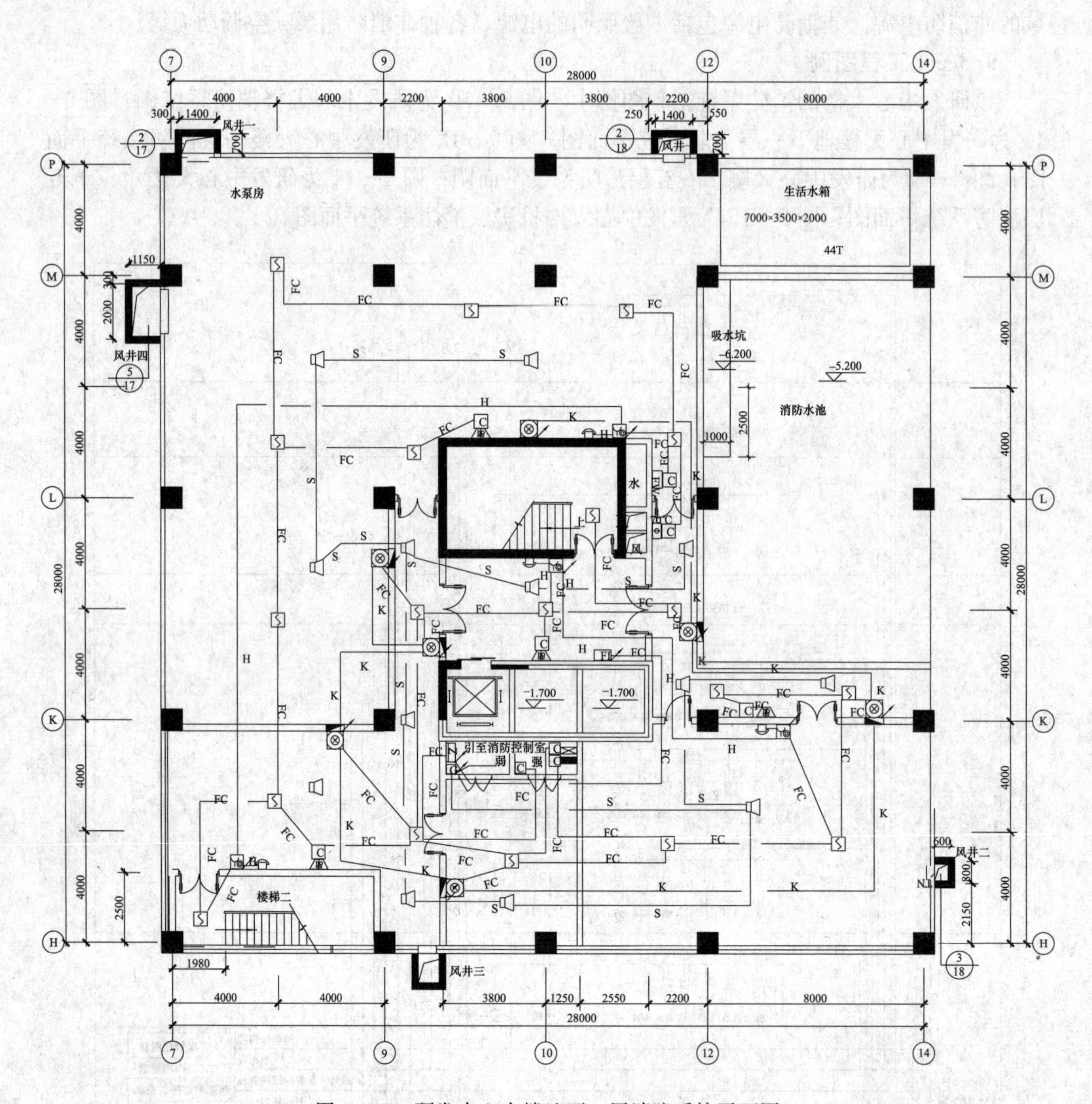

图 9-11　研发中心大楼地下一层消防系统平面图

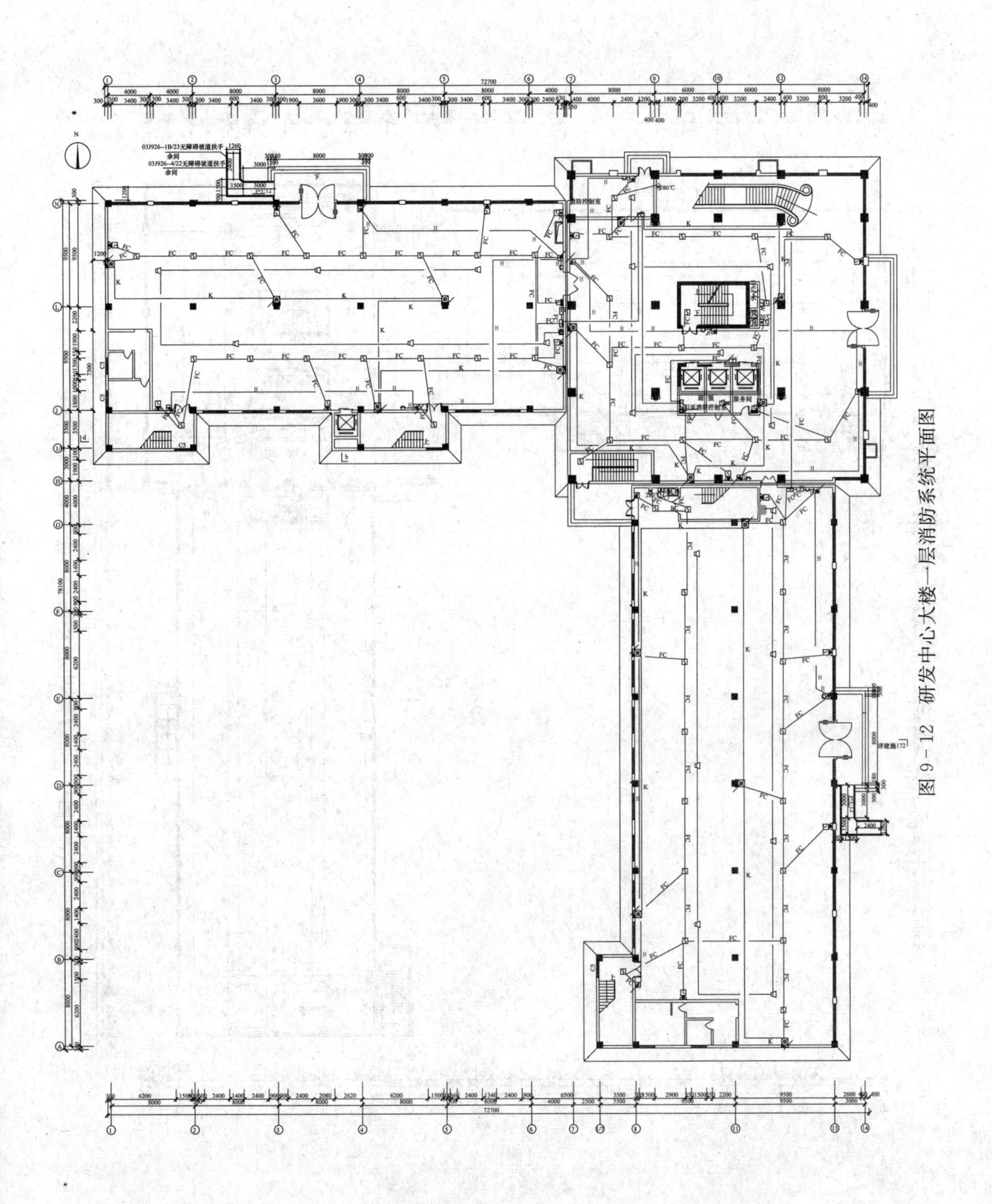

图9-12 研发中心大楼一层消防系统平面图

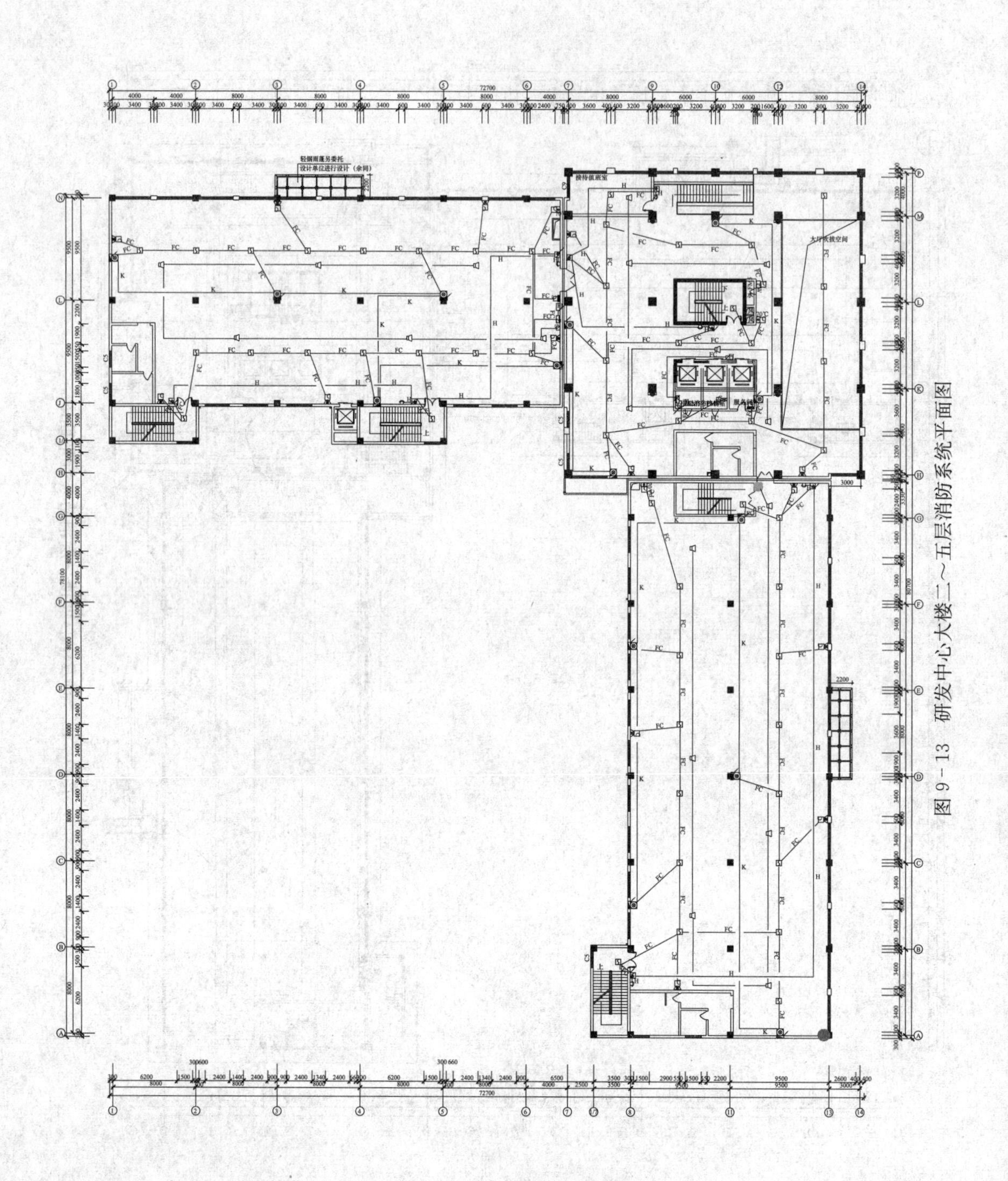

图 9 - 13　研发中心大楼二～五层消防系统平面图

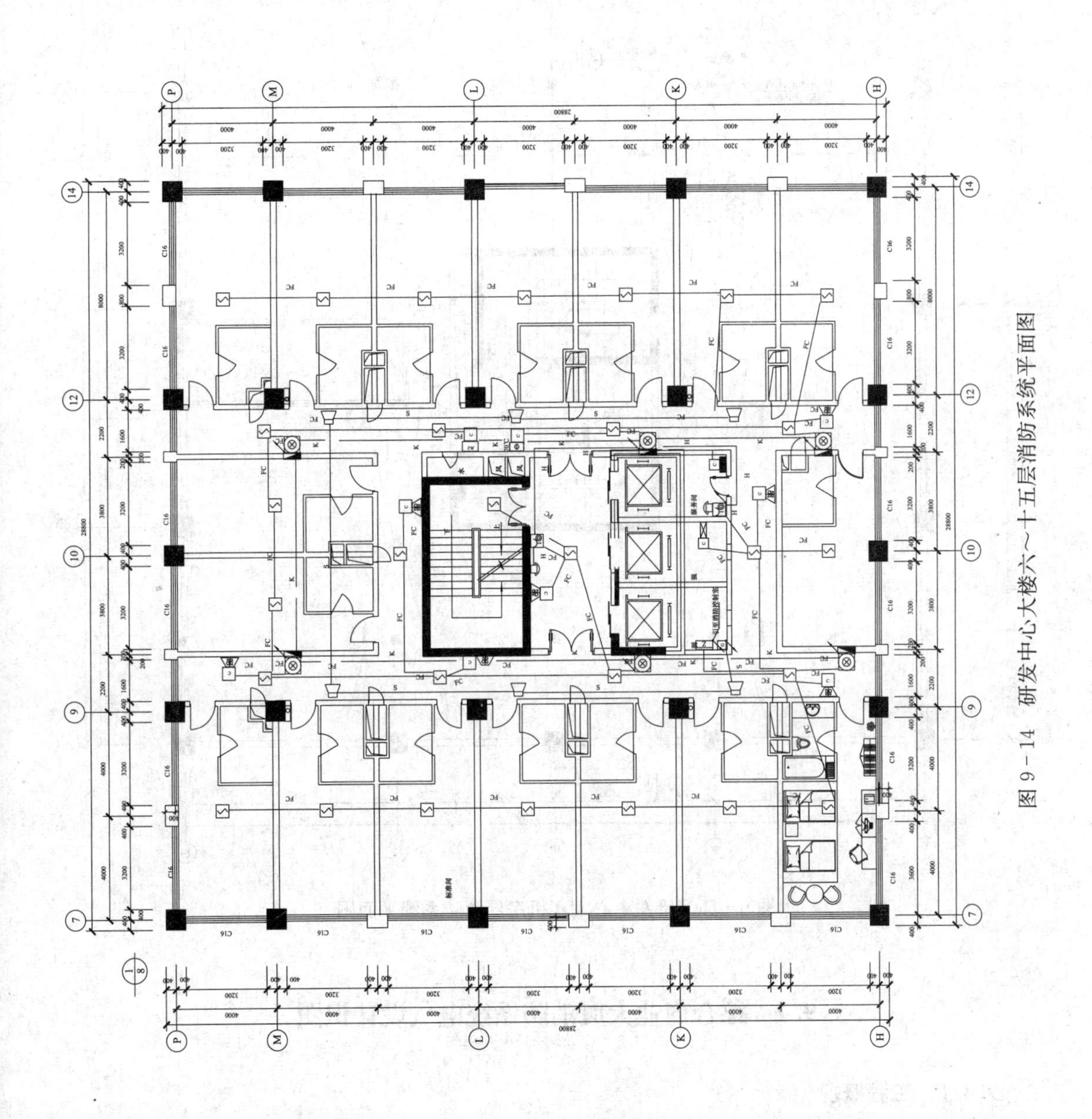

图 9-14 研发中心大楼六～十五层消防系统平面图

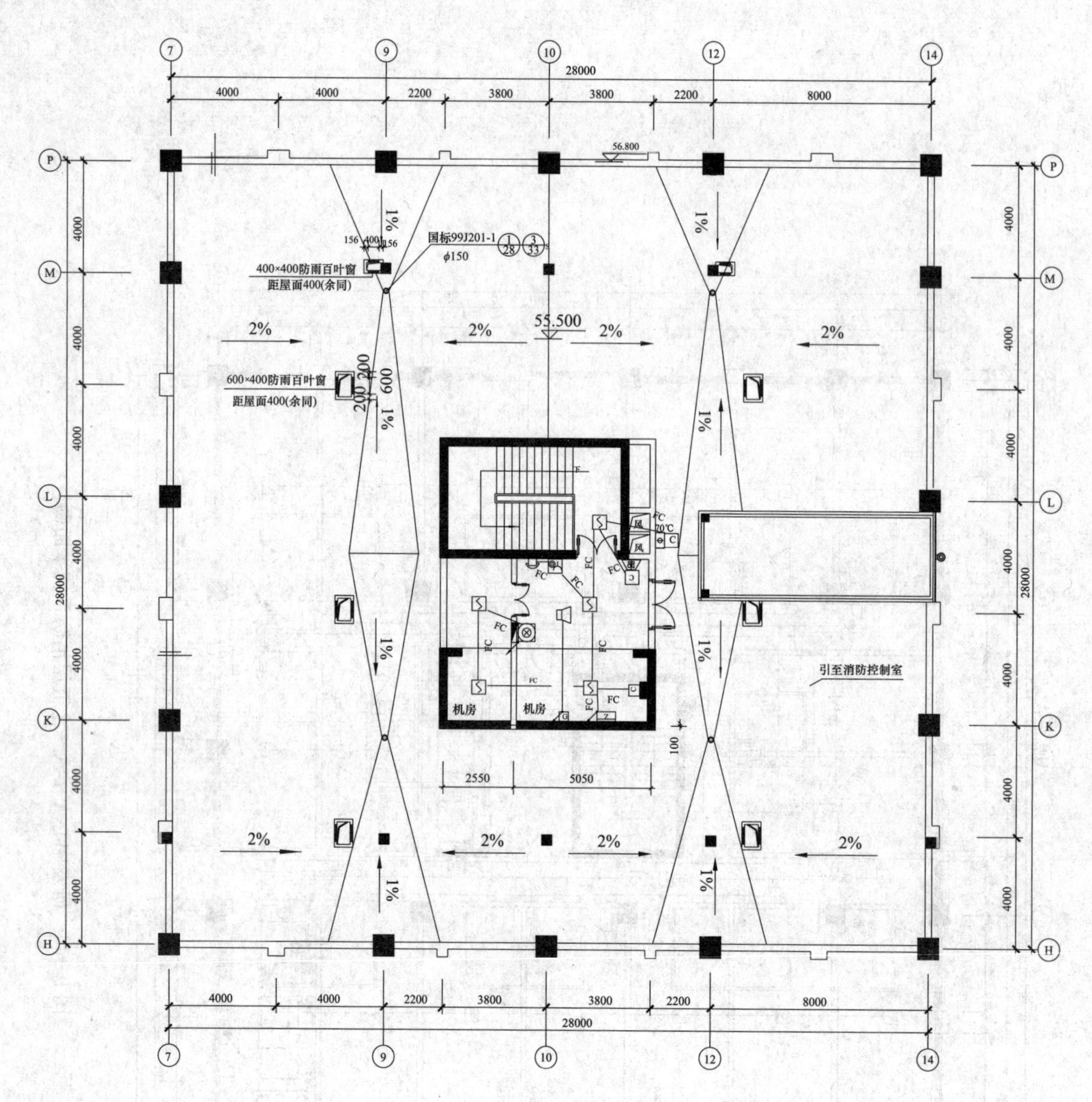

图 9-15 研发中心大楼机房层消防系统平面图

9.4 综合商业大厦消防系统电气设计识图

9.4.1 工程概况

该项目为某综合商业中心裙楼，建筑物属于商业建筑，共 4 层。首层为商业、二～四层为餐饮，建筑面积约为 13 000m²，首层标高 5.6m，其他各层 4.5m。结构形式为钢筋混凝土框架结构，建筑分类为一类，建筑耐火等级为一级。

9.4.2 消防自动化系统电气设计解读

该工程为特一类防火建筑，其火灾自动报警及联动控制系统由火灾自动报警系统、消防

联动控制系统、火灾应急广播系统（与正常广播系统共用）、电梯运行监控系统、应急照明控制及消防接地系统等组成，系统采用高效、可靠、抗干扰性强的消防报警系统。

整个商业中心采用控制中心报警系统，此节消防系统的识图只介绍商业中心的裙楼部分。消防控制室设在主楼地下一层，各层主要入口设有区域楼层显示器。消防控制室内设置消防设备有火灾报警器、消防联动控制器、消防控制室图形显示装置、消防专用电话总机、消防应急广播控制器、消防应急和疏散指示系统控制装置、消防电源监控器设备，以及具有相应功能的组合设备。

火灾自动报警系统按总线设计，系统总线上设置总线短路隔离器，每只总线短路隔离器保护的火灾探测器、手动报警按钮和模块等消防设备的总数不应超过32点；总线穿越防火分区时，应在穿越处设置总线短路隔离器。消防联动控制器应能按设定的控制逻辑向相关的受控设备发出联动控制信号，并接受相关设备的联动反馈信号。各受控设备接口的特性参数应与消防联动控制器发出的联动控制信号相匹配。其他要求与做法参考消防系统设计图。

该工程设置消防水炮灭火系统，详见消防系统工程图例中的系统图及平面图。

消防控制室内设置消防电源监控器，针对系统内各消防用电设备的供电电源和备用电源工作状态和欠电压报警信息进行监控。

设置防火门及防火监控器。对于防火门系统的联动设计应符合下列规定：应由常开防火门在防火分区内两只独立的火灾探测器，或一只火灾探测器与一只手动火灾报警按钮的报警信号，作为常开防火门关闭的联动触发信号，联动触发信号应由火灾报警控制器或消防联动控制器发出，并由消防联动控制器或防火门监控器，联动控制防火门关闭。疏散通道上各防火门的开启、关闭及故障状态信号，应反馈至防火门监控器。

防火门的设置：应设置在消防控制室内；电动开门器的手动控制按钮设置在防火门内侧墙面上，距门不超过0.5m，底边距地面高度为0.9～1.3m。防火门监控器的设置要符合火灾报警控制器的安装设置要求。

个避难层应设独立的火灾应急广播系统，宜能接收消防控制中心的有线和无线两种广播信号。

气体灭火控制：变电站、柴油发电机房等设管网气体灭火系统，自动控制信号取自现场感烟、感温探测器的复合信号，也可实现手动控制。

消防系统设置的其他控制，如非消防电源控制、电梯的应急控制、应急照明控制、空调及风机的控制等，均遵循现行国家设计规范标准，详见商业中心的工程图例。

9.4.3 工程图例

该综合商业中心的消防系统工程图例中，图9-16为综合商业中心消防系统图；图9-17为综合商业中心首层消防系统平面图；图9-18为综合商业中心二层消防系统平面图；图9-19为综合商业中心三层消防系统平面图；图9-20为综合商业中心四层消防系统平面图。

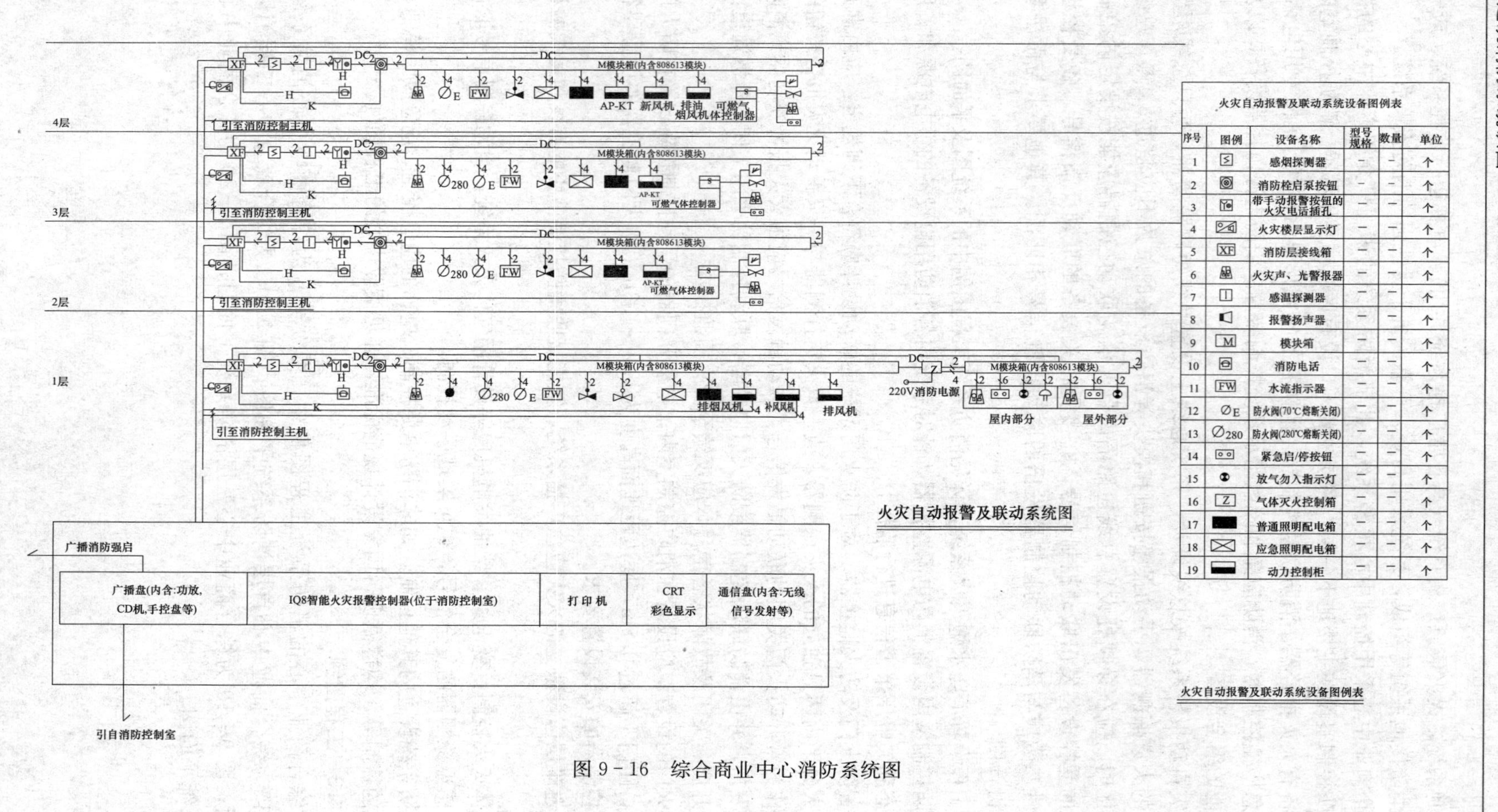

火灾自动报警及联动系统设备图例表

序号	图例	设备名称	型号规格	数量	单位
1		感烟探测器	—	—	个
2		消防栓启泵按钮	—	—	个
3		带手动报警按钮的火灾电话插孔	—	—	个
4		火灾楼层显示灯	—	—	个
5	XF	消防层接线箱	—	—	个
6		火灾声、光警报器	—	—	个
7		感温探测器	—	—	个
8		报警扬声器	—	—	个
9	M	模块箱	—	—	个
10		消防电话	—	—	个
11	FW	水流指示器	—	—	个
12	∅E	防火阀(70℃熔断关闭)	—	—	个
13	∅280	防火阀(280℃熔断关闭)	—	—	个
14		紧急启/停按钮	—	—	个
15		放气勿入指示灯	—	—	个
16	Z	气体灭火控制箱	—	—	个
17		普通照明配电箱	—	—	个
18		应急照明配电箱	—	—	个
19		动力控制柜	—	—	个

火灾自动报警及联动系统设备图例表

图 9-16 综合商业中心消防系统图

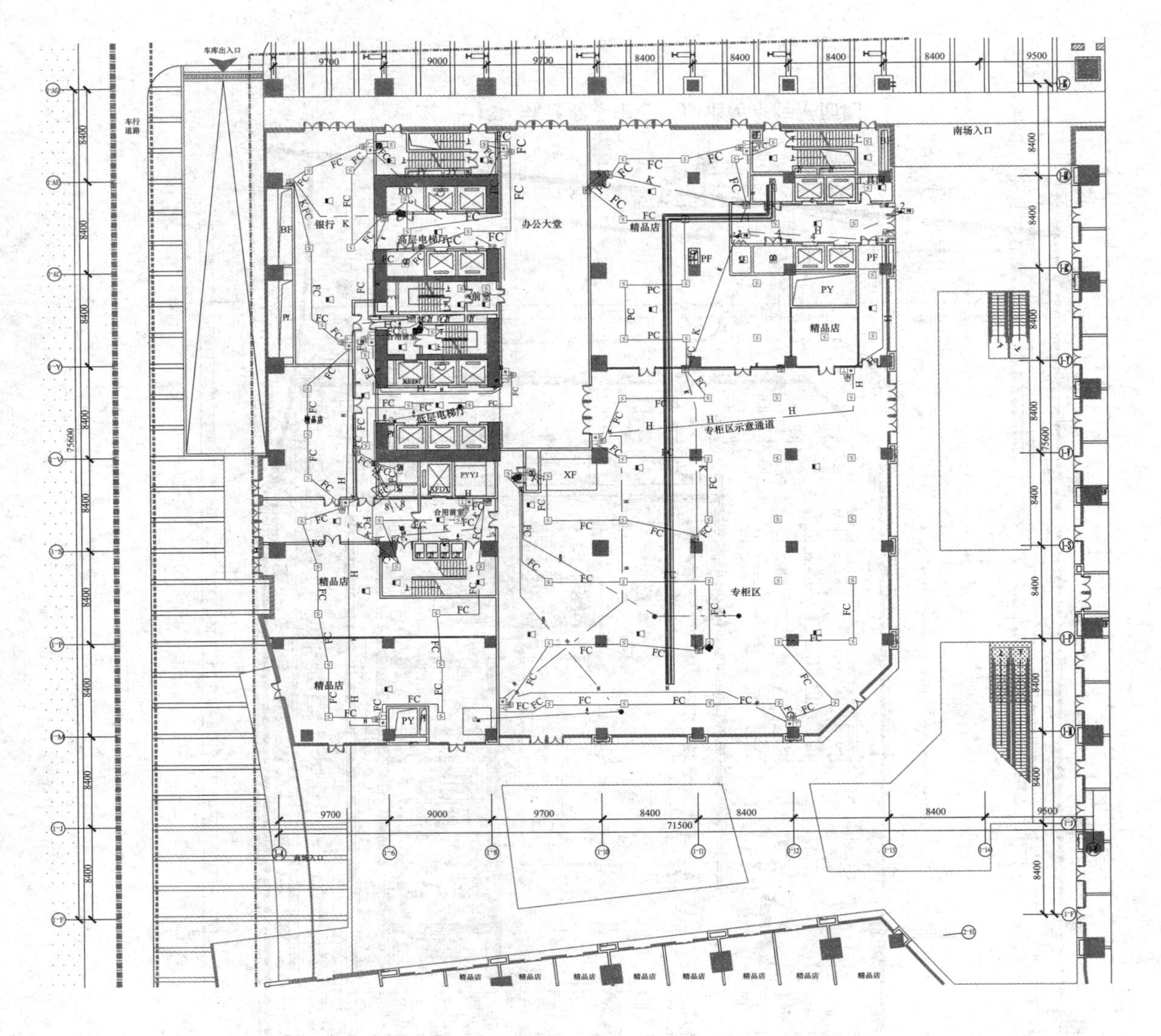

图9-17 综合商业中心首层消防系统平面图

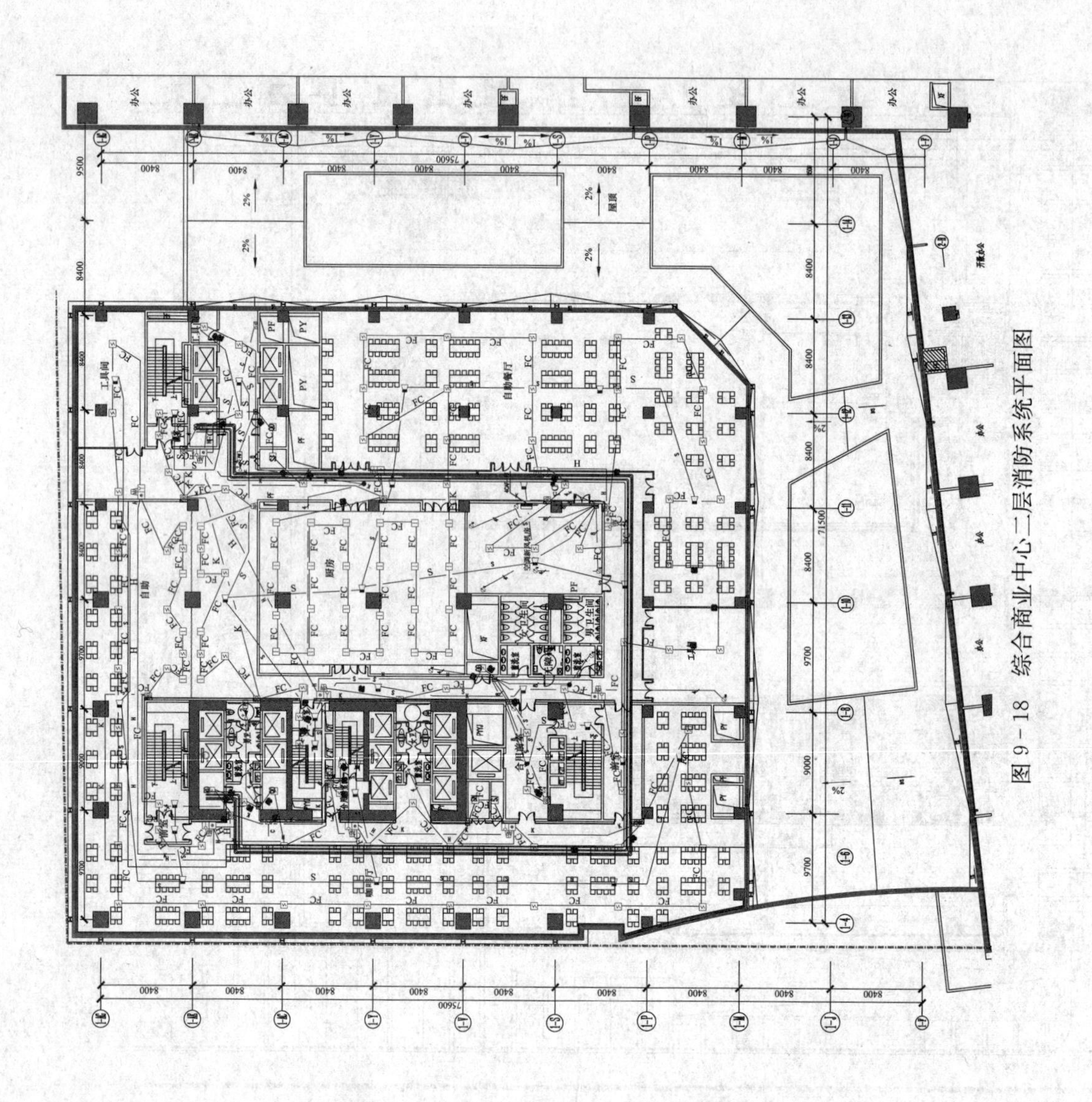

图 9－18　综合商业中心二层消防系统平面图

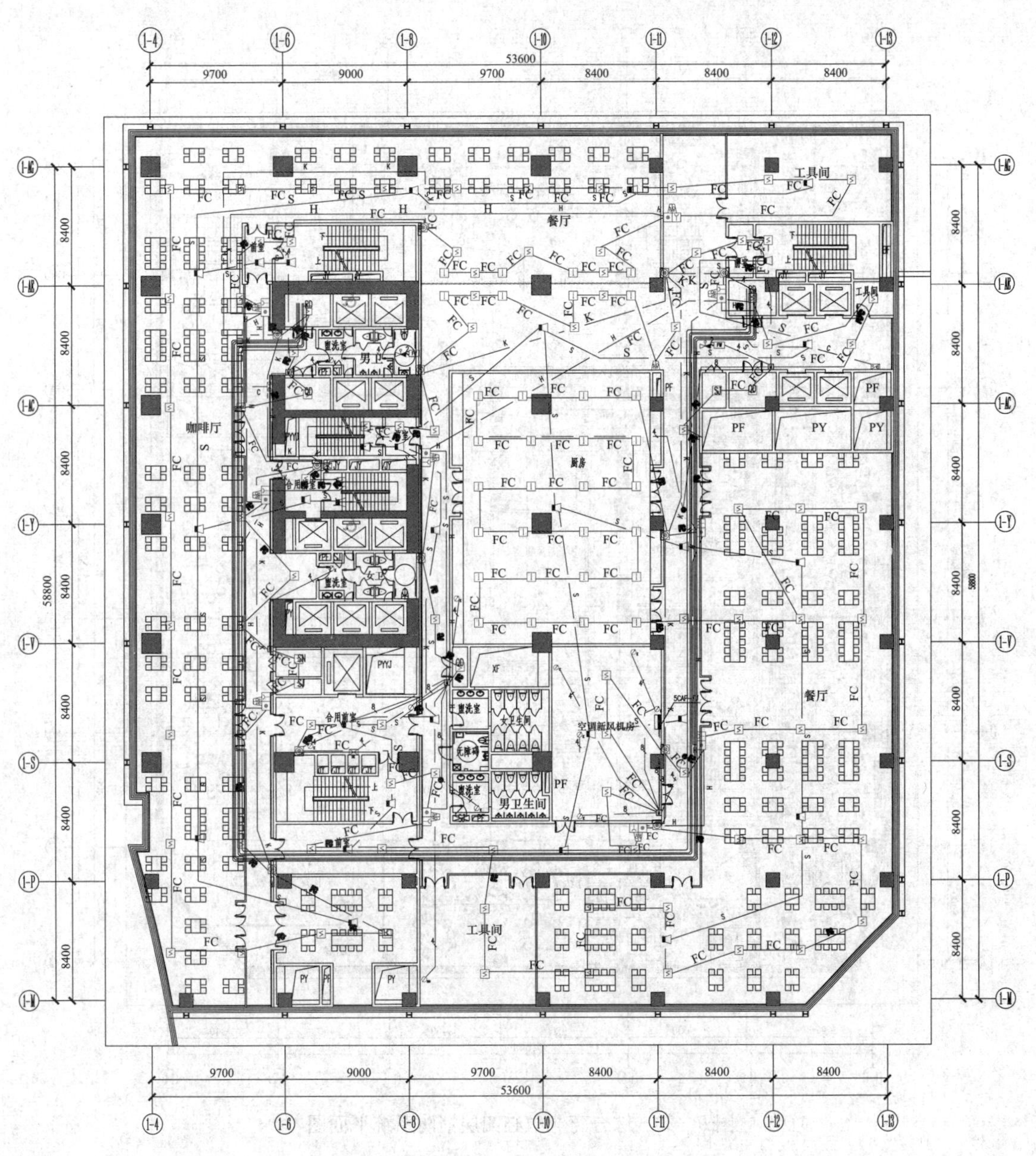

图 9-19 综合商业中心三层消防系统平面图

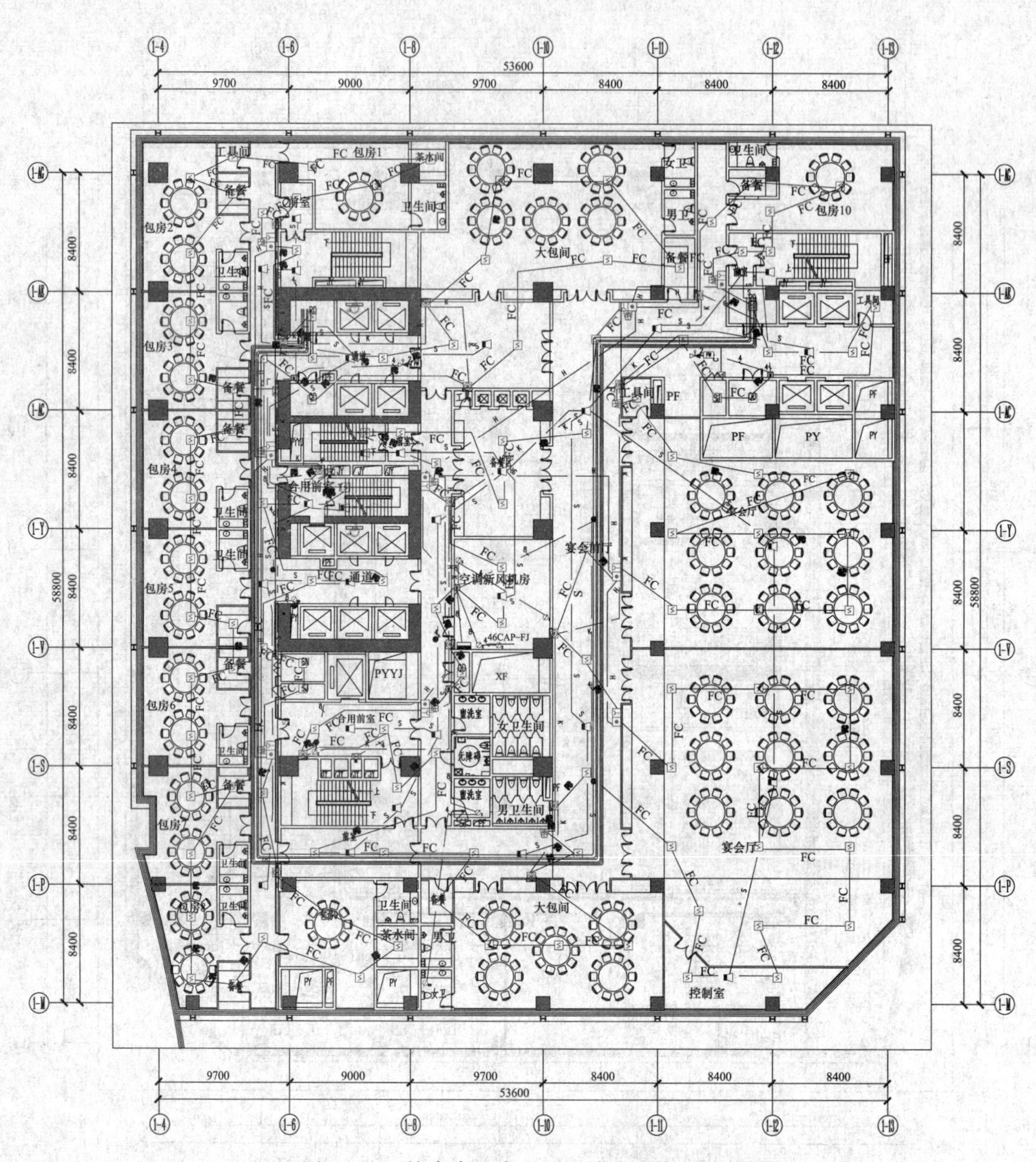

图 9-20 综合商业中心四层消防系统平面图

附录A　火灾报警、建筑消防设施运行状态信息表

设施名称		内　　容
火灾探测报警系统		火灾报警信息、可燃气体探测报警信息、电气火灾监控报警信息、屏蔽信息、故障信息
消防控制系统	消防联动控制器	动作状态、屏蔽信息、故障信息
	消火栓系统	消防水泵电源的工作状态，消防水泵的启、停状态和故障状态，消防水箱（池）水位、管网压力报警信息及消火栓按钮的报警信息
	自动喷水灭火系统、水喷雾（细水雾）灭火系统（泵供水方式）	喷淋泵电源工作状态，喷淋泵的启、停状态和故障状态，水流指示器、信号阀、报警阀、压力开关的正常工作状态和动作状态
	气体灭火系统、细水雾灭火系统（压力容器 供水方式）	系统的手动、自动工作状态及故障状态，阀驱动装置的正常工作状态和动作状态，防护区域中的防火门（窗）、防火阀、通风空调等设备的正常工作状态启动工作状态，系统的启、停信息，紧急停止信号和管网压力信号
	泡沫灭火系统	消防水泵、泡沫液泵电源的工作状态，系统的手动、自动工作状态及故障状态，消防水泵、泡沫液泵的正常工作状态和工作状态
	干粉灭火系统	系统的手动启动工作状态及故障状态，阀驱动装置的正常工作状态和动作状态，系统的启、停信息，紧急停止信号和管网压力信号
	防烟排烟系统	系统的手动、自动工作状态，防烟排烟风机电源的工作状态，风机、电动防火阀、电动排烟防火阀、常闭送风口、排烟阀（口）、电动排烟窗、电动挡烟垂壁的正常工作状态和动作状态
	防火门及卷帘系统	防火卷帘控制器、防火门监控器的工作状态和故障状态；卷帘门的工作状态，具有反馈信号的各类防火门、疏散门的工作状态和故障状态等动态信息
	消防电梯	消防电梯的停用和故障状态
	消防应急广播	消防应急广播的启动、停止和故障状态
	消防应急照明和疏散指示系统	消防应急照明和疏散指示系统的故障状态和应急工作状态信息
	消防电源	系统内各消防用电设备的供电电源和备用电源工作状态和欠压报警信息

附录B 消防安全管理信息表

<table>
<tr><th>序号</th><th colspan="2">名称</th><th>内容</th></tr>
<tr><td>1</td><td colspan="2">基本情况</td><td>单位名称、编号、类别、地址、联系电话、邮政编码、消防控制室电话；单位职工：人数、成立时间、上级主管（或管辖）单位名称、占地面积、总建筑面积、单位总平面图（含消防车道、毗邻建筑等）；单位法人代表、消防安全责任人、消防安全管理人及专兼职消防管理人的姓名、身份证号码、电话</td></tr>
<tr><td rowspan="4">2</td><td rowspan="4">主要建构物等信息</td><td>建（构）物</td><td>建筑物名称、编号、使用性质、耐火等级、结构类租、建筑高度、地上层数及建筑面积、地下层数及建筑面积、隧道高度及长度等、建造日期、主要储存物名称及数擅、建筑物内最大容纳人数、建筑立面图及消防设施平面布置图；消防控制室位置、安全出口的数量、位置及形式（指疏散楼梯）；毗邻建筑的使用性质、结构类塑、建筑高度、与本建筑的间距</td></tr>
<tr><td>堆场</td><td>堆场名称、主要堆放物品名称、总储量、最大堆高、堆场平面图（含消防车道、防火间距）</td></tr>
<tr><td>储罐</td><td>储罐区名称、储罐类型（指地上、地下、立式、卧式、浮顶、固定顶等）、总容积、最大单罐容积及高度、储存物名称、性质和形态、储罐区平面图（含消防车道、防火间距）</td></tr>
<tr><td>装置</td><td>装置区名称、占地面积、最大高度、设计日产量、主要原料、主要产品、装置区平面图（含消防车道、防火间距）</td></tr>
<tr><td>3</td><td colspan="2">单位（场所）内消防安全重点部位</td><td>重点部位名称、所在位置、使用性质、建筑面积、耐火等级、有无消防设施、责任人姓名、身份证号码及电话</td></tr>
<tr><td rowspan="6">4</td><td rowspan="6">空间外消防设施信息</td><td>火灾自动报警系统</td><td>设置部位、系统形式、维保单位名称、联系电话：控制器（含火灾报警、消防联动、可燃气报警、电气火灾监控等）、探测器（含火灾探测、可燃气体探测、电气火灾探测等）、手动火灾报警按钮、消防电气控制装置等的类型、型号、数量、制造商，火灾自动报警系统图</td></tr>
<tr><td>消防水源</td><td>市政给水管网形式（指环状、支状）及管径、市政管网向建（构）筑物供水的进水管数量及管径、消防水池位置即容量、屋顶水箱位置即容量、其他水源形式及供水量、消防泵房设置位置及水泵数量、消防给水系统布置图</td></tr>
<tr><td>室外消防栓系统</td><td>室外消火栓管网形式（指环状、支状）及管径、消防栓数量、室外消防栓平面布置图</td></tr>
<tr><td>室内消防栓系统</td><td>室外消火栓管网形式（指环状、支状）及管径、消防栓数量、水泵接合器位置即数量、有无与本系统相连的屋顶消防水箱</td></tr>
<tr><td>自动灭火喷水系统（雨淋、水幕）</td><td>设置部位、系统形式（指湿式、干式、预作用、开式、闭式等）、报警阀位置及数量、水泵接合器位置及数量、有无与本系统相连的屋顶消防水箱、自动喷水灭火系统图</td></tr>
<tr><td>火喷雾（细水雾）灭火系统</td><td>设置部位、报警阀位置即数盘、水喷雾（细水雾）灭火系统图</td></tr>
</table>

续表

序号	名称		内 容
4	空间外消防设施信息	气体灭火系统	系统形式（指有管网、无管网、组合分配、独立式、高压、低压等）、系统保护的防护区数量及位置、手动控制装置的位置、钢瓶间位置、灭火剂类型、气体灭火系统图
		泡沫灭火系统	设置部位、泡沫种类（指低倍、中倍、高倍、抗溶、氟蛋白等）、系统形式（指液上、液下、固定、半固定等）、泡沫灭火系统图
		干粉灭火系统	设置部位、干粉储罐位置、干粉灭火系统图
		防烟排烟系统	设置部位、风机安装位置、风机数量、风机类型、防烟排烟系统图
		防火门及卷帘	设置部位、数量
		消防应急广播系统	设置部位、数量、消防应急广播系统图
		应急照明及疏散指示系统	设置部位、数量、应急照明及疏散指示系统图
		消防电源	设置部位、消防主电源在配电室是否有独立配电柜供电、备用电源形式（市电、发电机、UPS）
		灭火器	设置部位、配置类型（指手提式、推车式等）、数量、生产日期、更换药剂日期
5	消防设施定期检查及维护保养信息		检查人姓名、检查日期、检查类别（指日检、月检、季检、年检等）、检查内容（指各类消防设施相关技术规范规定的内容）及处理结果，维护保养日期、内容
6	日常防火巡查记录	基本信息	值班人员姓名、每日巡查次数、巡查时间、巡查部位
		用火用电	用火、用电、用气有无违章情况
		疏散通道	安全出口、疏散通道、疏散楼梯是否畅通，是否堆放可燃物；疏散走道、疏散楼梯、顶棚装修材料是否合格
		防火门、防火帘	常闭防火门是否处于正常工作状态，是否被锁闭，防火帘是否处于正常工作状态，防火帘下方是否堆放物品影响使用
		消防设施	疏散指示标志、应急照明是否处于正常完好状态；火灾自动报警系统探测器是否处于正常完好状态；自动喷水灭火系统喷头、末端放（试）水装置、报警阀是否处于正常完好状态；室内、室外消火栓系统是否处于正常完好状态；灭火器是否处于正常完好状态
7	火灾信息		起火时间、起火部位、起火原因、报警方式、（指自动、人工）、灭火方式（指气体、喷水、水喷雾、泡沫、干粉灭火系统、灭火器、消防队等）

附录C　点型感温火灾探测器分类

探测器类别	典型应用温度（℃）	最高应用温度（℃）	动作温度下限值（℃）	动作温度上限值（℃）
A1	25	50	54	65
A2	25	50	54	70
B	40	65	69	85
C	55	80	84	100
D	70	95	99	115
E	85	110	114	130
F	100	125	129	145
G	115	140	144	160

附录D　火灾探测器的具体设置部位

火灾探测器可设置在下列部位：

（1）财贸金融楼的办公室、营业厅、票证库。

（2）电信楼、邮政楼的机房和办公室。

（3）商业楼、商住楼的营业厅、展览楼的展览厅和办公室。

（4）旅馆的客房和公共活动用房。

（5）电力调度楼、防灾指挥调度楼等的微波机房、计算机房、控制机房、动力机房和办公室。

（6）广播电视楼的演播室、播音室、录音室、办公室、节目播出技术用房、道具布景房。

（7）图书馆的书库、阅览室、办公室。

（8）档案楼的档案库、阅览室、办公室。

（9）办公楼的办公室、会议室、档案室。

（10）医院病房楼的病房、办公室、医疗设备室、病历档案室、药品库。

（11）科研楼的办公室、资料室、贵重设备室、可燃物较多的和火灾危险性较大的实验室。

（12）教学楼的电化教室、理化演示和实验室、贵重设备和仪器室。

（13）公寓（宿舍、住宅）的卧房、书房、起居室（前厅）、厨房。

（14）甲、乙类生产厂房及其控制室。

（15）甲、乙、丙类物品库房。

（16）设在地下室的丙、丁类生产车间和物品库房。

（17）堆场、堆垛、油罐等。

（18）地下铁道的地铁站厅、行人通道和设备间，列车车厢。

（19）体育馆、影剧院、会堂、礼堂的舞台、化妆室、道具室、放映室、观众厅、休息厅及其附设的一切娱乐场所。

（20）陈列室、展览室、营业厅、商业餐厅、观众厅等公共活动用房。

（21）消防电梯、防烟楼梯的前室及合用前室、走道、门厅、楼梯间。

（22）可燃物品库房、空调机房、配电室（间）、变压器室、自备发电机房、电梯机房。

（23）净高超过 26m 且可燃物较多的技术夹层。

（24）敷设具有可延燃绝缘层和外护层电缆的电缆竖井、电缆夹层、电缆隧道、电缆配线桥架。

（25）贵重设备间和火灾危险性较大的房间。

（26）电子计算机的主机房、控制室、纸库、光或磁记录材料库。

（27）经常有人停留或可燃物较多的地下室。

（28）歌舞娱乐场所中经常有人滞留的房间和可燃物较多的房间。

（29）高层汽车库、Ⅰ类汽车库、Ⅰ、Ⅱ类地下汽车库、机械立体汽车库、复式汽车库、采用升降梯作汽车疏散出口的汽车库（敞开车库可不设）。

（30）污衣道前室、垃圾道前室、净高超过 0.8m 的具有可燃物的闷顶、商业用或公共厨房。

（31）以可燃气为燃料的商业和企、事业单位的公共厨房及燃气表房。

（32）其他经常有人停留的场所、可燃物较多的场所或燃烧后 产生重大污染的场所。

（33）需要设置火灾探测器的其他场所。

附录E　探测器安装间距的极限曲线

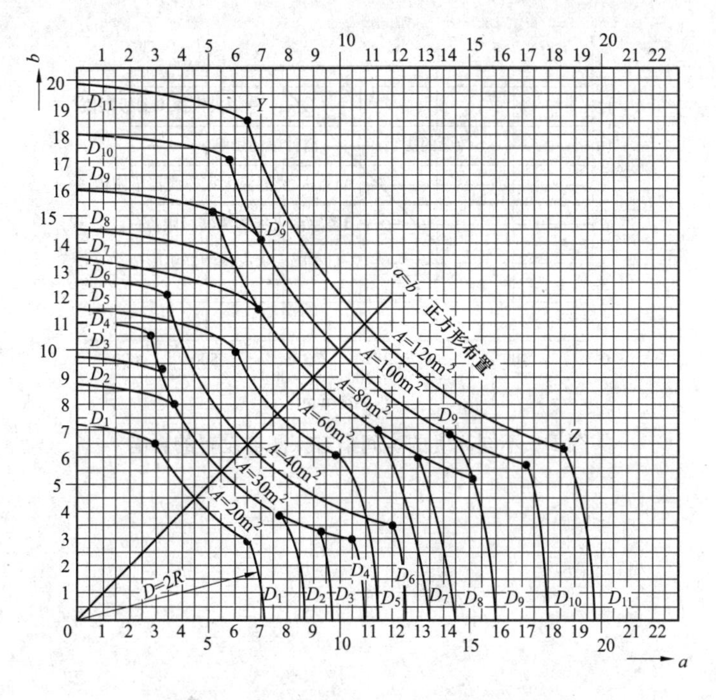

图E　探测器安装间距的极限曲线

A—探测器的保护面积（m^2）；a、b—探测器的安装间距（m）；

D_1～D_{11}（含 D_9'）—在不同保护面积 A 和保护半径下确定探测器安装间距 a、b 的极限曲线；

Y、Z—极限曲线的端点（在 Y 和 Z 两点间的曲线范围内，保护面积可得到充分利用）

附录F 不同高度的房间梁对探测器设置的影响

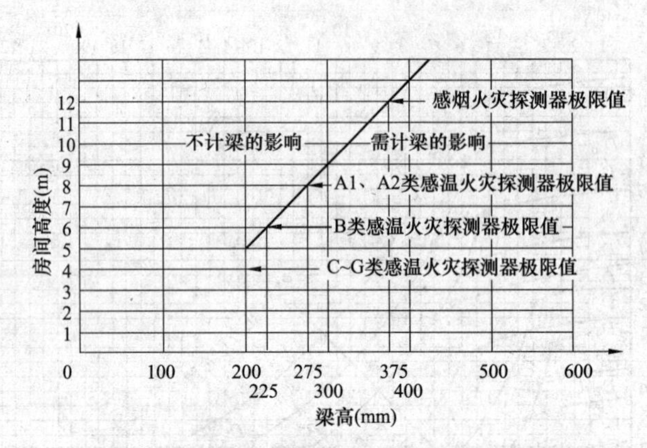

图F 不同高度的房间梁对探测器设置的影响

附录G 《火灾自动报警系统设计规范》(GB 50116—2013) 和《建筑设计防火规范》(GB 50016—2014) 的解读

G.1 GB 50116—2013 解读

GB 50116—2013 是在 GB 50116—1998 的基础上进行了修订，为适合现代社会的需求，新增了一些内容，对某些部分进行了修改。为方便读者对 GB 50116—2013 的理解和应用，本章对 GB 50116—2013 与 GB 50116—1998 之间的区别进行解读。

G.1.1 GB 50116—2013 与 GB 50116—1998 思想上的区别

规范本身是对设计者的一种约束和标准，它带有强制性，是政策对事态发展的指导性作用。GB 50116—2013 与 GB 50116—1998 最大的区别是思想上的更新和技术性上的修正。

从 GB 50116—2013 的目录可以明显看出增加了住宅建筑火灾自动报警系统、可燃气体探测报警系统、电气火灾监控系统相关设计规定；增加了道路隧道、油罐区、电缆隧道等典型场所使用的火灾自动报警系统的工程设计要求；补充了具体系统设备的设计要求。

GB 50116—2013 增加了住宅建筑火灾自动报警系统，这是一大进步，它将提高人民大众对消防安全意识的重视和防范，这也是有意义的。目前，国人的消防意识明显要低于发达国家，由于没有消防安全意识，消防通道堵塞现象比比皆是，大部分人不懂正确逃生方法，势必会造成安全隐患。由此，全国各地已发生了多起火灾事故，人民和国家财产遭受重大的损失。让火灾报警进入到民用及公共建筑，保护人民大众和集体财产的安全；同时，也体现了新规范的完整完善化。

GB 50116—2013 的另外一个进步，也是思想上的进步，即化整为零。GB 50116—2013 (3.1.5) 中指出任一台火灾报警控制器所连接的火灾探测器、手动火灾报警按钮和模块等设备总数和地址总数，均不应超过 3200 点，其中每一总线回路连接设备的总数不宜超过 200 点，且应留有不少于额定容量 10%的余量；任一台消防联动控制器地址总数或火灾报警控制器（联动型）所控制的各类模块总数不应超过 1600 点，每一联动总线回路连接设备的总数不宜超过 100 点，且应留有不少于额定容量 10%的余量。

多年来，对各类建筑中设置的火灾自动报警系统的实际运行情况，以及火灾报警控制器的经验结果，统计分析表明，火灾报警控制器所连接的火灾探测器、控制和信号模块的地址总数量，应控制在总数低于 3200 点。这样，系统的稳定工作情况及通信效果，均能满足系统设计的预计要求，并降低整体风险。

在 GB 50116—2013 实行之前，对控制器总点数、每个回路群的点数等，都未有明确的数字规范。而目前，国内外各厂家生产的火灾报警控制器，每台一般均有多个总线回路，对于每个回路所能连接的地址总数，规定不宜超过 200 点，这是基于其工作稳定性的考虑；另外，要求每一总线回路连接设备的地址总数，宜留有不少于其额定容量的 10% 的余量。其出发点是考虑在很多建筑物中，从初步设计到最终的装修设计，建筑平面格局经常发生变化，房间隔断改变和增加，需要增加相应的探测器或其他设备，同时留有一定的余量也有利于该回路的稳定与可靠运行。

GB 50116—2013 中的相关条文规定，主要考虑要保障系统工作的稳定性、可靠性，因此对消防联动控制器所连接的模块地址数量做出限制，从总数量上限制为不应超过 1600 点。对于每一个总线回路，限制为不宜超过 100 点，每一个回路留有不少于其额定容量的 10% 的余量，除考虑系统工作的稳定、可靠性外，还可灵活应对建筑中相应的变化和修改，而不至于因为局部的变化需要，增加总线回路。

实际上，采用高点数，就是一个建筑群用一台控制器与五台控制器的区别。高点数有一定的优势，它可节约成本，但放弃了稳定性与可靠性。而目前提倡的小而精，是符合安全要求以及国际的发展趋势。

GB 50116—2013 在探测器选择方面，除了原有的探测器，如感烟探测器、感温探测器等，新增了光纤光栅测温系统、火焰探测器等探测器的选用规定，强调在特定场合下，选用相适宜的探测器，便于火灾的探测的快速和准确性。

GB 50116—2013 指出，适用于新建、扩建和改建的建、构筑物中设置的火灾自动报警系统的设计，不适用于生产和储存火药、炸药、弹药、火工品等场所设置的火灾自动报警系统的设计。

G.1.2 GB 50116—2013 基本项的增改

G.1.2.1 目录中的增改

(1) 增加住宅建筑火灾自动报警系统、可燃气体探测报警系统、电气火灾监控系统相关设计规定。

(2) 增加道路隧道、油罐区、电缆隧道以及高度大于 12m 的空间场所火灾自动报警系统相关设计规定。

(3) 取消 GB 50116—1998 第 3 章系统保护对象分级及火灾探测器设置部位。

(4) 将 GB 50116—1998 第 4 章报警区域和探测区域的划分、第 5 章系统设计与第 6 章消防控制室和消防联动控制内容合并为 GB 50116—2013 的第 3 章系统设计。

(5) GB 50116—2013 增加区域显示器、模块、图形显示装置、火灾报警传输设备或用户信息传输装置等设备设置规定。

GB 50116—2013 在探测器选择方面除了感烟探测器、感温探测器、缆式感温探测器和线型感烟探测器外，新增了光纤光栅测温系统、火焰探测器、图像型探测器、一氧化碳火灾探测器、吸气式感烟火灾探测器选用规定等。突出在特定场合选择合适的探测器，以便更能有利于火灾的探测。

G.1.2.2 术语及基本规定

(1) GB 50116—2013 术语中不再引入区域报警系统、集中报警系统、控制中心报警系统的定义；增加了火灾自动报警系统、联动控制信号、联动反馈信号、联动触发信号的定义。

(2) 基本规定。

1) 增加火灾自动报警系统使用场所规定：GB 50116—2013 中 3.1.1 火灾自动报警系统可用于人员居住和经常有人滞留的场所、存放重要物资或燃烧后产生严重污染需要及时报警的场所。

2) 增加系统中各类设备之间接口通信协议的强制性规定：《新火灾报警规范》3.1.4 指出，系统中各类设备之间的接口和通信协议的兼容性应满足国家有关标准的要求。

3) GB 50116—2013 增加火灾报警控制器地址总数、单回路设备总数、回路设备余量；

模块总数、联动回路中设备总数、联动回路设备余量的详细规定。

4) GB 50116—2013 增加隔离器设计相关规定。

5) 规定超过 100m 的建筑中跨避难层应设置独立的火灾报警控制器。

6) 规定水泵控制柜、风机控制柜等消防电气控制装置不应采用变频启动方式。

7) 规定地铁列车上设置的火灾自动报警系统，应能通过无线网络等方式将列车上发生火灾的部位信息传输给消防控制室。

G. 1. 2. 3 其他部分的增改

(1) 系统形式的选择和设计要求。

1) 系统形式的选择改为按照报警和联动要求进行选择，原规定中按照系统对象保护等级进行选择（特级、一级、二级）。

2) 将图形显示装置和区域显示器设置，规定添加至不同形式的火灾自动报警系统中。

(2) 报警区域和探测区域的划分。GB 50116—2013 增加电缆隧道，甲、乙、丙类液体储罐区，列车的报警区域划分规定。

(3) 消防控制室

1) 强制规定消防控制室的设置要求：GB 50116—2013 中 3. 4. 1 条，具有消防联动功能的火灾自动报警系统的保护对象中应设置消防控制室。

2) GB 50116—2013 消防控制室的消防设备设置中增加了图形显示装置。

3) 强制规定消防控制室应有相应的竣工图纸、各分系统控制逻辑关系说明、设备使用说明书、系统操作规程、应急预案、值班制度、维护保养制度及值班记录等文件资料。

4) GB 50116—2013 规定消防控制室不应设置在电磁场干扰较强，及其他影响消防控制室设备工作的设备用房附近。

5) GB 50116—2013 规定消防控制防火阀、外线电话设置要求。

G. 1. 3 消防联动控制设计的规定

G. 1. 3. 1 一般规定

GB 50116—2013 中新增消防联动控制的电压、特性、延时、逻辑关系等规定如下：

(1) 消防联动控制器应能按设定的控制逻辑向各相关的受控设备发出联动控制信号，并接受相关设备的联动反馈信号。

(2) 消防联动控制器的电压控制输出应采用直流 24V，其电源容量应满足受控消防设备，同时启动且维持工作的控制容量要求。

(3) 各受控设备接口的特性参数应与消防联动控制器发出的联动控制信号相匹配。

(4) 消防水泵、防烟和排烟风机的控制设备，除应采用联动控制方式外，还应在消防控制室设置手动直接控制装置。

(5) 启动电流较大的消防设备宜分时启动。

(6) 需要火灾自动报警系统联动控制的消防设备，其联动触发信号应采用两个报警触发装置报警信号的“与”逻辑组合。

G. 1. 3. 2 自动喷水灭火系统的联动控制设计

在自动喷火灭火系统的联动控制设计中，GB 50116—2013 在以下方面有所更改：

(1) 消火栓系统的联动控制设计；

(2) 气体（泡沫）灭火系统的联动控制设计；

(3) 防烟排烟系统的联动控制设计；

(4) 防火门及防火卷帘系统的联动控制设计；

(5) 电梯的联动控制设计细化各消防联动系统的控制要求的详细规定。

G. 1. 3. 3　火灾应急广播

GB 50116—2013 中对火灾警报及火灾应急广播的规定如下：

(1) 对于火灾警报和消防应急广播系统的联动控制设计，细化火灾警报和消防应急广播系统的联动控制设计规定。

(2) 消防应急照明和疏散指示系统的联动控制设计。

(3) 对于相关联动控制设计，细化各消防联动系统的控制要求的详细规定。

G. 1. 3. 4　消防系统火灾探测器

在 GB 50116—2013 的一般规定中，增加一氧化碳火灾探测器、复合式火灾探测器设置相关规定。

在点型火灾探测器的选择中，有如下规定：

(1) 感烟火灾探测器选用场合中增加列车车库等区域，取消有电气火灾危险的场所。

(2) 光电感烟火灾探测器选用场合中增加高海拔地区，取消可能产生黑烟的场合。

(3) 感温火灾探测器选用场合中增加“需要联动熄灭‘安全出口’标志灯的安全出口内侧”。

(4) 增加图像型探测器选用规定。

(5) 细化一氧化碳火灾探测器选用规定。

(6) 增加吸气式感烟火灾探测器选用规定。

G. 1. 3. 5　线型火灾探测器的选择及应用

GB 50116—2013 对于线型火灾探测器的选择及应用如下。

(1) 线型火灾探测器的选择。在 GB 50116—2013 中，线型火灾探测器的选择：

1) 增加不宜选择线型光束感烟火灾探测器的场合规定。

2) 增加线型光纤感温火灾探测器的选用规定。

在新规范中，吸气式感烟火灾探测器的选择增加吸气式感烟火灾探测器的选用规定：

(2) 火灾探测器的适宜场所。下列场所宜选择吸气式感烟火灾探测器：

1) 具有高速气流的场所；

2) 点型感烟、感温火灾探测器不适宜的大空间、舞台上方、建筑高度超过 12 m 或有特殊要求的场所；

3) 低温场所；

4) 需要进行隐蔽探测的场所；

5) 需要进行火灾早期探测的重要场所；

6) 人员不宜进入的场所。

7) 在 GB 50116—2013 中对于灰尘比较大的场所，不应选择没有过滤网和管路自清洗功能的管路采样式吸气感烟火灾探测器。

G. 1. 4　系统设备的设置

G. 1. 4. 1　火灾报警控制

(1) 对于火灾报警控制器和消防联动控制器的设置，取消集中控制器和区域控制器

之说。

（2）火灾探测器的设置。

1）点型感温火灾探测器的设置中对不同类别的感温火灾探测器的设置作了详细的规定。

2）火灾探测器数量计算公式修正系数K的取值，改为按照建筑所能容纳人员的数量来进行计算。

3）对一氧化碳、火焰探测器和图像探测器、线型光束感烟火灾探测器的设置作了详细的规定。

4）在感温探测器的设置部门未提及空气管差温火灾探测器的设置规定。

5）增加了光纤光栅、吸气式感烟火灾探测器的设置规定。

（3）区域显示器的设置新增区域显示器相关设置规定。

（4）火灾警报器的设置。

1）增加火灾光警报器的具体安装场合要求。

2）将火灾警报器的安装高度调整至2.2m以上。

（5）消防应急广播的设置。

1）取消不同系统形式设计火灾应急广播系统的要求。

2）取消火灾应急广播与公共广播合用时的要求。

G.1.4.2 其他控制系统

（1）GB 50116—2013在以下各系统中作了相应的修改：

1）住宅建筑火灾自动报警系统中：新增住宅火灾报警系统设计相关规定。

2）可燃气体探测报警系统中：新增可燃气体报警系统设计相关规定。

3）电气火灾监控系统中：新增电气火灾监控系统设计相关规定。

4）系统供电。

（2）GB 50116—2013在消防用电的扩充内容。GB 50116—2013（10.1）在消防用电一般规定中，增加了以下内容：

1）新增消防应急电源的功率、供电时间的相关规定。

2）新增消防用电设备的设置要求。

（3）GB 50116—2013（10.2）在系统接地对火灾自动报警系统的接地要求中，也作了详细规定。

1）布线。在GB 50116—2013（11.1）的一般规定中有如下要求。

a. 铜芯绝缘导线或铜芯电缆电压等级要求的变动，增加了要求。

b. GB 50116—2013增加1.3、1.4、1.5的内容。

a）火灾自动报警系统的供电线路和传输线路设置在室外时，应埋地敷设。

b）火灾自动报警系统的供电线路和传输线路设置在地（水）下隧道或湿度大于90%的场所时，线路及接线处应做防水处理。

c）采用无线通信方式的系统设计，应符合下列规定：无线通信模块的设置间距不应大于额定通信距离的75%；无线通信模块应设置在明显部位，且应有明显标识。

2）对室内布线的要求。

a. 对塑料管的要求表述变为B1级以上的钢性塑料管，增加可挠（金属）电气导管。

b. 增加电线电缆的强制性要求。

c. 对线路明敷要求的改变。

d. 明确不同电压等级线缆的布线问题。

e. 明确不同防火分区线缆的布线问题。

f. 火灾探测器的传输线路负极线颜色由原来的单一蓝色增加了黑色。

g. 取消接线端子箱内端子、传输网络系统接线相关规定。

G.1.4.3 典型场所的火灾自动报警系统

GB 50116—2013 增加了道路隧道、油罐区、电缆隧道，以及高度大于 12m 的空间场所火灾自动报警系统相关设计规定。

G.1.5 附录中的修改

GB 50116—2013 在附录中的修改如下。

(1) 增加火灾报警、建筑消防设施运行状态信息表，消防安全管理信息表。

(2) 增加点型感温火灾探测器的分类标准。

(3) GB 50116—2013 将"宜"和"可"进行区分介绍。

(4) 引用规范：《消防控制室通用技术要求》GB 25506、《石油化工可燃气体和有毒气体检测报警设计规范》GB 50493。

G.2 GB 50016—2014 解读

GB 50016—2014 自 2015 年 5 月 1 日起实施。它是将原《建筑设计防火规范》GB 50016—2006 和《高层民用建筑设计防火规范》GB 50045—1995（2005 年版）两规范，合并修订为《建筑设计防火规范》GB 50016—2014。

G.2.1 GB 50016—2014 的要点分析

GB 50016—2006 和 GB 50045—1995（2005 年版），两本规范的某些条文规定不一致，有的是合理的，因为 GB 50016—2006 强调"外救"，GB 50045—1995 强调"自救"。例如，关于屋顶消防水箱的容积、水箱的设置高度，GB 50016—2006 强调，水箱储存 10min 消防用水量；GB 50045—1995 则是按照建筑物的性质和标准确定水箱容积。GB 50016—2006 规定，水箱设在建筑物最高位置；GB 50045—1995 强调，设在最不利点的消火栓静水压力上。消防水泵接合器的设置，GB 50016—2006 强调设置；而 GB 50045—1995 对超过消防车供水能力的楼层，不强调消防水泵接合器的设置。消防水泵的设置，GB 50045—1995 强调设置；GB 50016—2006 并未规定，多层建筑一定要设置消防水泵。消防备用泵的设置，GB 50045—1995 强调设置；GB 50016—2006 则对允许消防用水量少的建筑，可不设消防备用泵。

过去两部规范中，条文不一致的地方，在 GB 50016—2014 的规范中得到了统一。例如：消防电梯前室，消火栓是否计入同层消火栓总数的条文规定。GB 50016—2006 的条文说明规定不计入，GB 50045—1995 在 20 世纪 90 年代修订时，将原 GB 50045—1995"不计入同层消火栓总数"这句话删掉，但是否计入，在条文和条文说明中未予明确。而当时对于这条规定，是由工程设计人员自行确定，消防电梯前室消火栓是专用还是兼用。如确定专用或是兼用，都应配套相应的技术措施。GB 50016—2006 和 GB 50045—1995 合并后，从根本上解决了两本规范条文中的规定的不一致的问题，使国家规范得到了统一。

G. 2. 2 GB 50016—2006 和 GB 50045—1995 合并后 GB 50016—2014 的变化要点

GB 50016—2014 中的内容有些重要变化，它与 GB 50016—2006 和 GB 50045—1995 相比，主要变化如下：

1）合并了 GB 50016—2006 和 GB 50045—1995，调整了两项标准间不协调的规定要求，将住宅建筑的分类统一按照建筑高度划分。

2）GB 50016—2014 增加了灭火救援设施和木结构建筑两章，完善了有关灭火救援的要求，系统规范了木结构建筑的防火要求。

3）GB 50016—2014 将消防设施的设置成章，并完善了有关内容。

4）GB 50016—2014 将原有木结构民用建筑单独成章。

5）补充了建筑外保温系统的防火要求。

6）将消防设施的设置独立成章并完善有关内容；取消了消防给水系统和防烟排烟系统设计的要求，该要求分别按相应的国家标准执行。

7）适当提高了高层住宅建筑和建筑高度大于 100m 的高层民用建筑的防火技术要求。

8）补充了利用有顶步行街进行安全疏散时的防火要求；调整、补充了建材、家具、灯饰商店和展览厅的设计人员密度。

9）补充了地下仓库、物流建筑、大型可燃气体储罐（区）、液氨储罐、液化天然气储罐的防火要求，调整了液氧储罐等的防火间距。

10）完善了防止建筑火灾竖向或水平蔓延的相关要求。

11）GB 50016—2014 新增附录，如附录 A《建筑高度和建筑层数的计算法》、附录 B《防火间距的计算方法》及参考性目录《各类建筑构件的燃烧性能和耐火极限》《民用建筑外保温系统及外墙装饰的防火设计要求》。

G. 2. 3 GB 50016—2014 细则解读

G. 2. 3. 1 GB 50016—2014 的适用范围

GB 50016—2014 适用于下列新建、扩建和改建的建筑：

（1）厂房。

（2）仓库。

（3）民用建筑。

（4）甲、乙、丙类液体储罐（区）。

（5）可燃、助燃气体储罐（区）。

（6）可燃材料堆场。

（7）城市交通隧道。

条文中“民用建筑”一词：GB 50016—2006 包括的四类建筑：

（1）9 层及 9 层以下的居住建筑。

（2）建筑高度小于等于 24m 的公共建筑。

（3）建筑高度大于 24m 的单层公共建筑。

（4）地下、半地下建筑。

也包括 GB 50045—1995 的两类建筑：10 层及 10 层以上的居住建筑，以及建筑高度超过 24m 的公共建筑。

GB 50016—2014 的改动是将高层民用建筑、地下建筑和半地下建筑统归为民用建筑。

G. 2. 3. 2 GB 50016—2014 的术语

高层建筑定义为：建筑高度大于 27m 的住宅建筑和其他建筑高度大于 24m 的非单层建筑。“高层建筑”术语的定义，非常明确地规定住宅不按层数而按建筑高度来区分多层建筑或高层建筑。其原因为，按建筑高度较为准确，而按层数则会有较大出入。同时也说明了对住宅建筑的要求宽于对公共建筑的要求（住宅建筑为 27m，其他建筑为 24m)，定义中的其他建筑既包括工业建筑、也包括民用建筑。

(1) 建筑高度和建筑层数的计算方法。建筑高度的计算应符合下列要求：

1) 当为坡度屋面时，应为建筑室外设计地面到其檐口的高度；

2) 当为平屋面（包括女儿墙的平屋面）时，应为建筑物室外设计地面到其屋面面层的高度。

3) 当同一座建筑物有多种屋面形式时，建筑高度应按上述方法分别计算后取其最大值；

4) 局部突出屋顶的瞭望塔、冷却塔、水箱间、微波天线间或设施、电梯机房、排风和排烟机房以及楼梯出口小间等，可不计入建筑高度内。

为了说明按建筑高度要比按层数准确，示例如下：某工程，无架空层，9 层，每层层高 2.8m，总建筑高度为：2.8m×9＝25.2m；而另一工程，有架空层，高度 2.1m；9 层，每层层高 3.0m，顶层为跃层，总建筑高度为：2.1m＋3.0m×9＋3.0m＝32.1m。两工程层数相同都为 9 层，而建筑高度两者相差 32.1m－25.2m＝6.9m。

GB 50016—2014 的改动可以解释为：按照住宅按每层 3m 计数，整合后的规范取消了原高层数的要求，全部按照每层 3m 折算建筑高度。

(2) 对公共设施的要求。对于封闭楼梯间：在楼梯间入口处设置门，以防止火灾的烟和热气进入楼梯间。GB 50016—2014 要求更加严格了。

防烟楼梯和楼梯间入口处设置防烟的前室、开敞式阳台或凹廊（统称前室）等设施，且通向前室和楼梯间的门均为防火门，以防止火灾的烟和热进入。GB 50016—2014 在文字上取消了对防火门的具体要求。

G. 2. 4 对厂房和仓库的要求

厂房内设置自动灭火系统时，每个防火分区的最大允许建筑面积可按《新建规》第 3. 3. 1 条的规定增加 1. 0 倍。当丁、戊类的地上厂房内设置自动灭火系统时，每个防火分区的最大允许建筑面积不限。厂房内局部设置自动灭火系统时，其防火分区增加面积，可按设置自动灭火系统部分的建筑面积减半计算。

GB 50016—2014 条文示例十四中的 3. 3. 3 条规定了，设置喷淋系统，且防火分区面积可以扩大。也就是说设置喷淋系统可以有两个目的：一是为了防火、灭火、控火；二是为了扩大防火分区面积，或是增长疏散距离等建筑专业方面的要求。

厂房和仓库的耐火等级可分为一、二、三、四级，相应建筑构件的燃烧性能和耐火极限，除本规范另有规定外，不应低于 GB 50016—2014 的规定。GB 50016—2014 更加规划，要求更加详细化，同时增加了梁、柱、屋顶承重构件。

预制钢筋混凝土构件的节点外露部位，应采取防火保护措施，且节点的耐火极限不应低于相应构件的耐火极限。

防火间距的计算方法：

(1) 建筑之间的防火间距应按相邻建筑外墙的最近水平距离计算，当外墙有凸出的燃烧

构件时，应从其凸出部分外缘算起。

(2) 储罐与建筑之间的防火间距应为距建筑最近的储罐外壁至相邻建筑外墙的最近水平距离。

(3) 堆场与建筑之间的防火间距应为距建筑最近的堆场的堆垛外缘至相邻建筑外墙的最近距离。

(4) 变压器与建筑之间的防火间距应从距建筑最近的变压器外壁算起。

(5) 建筑与道路路边的防火间距应按建筑距道路最近一侧路边的最小水平距离计算。

有爆炸危险的厂房或厂房中有爆炸危险的部位应设置泄压设施。GB 50016—2014 更加严格，范围更大。GB 50016—2006 仅为甲、乙类厂房。

有爆炸危险的甲、乙类厂房的分控制室，宜独立设置，当贴邻外墙设置时，应采用耐火极限不低于 3.00h 的不燃烧体实体墙与其他部分隔开。

GB 50016—2014 新增高层民用建筑耐火等级；湿式可燃气体储罐与建筑物、储罐、堆场的防火间距中，新增明火或散发火花地点与湿式氧气储罐防火间距要求；还有一些要求就不一一介绍。

G.2.5 民用建筑

GB 50016—2014 将原 GB 50016—2006 和 GB 50045—1995 中民用建筑的章节进行了统一及合并。GB 50016—2014 民用建筑一章分为五节，分别为建筑分类和耐火等级；总平面布局；防火、防烟分区和建筑构造；安全疏散和避难。将木结构建筑单独调整为一个章节。

G.2.5.1 民用建筑——建筑分类和耐火等级

(1) 高层民用建筑及其裙房。高层民用建筑及其裙房的分类如表 G.1 所示。

表 G.1 高层民用建筑及其裙房的分类

名称	高层民用建筑及其裙房		单层或多层民用建筑
	一类	二类	
居住建筑	建筑高度大于 60m 的住宅、宿舍等建筑	建筑高度大于 27m，但不大于 60m 的住宅、宿舍等建筑	建筑高度大于 27m 的住宅等建筑
其他民用建筑	1. 医院、重要公共建筑； 2. 建筑高度以上部分任一楼层建筑面积大于 1500^2 的商店、展览、电信、邮政、财贸金融建筑和综合建筑； 3. 广播电视、电力调度和防灾指挥建筑； 4. 藏书超过 100 万册的图书馆、书库； 5. 建筑高度大于 50m 的其他公共建筑	除一类外的其他高层公共建筑	1. 高度大于 24m 的单层建筑； 2. 高度不大于 24 m 的公共建筑

GB 50016—2014 指出：民用建筑应根据其使用性质、火灾危险性、疏散和扑救难度等进行分类，并根据表 2-1 的规定。表 2-1 将原规范中的高层建筑同单、多层民用建筑合并分类，更加简洁、清晰。GB 50045—1995 中 19 层及 19 层以上的住宅为一类高层，调整为对于 60m 以上的住宅为一类高层。建筑高度 24m 以上部分，任一楼层建筑面积大于 1500m^2 的商店、展览、电信、邮政、财贸金融建筑和综合建筑为一类高层，放宽了要求

(GB 50045—1995 超过 1000m² 的商业楼、展览楼、综合楼、电信楼、财贸金融楼为一类建筑)。

(2) 耐火材料的规定。GB 50016—2014 指出，一、二级耐火等级建筑的屋面板应采用不燃烧材料；二级耐火等级建筑的吊顶采用不燃烧材料，其耐火极限不限。三级耐火等级的医院、疗养院、中小学校、老年人建筑及托儿所、幼儿园的儿童用房和儿童游乐厅等儿童活动场所的吊顶，应采用不燃烧体或耐火极限不低于 0.25h 的难燃烧体。

二、三级耐火等级建筑中的门厅、走道的吊顶应采用不燃烧体。

GB 50016—2014 将 GB 50016—2006 中表 5.1.1 建筑构件的燃烧性能和耐火极限中注释和 5.1.6 等内容合并，原三级耐火等级 3 层及 3 层以上建筑中的门厅、走道采用不燃烧体或耐火极限不低于 0.25h 的难燃烧体，调整为三级耐火等级，建筑中的门厅、走道的吊顶应采用不燃烧体。

新规范对 GB 50016—2006 的改动如下：

(1) 不宜将建筑布置在甲、乙类厂（库）房，甲、乙、丙类液体储罐，可燃气体储罐和可燃材料堆场的附近。GB 50016—2006 中只针对高层建筑。

(2) 民用建筑与 10kV 及以下的预装式变电站的防火间距不应小于 3m。GB 50016—2006 10kV 及以下的箱式变压器与建筑物的防火间距不应小于 3.0m，不含 10kV。

G.2.5.2 *民用建筑——总平面布局*

GB 50016—2014 增加了两处内容如下：

(1) GB 50016—2014 中表 5.2.2 注 3，相邻两座高度相同的一、二级耐火等级建筑中相邻任一侧外墙为防火墙，屋面板的耐火极限不低于 1.00h 时，其防火间距不限。

(2) GB 50016—2014 中表 5.2.2 注 5，相邻两座建筑中较低一座建筑的耐火等级不低于二级且屋顶无天窗，相邻较高一面外墙高出较低一座建筑的屋面 15m，以及以下范围内的开口部分设置甲级防火门、窗、或设置符号。现行国家标准《自动喷水灭火系统设计规范》GB 50084 规定的防火分隔水幕或 GB 50016—2014 中第 6.5.3 条规定的防火卷帘时，其防火间距不应小于 3.5m；对于高层建筑，不应小于 4m。

G.2.5.3 *民用建筑——防护区和层数*

GB 50016—2014 中民用建筑耐火等级、允许层数和防火区允许建筑面积如表及其耐火等级等，参看表 G.2 及 G.3 所示 。

表 G.2　新规范耐火等级、允许层数和防火分区允许建筑面积

名称	耐火等级	建筑高度或允许层数	防火分区的允许建筑面积（m²）	备　注
高层民用建筑	一、二级	按《新建规》第 5.1.1 条确定	1500	对于体育馆、剧场的观众厅，防火分区的最大允许建筑面积可适当增加
单层或多层民用建筑	一、二级	按《新建规》第 5.1.1 条确定	2500	
	三级	5 层	1200	—
	四级	2 层	600	—
地下、半地下建筑（室）	一级	—	500	设备用房的防火分区允许建筑面积不应大于 1000m²

表 G.3　　民用建筑的耐火等级、最多允许层数和防火区最大允许建筑面积

耐火等级	最多允许层数	防火分区的最大允许面积（m^2）	备　注
一、二级	按规范 1.0.2 条规定	2500	(1) 对于体育馆、剧场的观众厅，展览建筑的展厅，其防火分区的最大允许建筑面积可适当放宽。 (2) 托儿所、幼儿园的儿童用房和儿童游乐厅等儿童活动场所，老年人建筑和医院、养老院的住院部分不应超过 3 层或设置在 4 层或 4 层以上楼层，或地下、半地下室
三级	5 层	1200	(1) 托儿所、幼儿园的儿童用房和儿童游乐厅等儿童活动场所，老年人建筑和医院、养老院的住院部分不应超过 2 层或设置在 3 层或 3 层以上楼层，或地下、半地下室。 (2) 商店、学校、电影院、剧场、礼堂、食堂、菜市场不应超过 2 层，或设置在 3 层或 3 层以上楼层，或地下、半地下室
四级	2 层	600	学校、食堂、菜市场、托儿所、幼儿园、老年人建筑、医院等不应设置在 2 层
地下、半地下建筑（室）		500	

G.2.5.4　民用建筑——防火分区和层数

GB 50016—2014 对于民用建筑防火分区和层数作了较明确的规定，调整了 GB 50016—2006 中备注的大部分内容，在新规范中设单独条款。

规定了地下、半地下建筑（室）层数要求，提出设备用房的防火分区允许建筑面积不应大于 $1000m^2$，放宽了原有 $500m^2$ 的要求。

GB 50016—2014 要求中庭与每层之间都要进行防火分隔，要求更加严格。

GB 50016—2014 中，设置在一、二级耐火等级建筑中的营业厅、展览厅，当该建筑为单层或仅设置在多层建筑的首层，并设置有火灾自动报警系统和自动灭火系统时，其每个防火分区的允许建筑面积可适当扩大，但不应大于 $10000m^2$。

取消了 GB 50016—2006 中关于内部装修设计符合现行国家标准有个规定一条。

GB 50016—2014 还增加了对餐饮、商店等商业设施通过有顶棚的步行街连接，且步行街两侧的建筑需利用步行街进行安全疏散时，应符合新规范中的防火要求的规定。

G.2.5.5　民用建筑——安全疏散和避难

(1) 公共建筑的安全疏散和避难。GB 50016—2014 指出建筑高度超过 100m 的公共建筑，应设置避难层。从建筑的首层至第一个避难层的高度不应大于 45m；两个避难层之间的高差不宜大于 45m，应设置应急广播和应急照明，且其供电时间不应小于 1.0h，照度不应低于 10.0lx。

(2) 居住建筑安全疏散和避难。GB 50016—2014 指出住宅建筑内的两座疏散楼梯独立设置有困难时，可采用剪刀楼梯，但应符合下列规定：

1) 楼梯间应采用防烟楼梯间；

2) 梯段之间应采用耐火极限不低于 1.00h，的不燃烧实体墙分隔；

3) 其前室可合用，与消防电梯前室合用时，前室的建筑面积不应小于 $12.0m^2$，且短边不应小于 2.4m。

住宅剪刀梯前室与消防电梯间前室合用时，面积由 GB 50045—1995 的 6m² 增至 12 m²，并对前室边长设置提出要求。

G.2.5.6 建筑构造——建筑构件及其他

GB 50016—2014 中民用建筑外保温系统及外保温装饰的防火设计是当今设计的热点问题。而 GB 50016—2014 新增内容为：电梯层门的耐火极限不应低于 1.00h。

GB 50016—2014 对于楼梯间、楼梯和消防电梯等的内容，新增了九处。楼梯间与两侧的门、窗洞门、窗洞口之间的水平距离为 1m，此处尚有争议。

(1) 疏散用的楼梯间应符合的规定中，增加了靠外墙设置时，楼梯间的窗口与两侧的门、窗洞口之间的水平距离不应小于 2m 的要求。

(2) 除通道向避难层错位的疏散楼梯外，建筑中的疏散楼梯间的各层的平面图位置不应改变。同时，增加了通向避难层错位的疏散楼梯外的要求。

(3) 室外楼梯符合下列规定时，可作为疏散楼梯，并可替代规范规定的封闭楼梯间或防烟楼梯间。增加了该条款作为室外楼梯代替封闭和防烟楼梯间的充分条件。

(4) 室外楼梯作为疏散楼梯时，通向室外楼梯的门，宜用乙级防火门，并应向室外开启；门开启时，不得减少楼梯平台的有效宽度（GB 50016—2014 增加了对室外楼梯门和楼梯段平台的设置要求）。

(5) 建筑中的疏散用门应符合的规定中，民用建筑及厂房的疏散用门不应采用推拉门、卷帘门、吊门、转门和折叠门（折叠门为新增加内容）。

(6) 地下建筑利用下沉式广场等室外开敞空间进行防火分隔时，应符合下列规定：

1) 不同防火分区通向下沉式广场安全出口，最近边缘之间的水平距离不应小于 3m，广场内疏散区域的净面积不应小于 169m²。该净面积的范围内不应用于除疏散外的其他用途，其他面积的使用，不应影响人员的疏散或导致火灾蔓延；

2) 广场内应设置不少于 1 个直通地坪的疏散楼梯，疏散楼梯的总净宽度不应小于相邻最大防火分区通向下沉式广场的计算疏散总净宽度。

参 考 文 献

[1] 李英姿. 建筑电气. 北京：华中科技大学出版社，2010.
[2] 李海，等. 实用建筑电气技术. 北京：中国水利水电出版社，2001.
[3] 张天伦，等. 怎样识读建筑电气弱电系统工程图. 北京：中国建筑工业出版社，2011.
[4] 徐鹤生，等. 消防系统工程. 北京：高等教育出版社，2004.
[5] 孙景芝，电气消防技术. 北京：中国建筑工业出版社，2011.
[6] 孙景芝. 建筑电气消防工程. 北京：中国电子工业出版社，2011.